ガイドブック

AI・データビジネスの契約実務

〔第2版〕

弁護士	弁護士	弁護士	弁護士	
齊藤友紀	内田 誠	尾城亮輔	松下 外	〔著〕

データ利用許諾契約
ソフトウェア開発・保守契約
ソフトウェア・ライセンス契約
クラウドサービス利用契約
プライバシーポリシー
プラットフォーム型契約
ハッカソン型契約

商事法務

第2版はじめに

2020年3月に本書の初版を刊行してから早くも2年半が経過した。筆者らが策定に関与した経済産業省「AI・データの利用に関する契約ガイドライン」の初版が公表されたのが2018年6月のことだったので、期せずしておよそ2年ごとに、データビジネスの領域で筆者らがそれぞれ実践や議論を重ねてきた成果を発表する機会をありがたくも得てきたことになる。

直近2年半に起こったデータビジネスの進展は、上記ガイドラインの公表から本書の初版の刊行までの、まだ「第3次AIブーム」と呼ばれる動きのさなかにあった時期に起こったそれと比べても顕著であり、研究開発の段階を越えたビジネスへの実装・応用の例が無数に生まれてきた。そして、AIブームは終わったと一部で語られるようになった今でも、データビジネスは着実にその発展を続け、新しいビジネスはもちろん、既存のビジネスにもデータビジネスの要素を取り入れることはむしろ当然のことになりつつある。初版の刊行以来、データビジネスと契約の関係についての筆者らの理解に本質的に変わるところはないものの、こうした流れの中で筆者らが得てきた新たな知見や問題意識などに加え、初版について寄せられた質問や意見なども踏まえて内容を見直し、第2版を刊行することとした。

第2版では、個人情報保護法を始めとする法令の初版刊行後の改正に対応したほか、データビジネスの実践や応用をより意識した記述を増やした。たとえば、初版で秘密保持契約を扱った第2章ではデータ利用許諾契約を新たなテーマとし、これに関係する限りで秘密保持契約の解説を行うこととした。また、近時注目を集めるNFT（Non-Fungible Token、非代替性トークン）のビジネス利用について第7章のコラムで見解を述べ、応用的な契約の類型としてハッカソン型契約（巻末資料には「運営委託契約書」を収録した）を取りあげる補章を新たに設けるなど、初版の刊行後に関心を集めたトピックへの言及を行うよう努めた。

なお、初版については類書にない踏み込んだ記述に肯定的な評価をいただいたが、その初版と同様、本書のなかの意見にわたる記述は、現時点における筆

者らの個人的な見解であり、特定の業界や団体、組織の見解を代表するものではないことに留意されたい。

　最後に、第2版の刊行にあたり、株式会社商事法務の櫨元ちづる氏・澁谷禎之氏・水石曜一郎氏に多大なご尽力をいただいたことに、心より厚く御礼を申し上げたい。

　2022年9月

齊藤友紀・内田　誠・尾城亮輔・松下　外

はじめに

　本書は、2018年6月に公表された経済産業省「AI・データの利用に関する契約ガイドライン」（法令改正にしたがってデータ編を改訂した1.1版を2019年12月に公表。以下「AI・データ契約ガイドライン」という）の策定に関与した弁護士が、その後の実務のなかで得た新たな知見やノウハウ、問題意識をふまえ、今後も大きな事業機会が見込まれるデータビジネスを推進するうえで重要となる契約の類型とその実務上の留意点を解説したものである。ここでいうデータビジネスとは、データの提供を目的とした取引や、学習済みモデルの開発を目的とした取引といった、AI・データ契約ガイドラインが対象としたものに限らず、データの利活用を伴う取引を広く包むものをイメージしている。

　筆者らが本書の共同執筆を企画したのは、策定に関与したAI・データ契約ガイドラインが日々の実務のなかで利用され、言及されていることに大きな喜びを感じる一方で、少なくとも筆者らが意図しなかった内容のものとして理解されている場面（たとえば、前提を異にする契約の類型に、同ガイドライン中の記載内容をそのままあてはめてしまうなど）をみる機会が増えてきたことに、懸念を抱いたためであった。また、同ガイドラインは、あくまで公表以前の背景事情を前提とし、しかもやや特殊な契約類型（たとえば、データ提供契約や学習済みモデル単体の開発契約など）のみをスコープに入れたものであり、その後の状況の変化や実務上の要請を筆者らなりにとらえて、アップデートした情報を提供したいという思いもあった。

　本書は、実践のための書であろうとするものである。法規制のあり方といった客観的な情報だけでなく、筆者らが実務のなかで叩き上げてきた知見やノウハウ（あるいは、筆者らの主張や主観的な意見と呼ばれるかもしれないものも含めて）をも、批判を覚悟であえて盛り込んだ。

　本書に添付した各種契約などのひな型は、そうした知見やノウハウの表れであるが、これらにはフェアな内容をもたせることを強く意識している。本書が対象とする契約は、いずれも当事者の継続的な関係性をその前提としており、当事者の一方にとって合理性を欠くアンフェアな取引は、そうした前提を（少

なくとも中長期的には）損なうおそれが高いためである。もちろん、こうした契約ひな型の宿命として、実際に置かれた状況に応じた修正が必要となる。事案をよく分析して、適切な修正を加えてほしい。筆者らとしては、本書が多少なりとも読者の役に立てることを願うばかりである。

　なお、本書のなかの意見にわたる記述は、筆者らの（現時点での）個人的な見解であり、それ以上のものではない。特定の団体や組織の見解を代表するものではないことに留意されたい。

　末筆ながら、本書の執筆にあたっては、株式会社商事法務の水石曜一郎氏に多大なるご尽力をいただいた。この場を借りて厚く御礼を申し上げたい。

2020 年 1 月

齊藤友紀・内田　誠・尾城亮輔・松下　外

目　次

第3章　ソフトウェア開発・保守契約

第4章　ソフトウェア・ライセンス契約

第5章　クラウドサービス利用契約

第6章　プライバシーポリシー

第7章　プラットフォーム型契約

凡　例

1　法令等の略称

改正民法	民法の一部を改正する法律（平成 29 年法律第 44 号）による改正後の民法
改正前民法	民法の一部を改正する法律（平成 29 年法律第 44 号）による改正前の民法
個人情報保護法	個人情報の保護に関する法律
個人情報保護法施行令	個人情報の保護に関する法律施行令
個人情報保護法施行規則	個人情報の保護に関する法律施行規則
AI・データ契約ガイドライン（AI編）	経済産業省「AI・データの利用に関する契約ガイドライン——AI編」(2018 年 6 月 15 日)
AI・データ契約ガイドライン（データ編）	経済産業省「AI・データの利用に関する契約ガイドライン——データ編」(2018 年 6 月 15 日 (1.1 版：2019 年 12 月 9 日))
個人情報保護法ガイドライン（通則編）	個人情報保護委員会「個人情報の保護に関する法律についてのガイドライン（通則編）」(2016 年 11 月 (最終改正：2022 年 9 月))
個人情報保護法ガイドライン（確認・記録義務編）	個人情報保護委員会「個人情報の保護に関する法律についてのガイドライン（第三者提供時の確認・記録義務編）」(2016 年 11 月 (最終改正：2021 年 10 月))
個人情報保護法ガイドライン（仮名加工情報・匿名加工情報編）	個人情報保護委員会「個人情報の保護に関する法律についてのガイドライン（仮名加工情報・匿名加工情報編）」(2016 年 11 月 (最終改正：2021 年 10 月))
個人情報保護法ガイドライン Q&A	個人情報保護委員会『『個人情報の保護に関する法律についてのガイドライン』に関する Q&A」(2017 年 2 月 16 日 (最終更新：2022 年 5 月 26 日))
GDPR	EU 一般データ保護規則（General Data Protection Regulation）

2　判例誌の略称

判時	判例時報
判タ	判例タイムズ
金判	金融・商事判例
裁判所 HP	裁判所ホームページ

第 1 章

データビジネスと契約

I　データとビジネス

1　ビジネスにおけるデータの重要性

　経済産業省は、2018 年 9 月に公表した「DX（デジタルトランスフォーメーション）レポート」のなかで、新たな IT 技術とそれを用いたビジネスモデルがあらゆる産業に現れてきており、競争力の維持や強化を図りたい既存の事業者は、「デジタルトランスフォーメーション（DX）」をすみやかに進め、ビジネスを質的に転換する必要があると指摘している[1]。

　デジタルトランスフォーメーションとは、いかなる事象を指すものであろうか。同レポートが引用する定義によれば、「企業が外部エコシステム（顧客、市場）の破壊的な変化に対応しつつ、内部エコシステム（組織、文化、従業員）の変革を牽引しながら、第 3 のプラットフォーム（クラウド、モビリティ、ビッグデータ／アナリティクス、ソーシャル技術）を利用して、新しい製品やサービス、新しいビジネス・モデルを通して、ネットとリアルの両面での顧客エクスペリエンスの変革を図ることで価値を創出し、競争上の優位性を確立すること」とされる。ここでは、差し当たり、新たな IT 技術の基盤の上に成り立つビジネス構造・環境の激しい変化への対応を求める動きという点に着目したい。

　これを推進するうえで、最も重要な鍵を握るのがデータである。データは、これまでも、さまざまなかたちでビジネスに利用されてきた。ただ、デジタルトランスフォーメーションを求める動きの背景には、（後述する）データの爆発的な増加やそれを流通・蓄積・処理する技術の著しい発展がある。これらに対応するため必要なビジネスの変化の範囲と程度はあまりに大きく、もはや過去のそれとは質的に異なるデータの利用法が求められる場合があることに注意する必要があるであろう。

　たとえば、物の売買時にモバイル決済を行えば、どの購入者がいつ何をどこ

---

1)　経済産業省・デジタルトランスフォーメーションに向けた研究会「DX（デジタルトランスフォーメーション）レポート――IT システム『2025 年の崖』の克服と DX の本格的な展開」（2018 年 9 月 7 日）。

で購入したかという詳細な情報がデータ化され、集積された他の行動データとあわせて機械的に処理した結果を利用することで、個々の購入者の嗜好に合わせたマーケティングを行うことができる。また、産業用ロボットの動作結果を、IoT デバイスで常時データ化して収集して監視すれば、不規則な動作結果を検出してロボットの故障時期を機械的に予測し、その運用計画に役立てることができる。

　現在では、ありとあらゆる情報がデータ化され（あるいは、データ化することが可能であり）、従来はデータ化されてこなかった情報の収集・集積も進み、膨大なデータが止まることなく生み出されている。これからの事業者には、現に取得したデータや取得可能なデータを取り入れ、利用するフローを織り込んだビジネスモデルをデザインしていくことが求められる。

2　データとは何か

(1)　情報とデータ

　われわれは、常に情報を生み出し、自らと他者が生んだ膨大な情報に取り囲まれ、こうした情報（の一部）を自覚的に、あるいは無意識のうちに処理しながら生活している。

　たとえば、平日朝の通勤電車のなかでメールをチェックするという日常的な行動のパターンや、1 か月前に洗濯用洗剤を購入してその後購入した記録がないという購買の履歴、走った後に汗をかいたり脈拍数が上がったりするという生体反応は、いずれもある事柄に関する**情報**である。また、技術的なアイデアのような知的財産も情報の一種である。

　こうした情報を何らかの方法で客観的に取り扱うことを可能にしたものが、広い意味でのデータである。このうち本書で着目するのは、コンピュータによる機械的な処理を一般に可能にするデジタル化されたデータ（電磁的記録に記録された情報）である。これは、官民データ活用推進基本法が定義するデータにおおよそ等しい。以下、本書で単にデータというときは、後者の狭い意味でのデータを指す。

(2)　データ利用の前提条件の変化

　ビジネスにデータを利用するというアイデアや実践それ自体は、特に新しいものではない。ただ、ビジネスにおけるデータの重要性が広く認識され始めた

のは、「ビッグデータ」という言葉が一般紙などでよく取り上げられるように
なった 2010 年代に入って以降であった。この動きに大きな影響を与えてきた
技術的な要素が、膨大な情報をデータ化し、収集したデータを高速かつ低コス
トで流通・集積・処理することを可能にするハードウェア・ソフトウェアの両
技術の発展・向上である。

> ### コラム：「ビッグデータ」とは
> 　「ビッグデータ」という用語そのものに法令上の定義はないが、(旧来の技術
> では処理することが困難な程度に) 膨大かつ複雑な、動的に収集されたデー
> タの集合 (データセット) を指すものと考えておけば、ここでは十分である。
> ビッグデータ (の利用法) には「3 つの V」と呼ばれる相対的な特徴がある。
>
> ---
> ① 　Volume (量)：単位量あたりの価値が低いデータを含みうる大規模な
> 　　データを処理する必要がある。
> ② 　Velocity (速度)：高速度のデータの処理が求められる。収集したデータ
> 　　を即時に処理することが求められることもある。
> ③ 　Variety (多様性)：データベースとして整理されたデータに加え、構造
> 　　化されていないテキスト、音声などの多様なデータを含みうる。
> ---
>
> 　ビッグデータという言葉のもつ語感のせいか、ビジネスの現場でデータ
> の「量」にもっぱら注目が集まることがある。しかし、情報技術の分野では、
> "Garbage in, garbage out" (無意味なデータからは無意味な結果しか生まれ
> ない) と古くからいわれるように、利用の目的に適合しないデータをいくら集
> めたところで、そこから価値は生まれない。
> 　データビジネスの実務では、十分なデータの存在を前提に始めた取組みで
> あっても、企図したビジネスを実現するために必要なデータが実は不足してい
> たということもある。あるいは、データを利用した取組みの検討を始めたとこ
> ろ、自社が保有し、または単独で収集可能なデータには、十分な量も多様性も
> 存在しないことが判明する場合もある。そこに、データをめぐる新しい取引の
> 契機が生まれてくる。

ア　情報をデータ化する技術の発展

　視覚や聴覚、触覚などを通して得られた周囲の状況に関する情報 (感覚) は、
そのままでは知覚した者以外に利用することができない。また、人間には知覚
することが難しい情報もある。こうした情報は、何らかの方法によって計測
(センシング) され、客観的に認識することができるようになってはじめて、個
人の感覚によらない方法で処理することが可能となる。

センシング技術の向上・発展により、現在では、明るさや温度、湿度、重さ、音量、地磁気などのさまざまな情報を定量的に計測し、データ化することができる。たとえば、スマートフォンには、単位時間あたりの速度の変化を測る加速度センサーや、物体が回転している速度を測るジャイロセンサーが内蔵されている。これにより、スマートフォンの所持者の動きや向いている方向などの情報もデータ化することができる。

センシング技術の社会への実装は進み、小型化・低コスト化したセンサーは、スマートフォンのみならずさまざまな機械・装置に備えられている。こうしたセンシング技術の発展・向上と、センサーと社会との融合とが、データの爆発的な増加を支えている。データビジネスを企画するにあたり、センシングのしくみの設計は、検討すべきポイントの1つである。

イ 膨大なデータを処理する能力の向上

収集・集積したデータを利用するには、膨大なデータを格納するストレージや、高速度でのデータの流通を支えるネットワーク、複雑な計算処理を行うための大規模な計算環境が必要である。これらの発展はいずれも、データのビジネス上の意義を評価する動きに大きく寄与している。

特に、指数関数的な性能の向上をみせる計算環境の発展は、下記ウ(ア)で後述する（統計的）機械学習と呼ばれる手法を用いたデータ処理の過程で、試行錯誤を伴う膨大な計算処理を必要とすることが多いことから、新しいデータ利用のあり方には不可欠なものであった。いわばデータ処理のインフラである計算環境は、インターネットなどのネットワークを経由したサービス（クラウドコンピューティング）としても一部の事業者から提供されている。

今後は、さまざまなモノ（IoTデバイス）を相互にインターネットで接続するIoTと呼ばれるしくみの実装がさらに進むことが期待される。これに伴い、データの受送信に伴う無駄を可能な限り避けるため、IoTデバイス上またはその付近の計算環境でデータを処理すること（エッジコンピューティング）が求められる場面が増えることも予想される[2]。

ウ ソフトウェア・アルゴリズムの向上・発展

(ア) データとAI技術の関係

---

2) データビジネスの契約実務との関係では、クラウドとエッジのそれぞれに異なる留意点が存在する。詳細は、必要に応じて各章で説明する。

　データのもつ可能性を引き出すうえで、データ処理の過程を規定し、制御するソフトウェア技術は最も重要な要素の1つである。近年、計算処理の解法（アルゴリズム）の向上・発展は著しく、特に「人工知能（AI）」と関連づけられることが多い（統計的）機械学習と呼ばれる手法の発展は、おりしもデータへの関心の高まりと機を同じくして進んできた。

　（統計的）機械学習とは、あるデータのなかから一定の規則を発見し、その規則に基づいて未知のデータに対する推測・予測などを行うための手法の総称である。その具体的なアプローチはさまざまであるが、そのなかでも特に注目を集めるものにディープラーニング（深層学習）がある。これには、一般に、多量・多様なデータと大規模な計算環境が必要ではあるものの、画像認識や自然言語処理などの分野ではすでに広く利用されている[3]。

　データ中の規則を発見するという（統計的）機械学習の特性上、これによる成果の内容・性質は、その基礎とされたデータの内容・性質に影響を受けるという制約がある。この成果をAI技術と呼ぶとすると、AI技術にはその性質に由来する本質的な限界があることを意味する。このことは、特に、AI技術の開発や、これを要素技術にもつシステムの開発を目的とする取引において、契約当事者の関係に影響を与えうる[4]。

　　㈠　IoT と AI 技術の関係

　実装される IoT デバイスの種類や数がさらに増えるにつれ、各 IoT デバイスからクラウドやエッジに収集・集積されるデータはいっそう大きくなっていく。AI技術を利用し、大規模なデータを自動的に処理していく過程や仕組みを実装することは、遅かれ早かれ実務上不可避であるといってよい。

　データビジネスを行ううえで、IoT と AI 技術は互いに密接な関係にある。契約実務において、AI技術の取扱いにもっぱら議論が集まることがあるが、企図したビジネスモデルを実現するうえでは、IoT デバイスを通じてデータを収集・集積する過程に注目すべき場合もある。

3）　AI・データ契約ガイドライン（AI編）9頁以下。
4）　AI技術の開発を目的とする場合と、AI技術を要素技術の1つとするシステムの開発を目的とする場合とでは、契約に際して考慮すべき内容が異なる。詳細は、**第3章**で説明する。

(3)　データビジネスにおける契約の重要性と限界

　さまざまな情報をデータ化し、そのデータを流通・蓄積・処理する技術は、近年急速に向上・発展しており、データをビジネスに利用するうえでの技術（ひいては費用）面での制約は小さくなっている。これを受け、事業者の多くが何らかのかたちでデータ利用の可能性を模索しており、また、このところではデジタルトランスフォーメーション（DX）の重要性を説かれて既に久しい感すらある。

　データビジネスを進めるうえでは、他のビジネスと同様に、民法を始めとした関連する法律を理解し、これをふまえて関係者との契約を設計することが重要であることは当然である。ただ、データが無体物で流通性が高いデータの特性上、（第三者に拘束力が及ばない）契約という制度のみによってデータの取扱いを実効的に規制することには困難が伴う。

　自らのデータを他者に利用させる場合には、契約によるリスクの管理には限界があることを十分認識し、そのうえで対象となるデータを秘匿することの要否（あるいは、他者に利用させることの要否）を検討する必要がある。たとえば、データが万が一流出した場合の損害が甚大である一方、データを他者に利用させなくてもビジネスの目的を達成できる場合には、他者へのデータの提供を伴う取引の合理性を慎重に検討すべきであろう。

　契約は、取引に伴うリスクを管理するための手段の１つにすぎない。しかも、契約は、禁止行為に対する制裁を定めることで当事者の行動インセンティブに働きかけるが、予防的な見地からは不完全な制度である。そのため、流通性の高いデータとの関係では特に、より直接的に違反を防ぐための技術的手段や、データの利用を制約する不正競争防止法、特許法その他の法令など、契約以外の制度との複合によってリスクを管理するという全体観をもつことが重要である。

Ⅱ　データビジネスと契約のフレームワーク

1　フレームワークの必要性

(1)　データビジネスを阻害するポイント

　自ら収集したデータに対する事業者のアプローチには、大きく２つの方向

性がある。1つは、収集したデータを囲い込み、自社のみで利用することを志向するもの（データのクローズ戦略）である。もう1つは、他者がデータを利用することを可とするもの（データのオープン戦略）である。

　データを囲い込む選択と、他者の利用を可とする選択との間に、絶対的な優劣はない。これらはいずれも、ビジネスの目的を実現するための手段にすぎないから、めざすビジネスの目的やその他の前提条件によって合理的な選択は異なってくる。一般論としては、第三者への漏えいリスクと、それが顕在化した場合の損失を考慮してもなお、データをオープンにして得られる利益が、データを囲い込んで得られる利益よりも大きければ、データをオープンにすることは正当であろう。

　取引による利得損失を正しく評価するためには、その取り巻く環境を支配するルールを理解する必要がある。データビジネスとの関係では、特にデータの自由な利用を制約する個別の法令を理解することは不可欠であり、データビジネスをめぐる契約実務の標準が形成途上にあることを考慮すると、ルールを理解することの重要性はいっそう顕著になる。

　また、データビジネスを円滑に進めるためには、データの取扱いに関する意思決定のフローをあらかじめ確認しておくことも重要である。データに資産としての価値が認められるようになってから日が浅く、資産であるデータを外部に提供するためのフローが整備されていないことも少なくない。このことは、データビジネスを進める際の障害となることがある。

(2)　データ取引に関する法的理解の不足

　あるゲームから得られる利益を最大化しようとすれば、まず、そのゲームを支配するルールを理解し、そのうえで、プレイヤーの選択がどのような利得損失を生じさせるかを予測しなければならない。「ゲーム」をデータビジネスと置き換えると、「プレイヤー」をその当事者、「ルール」をデータビジネスに関連する法令その他のルールと置き換えることができる。

　それにもかかわらず、無体物であるデータが有体物と同様に取り扱われることがあるなど、データビジネスに必要不可欠な法的理解が実務に十分浸透しておらず、円滑な取引の実現を妨げているという課題がある。そこで、以下ではデータの法的性質や特徴を説明し、さらに知的財産権法や個人情報保護法のような法令による取引の制約などを概観する。

ア　データの法的性質、特徴

　データは、いわゆる無体物であり、物理的な実体をもたない。当然、有体物とは異なり、データへの直接的かつ排他的な支配を観念することはできない。そのため、データは所有権その他物権の対象とならず（民法206条、85条など参照）、データに対する占有という概念もない（同法180条参照）。

　データは、それを現に保有する者が自由に利用できるのが原則である。その者が自ら保有するデータを利用する権原の有無を問われるのは、その利用が、著作権法や特許法、不正競争防止法、個人情報保護法などの個別法による制約に触れる場合か、データの利用関係を定める他者との契約の内容に抵触する場合のいずれかである。

コラム：「データ・オーナーシップ」論

　実務では、データビジネスのなかで扱われるデータが誰に「帰属」するかが争われることがある。この「帰属」の法的な意義をめぐる議論が、「データ・オーナーシップ」論である。データ一般への物権的な権利を認める法律は現時点ではわが国に存在しないから、データの「帰属」を物権の帰属と並べて論じることは適当でない。

　ある人がデータを利用できるのは、自らが管理するデータに適法にアクセスできる事実状態、または他者が管理するデータに適法にアクセスできる地位があることの結果であって、データを直接的に支配する（物権的な）権利がその者に帰属するからではない。この点は、契約実務でもしばしば混乱が生じるところであるから、注意が必要である[5]。

　特にこの議論との関連が深いのは、データの利用をめぐる許諾の要否に関する考え方である。結論からいうと、データに適法にアクセスできる状態・地位にある者は、他者の許諾を得ることなくデータを利用できるのが原則ということになる。ただし、データの利用について個別法の制約が存在するときは、それぞれの制約に応じた処理が別途必要となる。

　以上が法的な考え方の整理であるが、データの利用に許諾を受けることの法律上の要否と、実際に許諾を受けることの当否とは区別して考える必要がある。データの取扱いのように実務の蓄積がまだ十分でなく、契約当事者の間で法的な理解に齟齬があるおそれがある場合には、（法的には不要と考えられる場合でも）紛争回避の見地からあえて利用の許諾を受けることも合理的と評価される場合もあるであろう。

---

5)　齊藤友紀「訓練用データセットとその利用に関する一考察」LES JAPAN NEWS Vol.59 No.2（2018）。

データの法的な性質に関する以上の議論とは別に、留意すべきデータの特徴がいくつか存在する。まず、データは、同じ内容・形式を保ったまま、ある媒体から他の媒体へと移動することが可能であり、また、複数の媒体上に同時に存在することも可能である。さらに、有体物と比べ、データを複製することは容易であり、複製のコストは一般にきわめて低い。そのため、流通したデータはさらに流通し、拡散する性質がある。

そして、無体物であるデータには「取り戻す」行為を観念することができない。元のデータ以外のすべてのデータを消去し、復元不能な状態にすることができる（きわめて例外的な）場合を除いては、流通したデータの流通可能性を抹消することはできない。また、仮にデータが法令や契約上許されない方法で利用されていたとしても、事後的にそれが明らかになる場合こそあれ、進行中のデータの利用を外形的に捕捉することは、多くの場合、現実的に困難だという問題もある。

企図したデータビジネスを実現するため契約を設計するにあたっては、こうしたデータの法的性質や特徴に注意を払う必要がある。そのうえで、関連する法令や技術的手段を検討し、契約による利得損失と関係当事者に与える行動のインセンティブを評価して、目的に適合した契約を組み立てていくことが求められる。

イ　知的財産関連法による制約

データは、それを現に保有する者のすべてが自由に利用できるのが原則である。その利用が個別法による制約に抵触する場合はその例外にあたるが、それぞれ制約を定める趣旨は異なり、制約の発生要件もさまざまである。以下では、知的財産に関連する主要な法令による制約の概要を述べる。

　(ア)　不正競争防止法による制約

不正競争防止法は、従前より、①秘密として管理され、②事業活動に有用で、かつ、③公然と知られていない情報を「営業秘密」と定義し（同法2条6項）、その利用を制約してきた。つまり、閉鎖的な状況下で、限定された利用者により秘密として扱われる情報の扱いに制約を設けるもので、これはデータのクローズ戦略と整合する。

これによると、比較的開かれた状況下で、多数の事業者の間で利用されることが予定されたデータは、その本来の射程の外に置かれることとなる。しかし、

　近年、大規模なデータの利用に注目が集まるのに伴い、データ提供者の意に反してデータが流通するリスクに配慮しつつ、データの共同利用を推進するための制度が要請されるようになってきた。

　そこで、2018年改正不正競争防止法（2019年7月1日施行）では、①業として特定の者に提供する、②電磁的方法により相当量蓄積・管理された情報、つまり、データ提供者によりアクセスが管理された大規模データを「限定提供データ」と新たに定義し（不正競争防止法2条7項）、その利用に一定の制約を設けることとなった。

　　㈠　著作権法による制約

　著作権法は、「思想又は感情を創作的に表現したもの」を「著作物」と定め（同法2条1項1号）、これに著作権を認めて具体的な表現の保護を図っている。著作権法によりデータの利用が制約されるのは、データの集合（データセット）を構成するデータ中の表現、たとえばテキストや画像、プログラムなどが著作物に該当する場合と、データセットが全体としてデータベースの著作物（同法12条の2、2条1項10号の3）にあたる場合である。

　ただ、データビジネスに利用されることが多い消費者データや産業用データには、著作物に該当する表現が含まれていないことが多いであろう。また、データセット全体をみても、データを「検索することができるように体系的に構成した」もの（著作権法2条1項10号の3）とはいえない場合が少なくないであろう。そのため、データセット上の著作権を議論する際は、まず、何が著作物にあたるのかの認識をすり合わせた方がよい。

　なお、2018年改正著作権法（2019年1月1日施行）では、新たな情報・データの利活用に対応する改正が行われた。これにより、大規模なデータの解析や処理に必要な著作物の利用には、著作権者の利益を不当に害する場合を除き、著作権による制約が及ばないこととなった（著作権法30条の4）。

　　㈢　特許法・意匠法による制約

　特許法は、「自然法則を利用した技術的思想の創作のうち高度のもの」を「発明」と定め（同法2条1項）、そのうち、①産業上利用可能で、②公知の発明等とは異なり（新規性があり）、③公知の発明等から容易に考えつくものでない（進歩性がある）もの（同法29条）に特許権を認め、技術的なアイデアの保護を図っている。

　データビジネスとの関係では、一定の構造をもつデータが「プログラム等」

（特許法2条4項）の発明に該当した場合のデータ利用上の制約にも留意が必要
だが[6]、データの収集フローや、データ処理の結果を利用するしくみのような、
ビジネスモデルに関連した発明の特許権によるビジネスへの制約には、より大
きな注意を払う必要がある。

　意匠法は、従来、「物品……の形状、模様若しくは色彩又はこれらの結合で
あって、視覚を通じて美感を起こさせるもの」（旧意匠法2条1項）、つまり物
品のデザインを保護する法律であって、スマートフォンに記録・表示された
ユーザインターフェース（UI）画像なども、その操作に必要な限りで保護を
図ってきた（同条2項）。

　2019年改正意匠法（2020年4月1日施行）はこの考え方を一歩前に進めて、
物品に記録・表示されていない「画像」、たとえば、クラウド上に記録された
画像や、壁や道路などに投影される画像なども保護の対象とされることとなっ
た（改正意匠法2条1項）。これにより、意匠権によるデザインの保護と抵触す
る範囲で、この「画像」を内容とするデータの利用は制約されることとなる。

ウ　個人情報保護法による制約

　個別にカスタマイズされた体験の提供や、その基礎となる個人の行動や嗜好
の予測には、個人に関するデータの利用が不可欠である。その利用に制約を加
えるのが、個人情報保護法である。近時、個人に関するデータに関する漏えい
事故や不適切な事象についての報道や指摘が相次いでいることもあり、こうし
たデータの安易な利用に経営上のリスクが伴うことは多くの事業者に認識され
てきている。

　以下、個人情報保護法によるデータ利用上の制約の概要を説明する[7]。なお、
日本以外の国・地域において、あるいはそうした国・地域との間で個人に関す
るデータを取り扱う場合には、適用される各国の法令にも注意する必要がある。

㈠　個人情報と個人データ

　個人情報保護法は、同法の定める「個人情報」（同法2条1項）の取得や管理、
提供などに一定の制約を設けている。「個人情報」とは、生存する個人に関す
る情報のうち、①他の情報と照合するなどして特定の個人を識別することがで
きるもの（同項1号）か、②個人識別符号が含まれるもの（同項2号）をいう。

そのため、故人に関する情報や、特定の個人との紐づきが失われている統計情報は、同法の定める「個人情報」にあたらない。

　また、個人情報を含む情報の集合を体系化した「個人情報データベース等」（個人情報保護法16条1項）を構成する個人情報は「個人データ」（同条3項）といい、通常の個人情報よりも流通の可能性が高い性質に配慮して、特に遵守すべき手続や管理措置などが定められている。一般に、データビジネスとの関係では「個人データ」の取扱いが問われる。

　　(イ)　個人データの利用と第三者提供

　事業者は、個人情報を取り扱う際、まずは利用の目的を特定し（個人情報保護法17条1項）、この目的を個別に通知するか公表する必要がある（同法21条1項）。また、その目的の達成に必要な範囲を超えて個人情報を取り扱う際には、本人の同意を事前に得なければならない（同法18条1項）。

　よく問題となるのが、個人データの第三者提供に関する論点である。個人データを「第三者」に提供する場合、（原則として）あらかじめ本人の同意を得る必要がある（個人情報保護法27条1項）。もっとも、①委託、②事業承継、③共同利用のいずれかに伴って提供を受ける者は、この「第三者」にあたらないとされる結果（同条5項各号）、本人の同意を得ることは不要となる。

　第三者提供に際し、「委託」構成をとることの可否は検討されることが多い。これは、個人データの提供が、委託者（提供者）の利用目的の全部または一部を、受託者を通じて達成する場合に利用可能な構成である。その範囲を超えて受託者が個人情報を取り扱うことを許容するものではないことには、十分な注意を払う必要がある。

　　(ウ)　匿名加工情報の利用と課題

　実務上、個人データの第三者提供と並んで、個人情報保護法の定める「匿名加工情報」の利用の可否も問題となることが多い。「匿名加工情報」とは、一定の措置を講じて「特定の個人を識別することができないように個人情報を加工して得られる個人に関する情報であって、当該個人情報を復元することができないようにしたもの」をいう（同法2条6項）。

　事業者がこれを作成するときには、個人情報保護委員会規則で定める基準にしたがって行う必要がある（個人情報保護法43条1項）。ただ、匿名加工情報を作成するために必要な加工の方法や程度は事案によって異なり、また匿名加工情報の該当性を評価する基準も現状では明らかであるといいがたい[8]。他方

で、要求される加工の程度が大きくなるほど、匿名加工情報には価値をみいだすことが難しくなっていくという課題もある。

　取扱いの難しい制度ではあるが、それでも匿名加工情報を利用する際には、匿名加工情報であることを前提としたデータの取扱いが事後的に違法と評価されてしまうおそれと、その場合に生じうる事業者のレピュテーションへの影響とを慎重に考慮することが求められる。

エ　実務上の「相場観」の欠如

　データビジネスを支える近時のハードウェア・ソフトウェア技術の向上・発展は、新しいビジネスモデルを次々と生み出していく。法令の改廃や実践によるノウハウの蓄積は、ビジネスの動きを後から追うかたちとならざるをえない。各事業者は、取引の当事者がいわば実務上の「相場観」を共有する取引に比べて多大な交渉・調整コストをかけ、手探りで取引を進めていかなければいけないというデータビジネスの課題がある。

　この課題を解決する一助とするため、さまざまな立場の専門家による議論に基づき、各種のガイドライン（指針）が策定されている。その一例が、2015年 9 月公表の経済産業省「データに関する取引の推進を目的とした契約ガイドライン」や 2017 年 5 月公表の同省「データの利用権限に関する契約ガイドライン ver1.0」を発展させ、AI 技術の開発・利用契約に関する検討結果を付して 2018 年 6 月に公表された同省「AI・データの利用に関する契約ガイドライン」（データ編のみ 2019 年 12 月 9 日に 1.1 版公表。本書では「AI・データ契約ガイドライン」という）である。ほかに同種の議論の成果としては、2018 年 12月公表の農林水産省「農業分野におけるデータ契約ガイドライン」がある。

　これらは、データビジネスの分野において、契約当事者である事業者がもつ情報の質・量ともに非対称があり、それにより円滑な取引が阻害されている現実をふまえ、各ガイドラインが対象とする類型の契約に関する基本的な考え方とその理解に必要な情報を提供するものである。つまり、各ガイドラインは、何ら法的拘束力をもたないが、相対的に低い取引コストで合理的な契約を締結するための基礎となることをめざしている。

　また、2019 年 3 月 29 日公表の内閣府「人間中心の AI 社会原則」（統合イノ

---

8) 個人情報の保護に関する法律についてのガイドライン（仮名加工情報・匿名加工情報編）
　3-2 参照。

ベーション戦略推進会議決定）は、データビジネスやその契約実務においても尊重されるべき指針を提示している。これも法的拘束力をもつものではないが、AI技術、ひいてはデータの利用[9]に関する行為規範、さらには法的責任論に影響を与えることも考えられる。その内容は、これを踏まえて具体的な行動目標を整理した2021年7月9日公表の経済産業省「AI原則実践のためのガバナンス・ガイドライン ver.1.1」とともに、契約実務においても十分意識することが求められる[10]。

(3)　データ戦略と組織設計上の課題
ア　ビジネスを起点としたデータ戦略の不足

　事業者は、多かれ少なかれ、ビジネスに何らかの方法でデータを利用することの重要性を認識している。実際に、データを利用した実証実験は数多く行われているが、新たな価値を創造できずに終わった取組みも多く、データがあれば有意義な取組みが生まれるという考え方は、多くの場合には誤りであるという認識が共有されてきている。

　データビジネスを円滑かつ実効的に進めるためには、データにより可能なことをまず一般的に理解し、取得可能なデータを把握したうえで、データを利用したビジネスを構想・設計し、その目的上必要なデータを収集し、利用するという過程を経ることが本来望ましい。実務の制約上可能であれば、この過程には、製品やサービスの品質の向上、新しい機能の追加などにビジネスを通じて取得するデータを利用し、その成果をフィードバックするしくみを組み込むことがいっそう望ましい。

　実務では、既存のデータを所与の前提として、ビジネスの文脈からいったん切り離された実証実験などが行われることがある。それ自体に本質的な課題があるわけではないが、実証実験を超えた取組みにその成果をつなげるには、必ずビジネス上の意義が問われることは意識されるべきである。

---

9)　欧州委員会のAI高等専門家グループが2019年4月8日に公表した「Ethics guidelines for trustworthy AI」（信頼のおけるAIのための倫理ガイドライン）は、「人間中心のAI社会原則」とほぼ同様の問題意識に基づくものであるが、データの取扱いに踏み込んだ議論が多く、参考になる。

10)　事業者側の動きについて、齊藤友紀「法の『グレーゾーン』を乗り越えるためのルールデザイン」Business Law Journal 2019年6月号70頁。

　ビジネスとの関係を視野に入れることで、費用と便益の分析がはじめて可能
となる。データを利用した取組みへの投資判断や、データを他社に利用させる
ことの可否判断などの意思決定を合理的に行うためには、それによるリスクや
損失といった費用のみでなく、その取組みから得られる利益を考慮に入れるこ
とが必要である[11]。

　データのビジネス上の意義があいまいである場合、データの利用に伴う費用
は明らかである一方で、その便益は不明瞭なものとならざるをえない。その結
果、データを利用した取組みを進めないことが「合理的」だと評価されてしま
うこともあるであろうが、ここでの問題は、ビジネスとデータとの関係が明確
でないところにあることは認識されるべきである。

イ　データの取扱いに関する組織設計の問題

　データビジネスを阻害する要因には、データの取扱いに関する意思決定のフ
ローを含む事業者の組織設計に由来するものもある。取引や契約、資産の扱い
に関連する従来のワークフローは、資産性のあるデータの開示や受領を伴う取
引を念頭に置いて設計されていない場合があり、こうした取引の処理にはなじ
まないことがある。

　データの取扱い、特に他社への開示の可否と当否を決定する権限の所在と、
それを前提とした意思決定のプロセスの設計、これらを反映した社内規程の
整備は、データビジネスを進めるうえでの組織課題の 1 つである。たとえば、
データの他社への開示の可否と当否に関する判断を、法務や知的財産を所管す
る部門にゆだねる例が実務では見受けられるが、こうした部門には法的なリス
クや保護に関する知見はあっても、データの価値やその開示のビジネス上の意
義を評価するのに必要な知見はないか、とぼしいのが一般的である。そのため、
判断が遅れ、データが開示されるまでに相当の時間を要する場合がある。

　また、データの管理体制が不十分であり、現に取得しているデータや、今後
取得することが可能なデータ、また、それらの利用上の制約を把握できておら
ず、利用可能なデータが可視化されていない場合もある。存在を認識できない
データの利用を検討することはできないから、データビジネスの推進を図る事
業者は、まず自らの事業に関連するデータの収集・流通経路を把握し、整理す

11）経済産業省「デジタルトランスフォーメーションを推進するためのガイドライン（DX 推
　　進ガイドライン）Ver.1.0」（2018 年 12 月）参照。

ることが求められる。

　データとその利用条件の可視化を進めるためには、通常、各事業部門やIT
システムやセキュリティに関連する部門、法務や知的財産の管理を担当する部
門など、社内の部門を越えた連携が必要となる。しかし、各部門の業務への動
機づけは一般に異なり、データの可視化だけをとっても、各部門の意見や利害
が対立して作業が進まないこともありうる。

　組織全体を巻き込んだ諸制度の見直しや、部門間の意見や利害の対立による
意思決定（とそれに基づく実行）の遅延の解消といった組織課題は、将来の事
業や事業者のあり方についてのヴィジョンに基づいて解決される必要がある。
ヴィジョンを定め、より具体的なミッションに落とし込み、社内外に示すの
は経営者の役割であり、経営者によるこうした役割への強いコミットメントが、
これら組織課題の解決には有効である。

コラム：データガバナンスの重要性

　データの利用が広がるにつれ、全社的なデータの管理体制を整備することの
重要性が増してきている。個人データについてはそれが顕著であり、個人情報
保護委員会は、2019年8月、旧個人情報保護法20条で定める安全管理措置
が適切に講じられていなかったことなどを理由に、株式会社リクルートキャリ
アに対し、「個人データを取り扱う際に、適正に個人の権利利益を保護するよう、
組織体制を見直し、経営陣をはじめとして全社的に意識改革を行う等、必要な
措置をとること」などを勧告した[12]。

　これを受け、同社の親会社である株式会社リクルートは、データマネジメント
専属の組織を設置し、また国内関係会社の法務機能を統合することを内容とする
「ガバナンスの強化」などの方針を発表したが[13]、こうした全社的な課題を解
決する過程では、既存の業務のあり方への変革に対する抵抗を伴うことが多い。
そのため、経営者のコミットメントなしに、これをやりとげることは難しい。

　欧州委員会のAI高等専門家グループが2019年に公表した「Ethics guidelines
for trustworthy AI」は、AI技術を信頼の置けるものとするための7つの要件
を定めたものである。データガバナンスはその1つであり、データを不正に操
作してはならず、またデータ（特に個人データ）へのアクセスを厳格に管理す
べきであることはその内容に含まれる。データ偽装のような不祥事には、今後

12）個人情報保護委員会「個人情報の保護に関する法律第42条第1項の規定に基づく勧告等
　　について」（2019年8月26日）。
13）株式会社リクルート「当社子会社への個人情報保護委員会からの勧告等について」（2019
　　年8月26日）。

いっそう厳しい目が向けられることは明らかであり、データガバナンスは重要な経営課題の1つとなる。

ウ　AI技術の開発等に伴うリスクの管理体制の不十分さ

AI技術の実証から実装へと取組みのフェーズが進み、AI技術を利用した製品やサービスと、テスト環境を離れた実社会との接点が増えてくるにつれて、こうした製品やサービスがもたらす社会に対する影響を事業上のリスクとして考慮しなければならなくなってきている。しかし、AI技術の開発や運用、利用に伴うリスク、特にデータの扱いに関連するリスクについて、十分な管理体制が整えられている例は多くない。

AI技術の挙動は、その基礎となるデータの内容・性質に大きく影響されるため、そのデータに記録された過去に関する情報による制約を受ける。そのため、例えば、会社の従業員のパフォーマンス評価を予測するAI技術があったとして、その基礎となった過去のパフォーマンス評価とそれに紐付く個人の属性を記録したデータに、性別や国籍などの属性による評価上の不公平が実は反映されていたとすれば、そのAI技術を利用した予測はそうした不公平を再生産するおそれをはらむものとなる。

また、特定のサービスを利用する際の認証の鍵として利用者個人の生体データを用いるためのAI技術を例にとると、これには個人に対する監視の強化へとつながる懸念があるとして、利用者自身の同意があるか否かにかかわらず、こうした利用のあり方には消極的であるべきだとの意見もある。予想される社会の反応や将来的な規制の可能性も、AI技術の開発等に伴うリスクであるといえ、その影響を制御するための施策を講じるべき場合もありうる。

近時、AI技術の利活用を積極的に進める大手IT企業や電機メーカーを中心に、AI技術やデータの利用の目的や方針、これらに関連する行動目標などを整理した指針を公表する動きがみられるが、AI技術の開発等がもたらすリスクの管理体制を整える動きとしても捉えられる。AI技術の実装が進むほど、その開発等に対するガバナンスの重要性は増すことが予想され、その実務への影響も大きくなることは理解される必要がある。

2　データビジネス別の契約フレームワーク

本書では、データビジネスにおける代表的な取引の類型に対応した契約のあ

り方と、しばしば頭を悩ませる（必ずしも法的な課題には属さない）実務上の諸問題について、考え方のフレームワークを提供する。なお、取り扱われるデータの流通経路を把握し、その内容を考慮に入れて契約を設計する必要があることは、これら取引一般にあてはまるが、契約実務において見落とされることがあり、十分に注意すべきである。

(1)　データ利用許諾契約

　本書では、データを保有する者が、そのデータの利用を希望する者に対し、合意の対象となったデータを開示し、その利用を許諾することを内容とする契約を、データ利用許諾契約と呼んでいる。

　データビジネスの現場で取り扱うデータは、これを保有する事業者にとっての秘密を内容とするものであることが多い。また、データを現に保有する者は、原則として自由に使用収益し、処分することができる。そのため、データの開示を伴う取引を行う際には一般に、移転先の事業者にその秘密を保持させ、合意した目的以外による利用を禁ずる内容の合意を要素とする契約を締結することが不可欠となる[14]。

　この種の契約は一般に秘密保持契約と呼ばれ、現に、データ利用許諾契約と秘密保持契約には主要な部分に重なりがある。もっとも、一般的な秘密保持契約のひな型ではデータ提供の場面での実務上の要請に十分応えられない面があり、データ利用許諾契約ではこのことが考慮されている。

　データ利用許諾契約は、**第2章**で解説する。本書では、データ保有者であるユーザが、そのデータを利用した学習済みモデルの開発をベンダとともに行う際、ベンダにデータを提供する状況を想定している。ここで解説する内容の多くは、システム開発契約やソフトウェア・ライセンス契約についてもあてはまる。

(2)　ソフトウェア開発・保守契約
ア　ソフトウェア開発契約

　ソフトウェア開発契約とは、ある事業者（ユーザ）の依頼を受けて、1つ以上のプログラムによって構成されたソフトウェア（システム）の開発を他の事

14）齊藤・前掲注5）参照。

業者（ベンダ）が行うことを内容とする契約である。システムというと、事業者の基幹機能に関する比較的大規模な情報システムが連想されることが多いが、ここでは規模の大小を問わず、AI技術を構成要素とする情報システム一般を指す語として用いている。

　契約実務で混乱が生じやすい点に、AI技術を構成要素とするソフトウェアの開発契約と、AI・データ契約ガイドライン（AI編）に掲載されているモデル契約との異同がある。後者の「ソフトウェア開発契約書」は、AI技術を利用したソフトウェアのうち「機械学習を利用した特定機能を持つプログラム（学習済みモデル）」単体の開発を想定するもので、それを構成要素とするソフトウェアの開発を目的とするものではない。ソフトウェアの開発を目的とする場合、要件の定義や契約当事者の責任の考え方などに、学習済みモデルの開発を目的とする場合とは異なる配慮が必要である。

　ソフトウェア開発契約は、**第3章**で解説する。本書では、ユーザが、学習済みモデルの開発と、これを主たる要素とする小規模から中規模程度のソフトウェアの開発とをベンダに依頼する状況を想定している。

イ　ソフトウェア保守契約

　本書でソフトウェア保守契約と呼ぶ契約は、ソフトウェアを運用するなかで発見された不具合や改善すべき点への対応を定める契約である。データビジネスとの関係では、テストデータを用いた検証の過程を経て、実環境下でソフトウェアの運用を開始した後、テストデータには反映されていなかった条件などに由来して発生が予想される「不具合」を監視するとともに、その解消に備えることが求められる場面が考えられる。

　学習済みモデルが実環境下で適切に機能するかは、その開発に用いられた技術や手法の選択だけでなく、学習済みモデルの基礎となったデータセットの内容や性質によるところも大きい。もしデータセットが実環境下の諸条件を適切に反映していなければ、それに基づく学習済みモデルを要素とするソフトウェアの挙動は、ユーザが望まないものとなるおそれがある。そのため、ソフトウェア保守契約（そしてソフトウェア開発契約）を設計するに際しては、このときの扱いを織り込んでおく必要がある。

　ソフトウェア保守契約は、ソフトウェア開発契約とあわせて、**第3章**で解説する。なお、ソフトウェア開発・保守契約に関連する契約の類型に、エンジニアの技術水準や作業工数などによって委託の範囲を画する「SES契約」

（システム・エンジニアリング・サービス契約）と実務上呼ばれる契約があるが、データビジネスとの関係において特筆すべき点が少ないため、本書では必要最小限の範囲で言及するにとどめている。

(3)　ソフトウェア・ライセンス契約

ソフトウェア・ライセンス契約とは、一般に、ベンダが自ら開発し、または第三者から提供を受けたソフトウェアの使用を、ユーザに許諾することを主たる目的とする契約である。なお、（プログラムの著作物である）ソフトウェアの使用許諾にかかる部分は、法的には「契約」ではなく、ユーザによる使用を妨げないというベンダの意思表示と理解される。

この契約が用いられるのは、ユーザが管理するサーバなどにソフトウェアの複製物をインストールして使用させる場面が一般的である。ただデータビジネスとの関係では、ベンダ以外の者の管理下にある IoT デバイスやその周辺でデータを処理するエッジ型のシステムを前提としたサービスや製品をベンダが提供する取引において、エッジに集積され、処理されたデータやそれを基礎とした学習済みモデルの取扱いを定めることを目的として、ソフトウェア・ライセンス契約が用いられることも考えられる。

ソフトウェア・ライセンス契約は、**第4章**で解説する。なお、実務上、既存のソフトウェアを基礎としてベンダが追加開発を行い、その成果の使用をユーザに許諾する取引もしばしば行われる。このベンダの追加開発コストを、開発の対価として回収するのか、ソフトウェアの使用許諾の対価のなかで回収するのかは、ベンダのビジネスモデルやユーザとの交渉結果次第であるが、いずれであるかにより契約のデザインは異なってくる。

(4)　サービス利用契約
ア　サービス利用契約

不特定多数の利用者に向けて同一のサービスを提供する場合、利用者と個別に交渉を行い、内容の異なる契約を締結することには、膨大な取引コストが生じる。この取引コストの一部は利用者に転嫁されるのが通常であり、多数の契約関係を画一的に処理して取引コストを抑制することは、サービスの提供者と利用者の双方にとって合理的である面がある。その契約関係の画一的な処理を目的として、サービスの提供者がその利用時に遵守すべき内容を整理したも

のがサービス利用契約である。

　サービス利用契約は、多数の利用者に画一的なサービスを提供する必要があるさまざまな取引に用いられるが、その典型例が、インターネットを経由して提供されるクラウド型のサービスに関する取引である。データビジネスとの関係では、この種のサービスの利用時に、利用者に関連する何らかの情報がデータ化されてサービスの提供者に送信され、収集・集積されたデータを処理して得られた成果が、サービスの利用者や第三者の用に供される状況が考えられる。

　（クラウド）サービス利用契約は、**第5章**で解説する。なお、改正民法（2020年4月1日施行）では、「ある特定の者が不特定多数の者を相手方として行う取引であって、その内容の全部又は一部が画一的であることがその双方にとって合理的なもの」において、「契約の内容とすることを目的としてその特定の者により準備された条項の総体」を「定型約款」と定義し（同法548条の2第1項）、一定の規制を設けている。サービス利用契約はその典型であり、この規制への対応を検討する必要がある。

イ　プライバシーポリシー

　サービスの提供者がその利用者に関する「個人情報」や「個人データ」を収集し、何らかの方法により利用する場合、その目的や管理の方法などを定めた指針を少なくとも明らかにする必要がある（個人情報保護法21条1項など）。この指針を、一般に、プライバシーポリシーと呼ぶ。サービス利用規約と一体的にこれを定める例もあるが、改訂の際の手間などを考えて、サービス利用規約とは独立して定めることが実務上は一般的である。

　近時、データビジネスにおける個人情報（データ）の取扱いには厳しい目が向けられている。国内外を問わず、適当でない取扱いによってデータビジネスを行う事業者がその信用やレピュテーションを毀損させる例も増えており、事業者が自らを律する手段であるプライバシーポリシーの重要性も増している。これについては、サービス利用規約とは別途、**第6章**で解説する。

(5)　プラットフォーム型契約

　近時、事業者が自らの事業を通じて収集・集積するデータを、何らかの利益を得ることをめざして、他の事業者に提供することを内容とする取引が増えている。このうち、1つ以上の事業者から提供されるデータを、特定の基盤（プラットフォーム）上で集積または管理し、複数の事業者に利用させることを目

的とする契約を、便宜上「プラットフォーム型契約」と呼ぶ[15]。

　プラットフォームを運営する事業者とデータの提供者、データの利用者との間でそれぞれ締結される契約であるという点で、プラットフォーム型契約には共通点がある。しかし、プラットフォームの利用を許諾する事業者の範囲や、プラットフォーム事業者を含む契約当事者の権利と責任の内容など、その具体的な内容は多様である。

　重要なことは、データの提供者がデータを提供し、データの利用者がデータを利用し、プラットフォーム事業者がプラットフォームを適切に運営するインセンティブが働くビジネスモデルがあり、そのなかに組み込まれた取引の実現を可能とする内容が契約中に定められていることである。プラットフォーム型契約は、**第7章**で解説する。

(6)　ハッカソン型契約

　ハッカソンとは、ソフトウェアの企画や開発、改善などを目的として、ソフトウェア開発分野のエンジニアやデザイナーなどが一定の時間内に集中して作業を行うイベントをいう。近時、事業者が自ら保有するデータを提供してハッカソンを後援し、ハッカソンの参加者がデータを提供した事業者の課題の解決を試みる取組みがしばしば行われている。ハッカソンにデータを提供する事業者とハッカソン参加者、これに加えてハッカソンの運営を担当する事業者の関係を定めることを目的とする契約を、ここでは「ハッカソン型契約」と呼ぶ。

　ハッカソンの運営形態は様々であるが、データを提供する事業者自身はハッカソンの企画・運営を行わず、これを業として行う第三者にハッカソンの企画・運営を委託するやり方が実務では多く見られる。また、データを提供する事業者の目的も様々であるが、ハッカソンの企画趣旨やハッカソン参加者の参加動機などと整合する契約関係を設計することが必要となる。ハッカソン型契約については、**補章**で解説する。

---

15) AI・データ契約ガイドライン（データ編）69頁では、「プラットフォーム」という用語を「異なる企業グループに属する複数の事業者から提供される大量のデータを集約・保管し、複数の事業者が当該データを共用または活用することを可能にするための場所または基盤」を意味するものとし、本書とはやや異なる意味で用いている。

第2章

データ利用許諾契約

I　想定しているケース

　本章のデータ利用許諾契約書は，データを保持する者が、そのデータの利用を希望する者に対して、データを開示し、その利用を許諾する場面で利用することを想定している。

　例えば、学習済みモデルの開発のために，ユーザがベンダに対してデータを提供する場面では、通常、秘密保持契約が締結されて、秘密情報として当該データがベンダに開示されるため、本書の初版では、秘密保持契約書のひな型を作成し、その内容についての解説を行っていた。

　もっとも、データ提供者がデータ受領者に対して特定のデータを提供する場合、その特定のデータとそれ以外の情報の双方を提供する場合がある。このような場合に、①特定のデータと②それ以外の情報の双方を「秘密情報」として、①および②について、目的外利用禁止や第三者提供禁止を含む秘密保持義務をデータ受領者に課す秘密保持契約を締結する方法がある。この方法をとると、①特定のデータと②それ以外の情報に関する秘密保持義務の内容は同一になる。しかしながら、①特定のデータと②それ以外の情報について、たとえば、その特定のデータおよびそのデータを加工した加工データについて、データ受領者は契約終了後も利用を継続できるようにしつつ、それ以外の情報は契約終了と共に削除しなければならないとして、両者の取り扱い（データ受領者に課す義務）を分けることが実務上必要な場合がある。このような実務上の要請に答えるために、本書の第2版では、秘密保持契約ではなく、データ利用許諾契約のひな型を提供することにした。

　なお、学習済みモデルの開発のために、ユーザがベンダに対してデータを提供する場面では、上記のとおり、通常、秘密保持契約が締結されて秘密情報としてデータがベンダに開示されるが、今回新たに作成したデータ利用許諾契約のひな型において、その契約の締結目的（データ利用許諾契約書の第1条第2号の「本目的」）を、「学習済みモデルの生成可能性を検討する目的」とすれば、学習済みモデルの開発のために、ユーザがベンダに対してデータを提供する場面でもデータ利用許諾契約書のひな型で対応することができる。

Ⅱ　データ利用許諾契約

1　データの法的性質とデータ利用許諾契約を締結する意義

　データ利用許諾契約において、定めるべきデータの利用条件について検討する前に、データの法的性質について説明を行う。

　民法206条では、「所有者は、法令の制限内において、自由にその所有物の使用、収益及び処分をする権利を有する。」としている。そして、民法85条で、「この法律において、『物』とは、有体物をいう。」とされているので、無体物であるデータには所有権がないことになる。そのため、「私のデータ」という概念はなく、自社のサーバにあるデータ（知的財産権の対象にはならないデータを想定）に対して、第三者のアクセス権を認める一方で、契約によるデータの利用条件を定めなかった場合、その第三者が想定していなかったデータの利用をしたとしても、その第三者に対してデータを返せとか、データを削除せよといった請求をすることはできない。

図表2-1：データの利用条件を定めずに第三者にデータへのアクセスを認めた場合

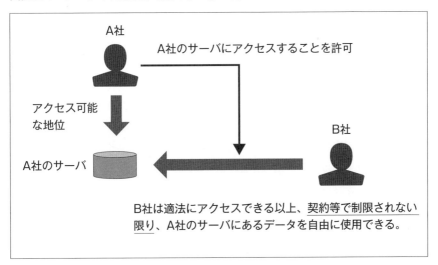

　なお、実務において、委託研究開発契約を締結して、受託者にデータの収集と分析を委託する場合があるが、民法656条が準用する民法646条1項の受

任者による受取物の引渡義務は、「物」（有体物）が対象であり、無体物である
データはその対象にならないと解される。そのため、委託研究開発契約に基づ
いて受託者が収集したデータを委託者が開示を受けるためには、委託研究開発
契約において、そのデータを委託者に開示する義務を受託者に課す必要がある。

　このように、データには所有権が観念できない以上、所有権に基づく返還請
求や妨害排除請求として、データの返還請求や開示請求、データの利用停止請
求をすることはできないが、データ自体が知的財産権の対象になる場合があり、
その場合であれば、その知的財産権に基づいて、対象となるデータの利用に対
して制限をかけることができる。例えば、データ自体に著作権が成立する場合
（音楽データ、写真データ、テキストデータなど）や、データが不正競争防止法の
営業秘密（不競法2条6項）あるいは限定提供データ（不競法2条7項）として
保護される場合である。

　しかしながら、データ自体に著作権が成立していないケースも当然あるし、
営業秘密や限定提供データとしての保護は、契約に基づき適切な利用条件を設
定することで初めて営業秘密や限定提供データの要件を充たすという関係にあ
る。

　そのため、知的財産権に基づいてデータを保護できる場面はそう多くはない
のが実情であり、実務では、データの保護は契約に基づく適切なデータの利用
条件の設定を行うことにより行われていることが多い。

　このようなデータの利用条件の設定を行うために締結するのがデータ利用許
諾契約である。

　なお、「データ」を不正競争防止法2条7項の「限定提供データ」として保
護するためには、後述するように、「電磁的方法により相当量蓄積されている
こと」（相当蓄積性）が必要になる。そのため、ある一定程度のデータの集合体
でなければ「限定提供データ」にあたらない。ここでいう一定程度のデータの
集合体というものは、一般的な用語でいえば「データベース」という意味にな
るが、単なるデータベースであれば、「限定提供データ」にあたるということ
ではなく、当然であるが、後述する「限定提供データ」の要件を充足する必要
がある。

　また、一定程度のデータの集合体であるデータベースであれば、著作権法
2条1項10号の3および同法12条の2で保護される「データベースの著作
物」になるわけではない。著作権法2条1項10号の3では、「データベース」

とは、「論文、数値、図形その他の情報の集合物であって、それらの情報を電子計算機を用いて検索することができるように体系的に構成したもの」と定義されている。したがって、著作権法で保護されるデータベースにあたるためには、①情報の集合物であり、かつ②電子計算機を用いて検索できるように体系的に構成されたものでなければならない。通常、紙で管理されたデータベースでもない限り、この①②の要件を充たすケースは多いと考えられるが、著作権法で保護されるデータベースにあたるためには、さらに、「データベースでその情報の選択又は体系的な構成によつて創作性を有するもの」でなければならない（著作権法 12 条の 2）。ここでいう「情報の選択又は体系的な構成」に「創作性」があるというのは、データベースにおけるデータの選択にデータベース構築者の個性が発揮されている場合、または、データベースにおけるデータの構成や配列にデータベース構築者の個性が発揮されている場合などであり、この要件を充たさなければ、データベースの著作物として保護されないため注意が必要である。

コラム：データの「売買」「譲渡」と「共有」

　データの「売買」やデータの「譲渡」といったワーディングを用いたデータの取引契約が散見される。しかしながら、1 で説明したように、無体物であるデータには所有権が成立しないため、データの「売買」やデータの「譲渡」は、データの所有権の移転とその移転に対する対価の支払いという意味ではない。

　有体物の売買契約の場合、売主から買主に対して、その売買目的物の所有権を移転して、売主はその目的物の使用・収益・処分をする権利を失い、他方、買主はその目的物の使用・収益・処分する権利を取得することを意味するため、無体物のデータの「売買」あるいは「譲渡」についても同様に考え、データの「売買」あるいは「譲渡」とは、データの売主が対象データについて売主に開示した上でそれ以降一切利用できなくなる義務（対象データを削除する義務を含む）を負い、他方、データの買主が開示を受けた対象データの利用について制限を負わないという契約であると考える。ここでのポイントは、所有権の移転に伴ってデータに対する利用権限が移転するのではなく、契約に基づく義務の発生として位置付けている点である。

　また、データの「共有」というワーディングが用いられたデータの取引契約も散見される。しかしながら、無体物であるデータの場合、「共有」はデータに対する共有持分（所有権）を相互に保有しているという意味ではない。データの「共有」とは、共有者がそれぞれデータを事実上保持しており、それぞれが契約で定められた範囲でそのデータの利用を制限されている状態であると解す

　る。そのため、データの取引契約において、「本契約に基づいて取得されたデータは当事者の共有とする。」と規定しても、どのような範囲でそのデータの利用が制限されているのか不明である。

　データの「共有」を契約条項で適切に規定するためには、例えば、①取得したデータの相手方当事者に対する開示義務を相互に課し、②自らが取得したデータおよび相手方当事者から開示を受けたデータに対する利用条件（目的外利用禁止、第三提供禁止など）をお互いに同一の内容にすることが必要であると考える。

2　データ利用許諾契約の法的性質

　次に、データ利用許諾契約の法的性質について説明を行いたい。データ利用許諾契約の法的性質は、知的財産権の利用（実施）許諾契約（いわゆる、ライセンス契約）と比較するとその意味がよく理解できるため、両者を比較しながら説明を行う。

　知的財産権として特許権を例にとって説明を行うが、特許権者は、業として特許発明を実施する権利を専有している（特許法68条）。このことを簡単にいうと、物の発明の場合、特許発明の技術的範囲に含まれる（特許権の権利範囲に含まれる）物を実施（生産、使用、譲渡等、輸出、輸入、譲渡等の申出）することは、特許権者しかできないということである。つまり、特許権の権利範囲に含まれる物等の実施行為に対して、特許法が、特許権者以外は実施行為をしてはならないと規定しているということになる。

　では、この特許法の考え方を踏まえて、特許権の実施許諾契約はどういう意味になるかというと、特許権の権利範囲に含まれる物を「生産」してはならないことが特許法に基づいて定められている中で、特許権の実施許諾契約において、「生産」行為を許諾することは、「禁止行為の解除」を意味する（特許法に基づいて「生産」行為が禁止されていたところ、特定の相手にその禁止行為を解除して、「生産」行為が適法に行えるようになるという意味）。特許権を例に説明をしたが、「実施」か「利用」かの違いはあるが、他の知的財産権においても同様である。

　他方、データ利用許諾契約も同じように「禁止行為の解除」と考えられるかということであるが、上記のとおり、データは所有権の対象にならないため、知的財産権または法律上保護された利益の対象になっている場合を除き、法

律に根拠をもつ「禁止権」（排他的支配権）が存在しないことになる。この点は、データの法的性質のところで説明したように、データにアクセスできる者は、契約等で制限されない限りは自由にデータを利用できることと同じことを意味する。

このようなデータの法的性質を踏まえると、データにはそもそも法律に根拠をもつ「禁止権」（排他的支配権）がない以上、データ利用許諾契約は、「禁止権の解除」ではなく、「利用制限」を意味することになる。

知的財産権の利用（実施）許諾契約	法律に根拠のある禁止権（独占権）あり	利用（実施）許諾＝禁止行為の解除
データ利用許諾契約	法律に根拠のある禁止権（排他的支配権）なし	利用許諾＝利用制限

このような「利用（実施）許諾」の意味の違いは、契約書のドラフティングにも影響を与える。具体的には、知的財産権の利用（実施）許諾契約の場合、「禁止行為の解除」をすればよいことになるので、例えば、「生産」行為について許諾する場合、契約書で「生産を許諾する」と記載すればよいことになる。

他方、データ利用許諾契約の場合、「利用許諾」は、「利用制限」である以上、データの利用を許諾すると契約書に記載したところで、厳密な意味で法的効果は発生せず、契約書に記載すべき内容は、「目的外利用禁止」や「第三者提供禁止」といった禁止行為であることになる。

このようなデータ利用許諾契約の意味を十分に理解して、次に説明するデータ利用条件を検討することが重要である。

3　データ利用許諾契約において定めるべきデータ利用条件

データ利用許諾契約では、その契約に基づいてデータ提供者がデータ利用者に提供した「提供データ」と、その提供データを加工することによって生じた「加工データ」のそれぞれについて利用条件を定めることが一般的に行われている。

提供データについては、目的外利用禁止、第三者提供禁止をデータ利用者の利用条件として定めることが多く、加工データの生成を禁止したい場合は、加工データの生成禁止についても利用条件として定める。その他には、提供デー

タの性質や取引の目的等に応じて、個別の提供データの利用条件の設定（禁止行為の設定）を検討することが必要になる場合もある。個別の提供データの利用条件としては、例えば、提供データの一定範囲外への持ち出しを禁止し、指定された端末での利用に限定するようなものがある。

　次に、加工データであるが、データ利用者が提供データを加工することで生成されるので、加工データは原始的にはデータ利用者の手許に存在することになる。繰り返しになるが、データには所有権がないため、データ提供者が、所有権に基づいてデータ利用者の手許にある加工データの開示請求をすることはできない。そこで、その加工データの利用をデータ提供者が望む場合、契約においてデータ利用者がデータ提供者に加工データを開示する義務を課すことが必要になる。また、加工データをデータ提供者に開示した場合、データ提供者およびデータ利用者の双方の手許に加工データが存在することになる。そこで、データ提供者およびデータ利用者のそれぞれについて、加工データの利用条件（禁止行為の設定）を定めることが必要になる。

　データ利用許諾契約において、提供データと加工データのそれぞれについて検討すべき利用条件を説明したが、提供データに基づいて知的財産権（知的財産権を受ける権利を含む）が創出されることもある。そのため、データ利用許諾契約において、提供データから創出される知的財産権に関する条項も設ける必要がある。

　その条項では、①知的財産権の帰属、②その帰属を前提とする利用権限を定めることが重要である。例えば、①の知的財産権の帰属について、データ利用者に帰属させる場合、②データ利用者がデータ提供者に対して、どの範囲内でその知的財産権の実施あるいは利用を認めるのかを契約書に記載することになる。

4　データ利用許諾契約と「営業秘密」または「限定提供データ」の関係

(1)　データ利用許諾契約の効力は第三者に及ばない

　1で説明したように、データの保護は契約に基づく適切なデータの利用条件の設定を行うことにより行われていることが多いが、契約は契約当事者に対する法的拘束力しかなく、原則として、契約に基づいて第三者に対して権利行使を行うことはできない。

　第三者との関係でデータを保護するためには、そのデータを不正競争防止法

2条6項の「営業秘密」または同法2条7項の「限定提供データ」として保護できるようにしなければならない。

　もっとも、データ提供者がデータ利用者にデータを提供した場合、その提供に当たって締結したデータ利用許諾契約において適切な利用条件が定められていなければ、その提供されたデータは「営業秘密」または「限定提供データ」として保護されず、その提供されたデータが第三者の手にわたってしまえば、その第三者に対して権利行使することはできない。そこで、データ提供者がデータ利用者に提供したデータが「営業秘密」または「限定提供データ」の各要件を充たすようにするために、データ利用許諾契約においてどのような条項を設ける必要があるのかを説明する。

(2)　「営業秘密」とデータ利用許諾契約

　「営業秘密」とは、秘密として管理されている生産方法、販売方法その他の事業活動に有用な技術上または営業上の情報であって、公然と知られていないものをいう（不正競争防止法2条6項）。

　「営業秘密」に該当するための要件は以下のとおりである。

```
①秘密管理性
②有用性
③非公知性
```

　①秘密管理性が満たされるためには、営業秘密保有者の秘密管理意思が、秘密管理措置によってその情報取得者に対して明確に示され、当該秘密管理意思に対する情報取得者の認識可能性が確保される必要がある。データ提供者がデータ利用者に提供したデータを営業秘密として保護を図るという場面では、営業秘密保持者であるデータ提供者の秘密管理意思が、情報取得者であるデータ利用者に対して明確に示され、その秘密管理意思に対するデータ利用者の認識可能性が確保される必要があるため、データ利用許諾契約において、第三者提供禁止、目的外利用禁止、データの管理に関する善管注意義務などの規定が定められていなければ、①秘密管理性が否定され、「営業秘密」として保護が受けられなくなる可能性がある。

　また、データ利用許諾契約において、データ利用者に対して第三者提供の禁

止を課さなければ、データ利用者を通じて当該データが公知になる可能性が
あったとして、③非公知性の要件が否定される可能性もある。

　したがって、データ提供者がデータ利用者に提供したデータを「限定提供
データ」として保護するためには、データ利用許諾契約において、目的外利用
禁止、第三者提供禁止、データの管理に関する善管注意義務に関する規定を少
なくとも設ける必要がある。

(3)　「限定提供データ」とデータ利用許諾契約

　「限定提供データ」とは、業として特定の者に提供する情報として電磁的方
法により相当量蓄積され、及び管理されている技術上または営業上の情報（秘
密として管理されているものを除く）をいう（不正競争防止法２条７項）。

　限定提供データに該当するための要件は以下のとおりである。

---

①業として特定の者に提供する情報であること (限定提供性)
②電磁的方法により相当量蓄積されていること (相当蓄積性)
③電磁的方法により管理されていること (電磁的管理性)
④技術上または営業上の情報
⑤秘密として管理されていないこと

　なお、⑥無償で公衆に利用可能となっている情報（オープンなデータ）と同
一の限定提供データを取得し、またはその取得したデータを使用し、もしくは
開示する行為は、不正競争行為に該当しないものとされている（不正競争防止
法19条１項８号ロ）。

　データ提供者がデータ利用者にデータを提供するにあたり、データ利用許諾
契約の中で第三者提供を禁止する条項を規定していない場合、①限定提供性が
否定され、「限定提供データ」として保護が受けられなくなる可能性がある。

　また、③電磁的管理性が満たされるためには、特定の者に対してのみ提供す
るものとして管理するというデータ保有者の意思を第三者が認識できるように
されていることが必要である。データ提供者がデータ利用者に提供したデータ
を限定提供データとして保護を図るという場面では、データ提供者が「データ
保有者」に位置付けられる。そして、データ利用許諾契約において、第三者提

供を禁止する条項が規定されていなければ、「特定の者に対してのみ提供するものとして管理するというデータ保有者の意思」が認められないとして、③電磁的管理性が否定され、「限定提供データ」として保護が受けられなくなる可能性がある。

　このように、データ提供者がデータ利用者に提供したデータを「限定提供データ」として保護するためには、データ利用許諾契約において、データ利用者に第三者提供の禁止を課すことが、限定提供データの要件である、①限定提供性および③電磁的管理性との関係において必要になる。

　また、データ提供者がデータ利用許諾契約に基づいてデータ利用者に提供したデータが「限定提供データ」に該当する場合において、不正競争防止法2条1項14号の「不正の利益を得る目的」で「その限定提供データを使用する行為（その限定提供データの管理に係る任務に違反して行うものに限る。）」にあたるとして、当該データ利用者に対して不正競争防止法3条に基づく差止請求権および同法4条に基づく損害賠償請求をするためには、データ利用許諾契約において定められたデータの利用目的に違反しているという点が重要になるため、データ利用許諾契約における目的規定において適切な利用目的を設定し、さらに目的外利用禁止の規定を定めることが重要になる。

5　データを提供しすぎない

　データ提供者がデータ利用者にデータを提供するにあたり、データ利用者との関係では、データ利用許諾契約においてデータ利用者に対する適切なデータの利用条件を設定することで提供したデータの保護が図られる。また、データ利用者以外の第三者との関係では、データ利用者との間で締結されたデータ利用許諾契約において適切な利用条件を設定し、当該データが「営業秘密」または「限定提供データ」として保護されることを通じて当該データの保護が図られる。

　このように、データ利用許諾契約において適切な利用条件を設定すれば、データ利用者との関係でも第三者との関係でも提供したデータに関する法的な保護が図られる。

　しかしながら、法的な保護が図られるといっても、裁判を通じて勝訴しなければその法的な保護が実現されないこともある。また、その法的な保護は、金銭賠償（損害賠償請求）と当該データの削除と利用停止等（差止請求）で図られ

るが、例えば、非常に限定された範囲でしか開示されていないノウハウに関するデータが広く公開されてしまったような場合であれば金銭賠償では賄えない損害がデータ提供者に発生するし、一旦公開されたデータは容易に転々流通してしまうので、その転々流通の過程で当該データを取得した者全員に対して差止請求を行うのは非現実的である。

　このように、いかなる防衛策をとろうとしてもデータの保護というのは完璧に行うことはできないのである。そこで、データ提供者がデータを提供する際には、今提供しようとしているデータのすべてを本当に提供しなければ今回の取引の目的を達成できないのか、そのデータの全部または一部を提供しないという選択肢はないのかという点を真摯に検討することが重要である。

Ⅲ　各条項の解説

1　定義

第1条（定義）
　本契約において、次に掲げる語は次の定義による。
(1)　「提供データ」とは、本契約に基づき、甲が乙に対し提供するデータ（画像および●等を含むがこれらに限られない。）であって、別紙で仕様およびその範囲を特定したものをいう。
(2)　「本目的」とは、乙が、●●することをいう。
(3)　「加工」とは、改変、追加、削除、組合せ、分析、編集、統合その他の加工行為をいう。
(4)　「加工データ」とは、提供データを基に作成され、その復元を困難に加工が行われたデータをいう。
(5)　「提供データ等」とは、提供データおよび加工データをいう。
(6)　「プライバシー情報」とは、個人情報の保護に関する法律（以下、「個人情報保護法」という。）に定める個人情報、仮名加工情報、匿名加工情報、個人関連情報をいう。

　本契約は、取引の対象となるデータを一方当事者（データ提供者）のみが保持しているという事実状態について契約当事者間で争いがない場合において、データ提供者からデータ受領者に対して当該データを提供する際に、当該データに関するデータ提供者およびデータ受領者のデータ利用条件を取り決めるた

めの契約である。

　まず、取引の対象となるデータを第1条第1号において「提供データ」として定義している。「提供データ」の内容、仕様等には様々なものがあるため、本契約では別紙でその仕様と範囲を特定することにしている。

　第1条第3号および第4号では、「加工」と「加工データ」の定義をしている。「加工」は提供データを加工する行為一般が含まれることにして広い定義にしている。他方、提供データを「加工」することで得られる「加工データ」は「その復元を困難に加工」されたデータのみがあたるとして範囲を限定している。このような制限を設けなければ、例えば、複数の提供データを単に結合しただけであっても、「加工」にあたるため、結合後のデータは加工データになるが、その加工データは単なる提供データの集合にすぎず、本来提供データとして扱うべきであるにもかかわらず、提供データとは異なる加工データとしての利用条件（第8条）が設定されてしまうからである。

　第1条第6号では、「プライバシー情報」の定義を規定しており、個人情報（個人情報保護法第2条第1項）のみならず、仮名加工情報（個人情報保護法第2条第5項）、匿名加工情報（個人情報保護法第2条第6項）、個人関連情報（個人情報保護法第2条第7項）が含まれる。

2　提供データの提供方法

第2条（提供データの提供方法）
1　甲は、本契約の有効期間中、乙に対して、別紙に定める方法で提供データを提供する。ただし、甲は、提供データを提供する●日前までに乙に通知することで提供データの提供方法を変更することができる。
2　甲は、プライバシー情報を含んだ提供データを乙に提供する場合、事前にその旨を乙に明示しなければならない。
3　甲が個人情報を含んだ提供データを乙に提供する場合、可能な限り、当該個人情報に含まれる記述等の一部を削除し、または個人識別符号の全部を削除して他の情報と照合しない限り特定の個人を識別することができないように当該個人情報を加工してから提供しなければならない。
4　提供データが個人関連情報データベース等を構築する個人関連情報である場合、乙は、当該提供データの提供を受けて、当該提供データの本人が識別される個人データとして取得することをしてはならない。

　第２条第１項は、提供データの提供方法を規定している。ただし、その詳細は別紙で規定している。さらに、甲は、事前に通知することで提供データの提供方法を変更することができる。

　第２条第２項から第４項は、提供データにプライバシー情報が含まれる場合に必要になる規定であり、プライバシー情報が含まれない場合は削除することができる。

　提供データにプライバシー情報が含まれる場合、プライバシー情報には、個人情報、匿名加工情報、個人関連情報が含まれているため、提供データの提供を受けるデータ利用者にとっても個人情報保護法に基づく様々な義務が課される。そこで、第２条第２項では、プライバシー情報を含んだ提供データをデータ利用者に提供する場合、事前にその旨を乙に明示しなければならないと規定している。なお、後述するように、仮名加工情報の第三者提供は法令で定める場合を除いて禁止されるため（個人情報保護法第42条第１項。ただし、仮名加工情報の取扱いの委託または共同利用は可能）、第三者提供を前提とする本条項において、仮名加工情報は対象にならない。

　提供データに個人情報が含まれる場合でも、いわゆる仮名化を行った提供データと仮名化すらしていないデータではデータ利用者において漏えい等が発生した場合の事実上のリスクの大きさが異なる。そこで、第２条第３項では、提供データに個人情報が含まれる場合、データ提供者は仮名化したうえでデータ利用者に提供する義務を課している。

　なお、仮名加工情報（個人情報保護法第２条第５項）を原則として、第三者提供することはできない（同法第42条第１項）。もっとも、仮名加工情報として取り扱われるものとして作成する意図がなければ、仮名加工情報にはならず、このような意図がない仮名化された個人データは、本人の同意を取るなどの必要な手続を取れば第三者提供することができる。

　提供データが個人関連情報データベース等を構築する個人関連情報である場合、個人関連情報はそもそも個人情報ではなく、個人データに該当しないため、そのデータの提供にあたり、本人の同意を含む個人データの第三者提供にあたり必要な手続は本来不要である。ところが、個人関連情報を取得したデータ利用者が、他の情報と突合等をすることで、個人関連情報を個人データとして利用する場合がある。このような場合、データ利用者が本人から個人関連情報を個人データとして利用することを認める旨の同意を予め取得し、データ提供者

は、その本人の同意をデータ利用者が取得していることの確認を行わなければ、その個人関連情報をデータ利用者に提供してはならない（個人情報保護法第31条第1項第1号）。提供データが個人関連情報データベース等を構築する個人関連情報である場合において、データ利用者が個人関連情報を個人データとして利用することを想定していなかったにもかかわらず、データ提供者の想定に反してデータ利用者が個人関連情報を個人データとして利用することを防止するために、第2条第4項では、データ利用者が個人関連情報を個人データとして取得することを禁止している。

3　提供データの利用許諾

第3条（提供データの利用許諾）
1　乙は、提供データを本契約の有効期間中、本目的の範囲を超えて自ら利用、加工をしてはならない
2　乙は、甲の書面による事前の承諾を得た場合を除き、提供データを第三者（乙が法人である場合、その子会社、関係会社も第三者に含まれる。）に提供してはならない。
3　乙が、前項に基づき甲の書面による事前の承諾を得て、プライバシー情報が含まれる提供データを第三者に提供する場合、乙の費用と責任で個人情報保護法に基づく手続または対応を行わなければならない。
4　甲が乙に対して前条および本条に基づいて提供データを提供したとしても、提供データに関する知的財産権は、第三者に知的財産権が帰属するものを除き、甲に帰属する。

　第3条第1項および第2項は、提供データのデータ利用者の利用条件を定めたものである。Ⅱ2でも説明したように、データ取引における「利用許諾」は「利用制限」である以上、データの利用を許諾すると契約書に記載したところで、厳密な意味で法的効果は発生せず、契約書に記載すべき内容は、「目的外利用禁止」や「第三者提供禁止」といった禁止行為であることになる。そのため、第3条第1項では、「本目的の範囲を超えて自ら利用、加工をしてはならない。」として目的外利用禁止を定め、同条第2項において「乙は、甲の書面による事前の承諾を得た場合を除き、提供データを第三者（乙が法人である場合、その子会社、関係会社も第三者に含まれる。）に提供してはならない。」として、第三者提供も原則として禁止している。
　第3条第3項は、データ利用者が、プライバシー情報が含まれる提供デー

タを第三者に提供するのであれば、自らの費用と責任で個人情報保護法に基づく手続（例えば、提供データに個人データが含まれる場合、本人からその個人データの第三者提供の同意を取得すること）や対応を行わなければならないことを確認的に規定している。

　第3条第4項は、データ提供者が提供データをデータ利用者に提供したとしても、提供データに関する知的財産権の譲渡を意味するものではないことを確認的に規定している。

4　提供データに関する保証・非保証

第5条（提供データに関する保証・非保証）
1　甲は、乙に対して、提供データについて以下の事項を保証する。
　⑴　提供データを適法な手段で取得したこと
　⑵　提供データを本目的の範囲内で乙に利用、加工その他の利用をさせる正当な権限を有していること
　⑶　提供データにプライバシー情報が含まれる場合、その取得、生成、乙に対する提供等について、個人情報保護法に定められた手続を履践していること
　⑷　提供データを捏造または改ざんしていないこと
2　甲は、乙に対して、前項各号の事項を除き、提供データの正確性、完全性、安全性、有効性（本目的への適合性）、提供データが第三者の知的財産権その他の権利または法律上保護された利益を侵害しないことその他の事由について何ら保証しない。

　第5条第1項では、提供データに関してデータ提供者が保証する事項を限定列挙し、第2項においてそれ以外の事項は保証しないことを規定している。この中で最も重要な内容は第1項第3号である。提供データにプライバシー情報が含まれる場合、例えば、提供データに個人データが含まれる場合、原則として個人データの本人の同意を取得しなければ、第三者に提供することができないため（個人情報保護法第27条第1項）、提供データをデータ提供者がデータ利用者に第三者提供するにあたり、本人の同意の取得を含む第三者提供をするために必要な手続を履践していることをデータ提供者が保証している。

　なお、データ提供者による「個人情報保護法に定められた手続を履践」の保証に加えて、データ利用者がデータ提供者に対し、データ提供者が取得した第三者提供に関する本人の同意書の写しの開示を要求する場合もある。

5　責任の制限等

第6条（責任の制限等）
1　甲は、乙による提供データの利用が第三者の特許権、著作権その他の知的
　財産権（営業秘密等にかかる権利を含む。）を侵害しないことを保証しない。
2　提供データの利用に起因または関連して乙と第三者との間で紛争、クレー
　ムまたは請求（以下「紛争等」という。）が生じた場合には、乙は、直ちに甲
　に対して書面により紛争等が発生した事実およびその内容を通知するものと
　し、かつ、自己の責任および費用負担において、当該紛争等を解決する。

　データについて生じる知的財産権は著作権や不正競争防止法上の権利である
が、それらの権利は特許権などと異なり、権利内容が公開されているわけでは
ないため、データ提供者にとって、提供データが第三者の知的財産権を侵害し
ているか否かを調査・確認することは非常に困難である。そのため、第6条
第1項では、提供データのデータ利用者による利用が第三者の知的財産権を
侵害しないことの非保証を規定している。
　同条第2項は、提供データの利用に起因または関連してデータ利用者と第
三者との間で紛争等が発生したとしても、データ利用者の責任と費用で当該紛
争等を解決するものとしている。ただし、データ利用者と第三者との間で紛争
等が発生している事実等について、データ提供者も認識しておくことが有益に
なる場合もあるため、データ利用者に対してデータ提供者への通知義務を課し
ている。

6　加工データ等の取扱い

第8条（加工データ等の取扱い）
　加工データの利用条件の有無、ならびに提供データの乙の利用に基づいて生
じた発明、考案、創作および営業秘密等に関する知的財産権の帰属およびその
帰属を前提とした利用条件については、甲および乙の間において別途協議の上、
決定するものとする。

　第8条は、加工データの利用条件、提供データの利用に基づいて生じた知
的財産権の帰属およびその帰属を前提とする利用条件について、データ提供者
とデータ利用者の協議で定めるとしている。

　この協議で定めるべき加工データに関する事項は、データ利用者が加工データを生成することが多いため、それを前提にすると、

① 　加工データのデータ提供者への開示

② 　加工データのデータ利用者の利用条件

③ 　加工データのデータ提供者の利用条件

などである。

　また、提供データの利用に基づいて生じた知的財産権の帰属とその利用条件について協議で定めるべき事項としては、

① 　知的財産権の帰属（単独 / 共有）

② 　その知的財産権の帰属を前提とする利用条件

　　実施 / 利用を認めるか否か

　　実施あるいは利用を認めるとして、その範囲

　　　　自己実施・自己利用に限定されるか

　　　　第三者実施許諾・第三者利用許諾まで含まれるか

　　　　「第三者」の範囲

　　実施行為の種類 / 利用行為の対象となる支分権

　　実施又は利用をする対象製品、対象サービス

　　有償 / 無償

　などが考えられる。

7　秘密保持義務

第11条（秘密保持義務）
1 　甲および乙は、本契約を通じて知り得た、相手方が開示にあたり、書面・口頭・その他の方法を問わず、秘密情報であることを表明した上で開示した情報（以下「秘密情報」という。ただし、提供データ等は本条における「秘密情報」には含まれない。）を、厳に秘密として保持し、相手方の書面による事前の承諾なしに第三者に開示、提供、漏えいし、また、秘密情報を本契約に基づく権利の行使または義務の履行以外の目的で利用してはならない。ただし、法令上の強制力を伴う開示請求が公的機関よりなされた場合は、その請求に応じる限りにおいて、開示者への速やかな通知を行うことを条件として開示することができる。
2 　前項の規定にかかわらず、次の各号のいずれかに該当する情報は、秘密情報にあたらないものとする。

(1)　開示の時点で既に被開示者が保有していた情報
(2)　秘密情報によらず被開示者が独自に生成した情報
(3)　開示の時点で公知の情報
(4)　開示後に被開示者の責に帰すべき事由によらずに公知となった情報
(5)　正当な権利を有する第三者から秘密保持義務を負うことなく開示された情報
3　被開示者は、本契約の履行のために必要な範囲内に限り、本条第1項に基づく秘密保持義務を遵守させることを前提に、自らの役職員または法律上守秘義務を負った自らの弁護士、会計士、税理士等に対して秘密情報を開示することができる。
4　本契約の終了時または開示者が要求する場合、被開示者は、本契約に別段の定めがない限りまたは関連法令に反しない限り、次の各号の対応をとる。この場合、開示者は、被開示者に対し、各号の履践を証明する文書の提出を求めることができる。
(1)　開示者の指示にしたがい、秘密情報が記録された開示者から提供を受けた媒体（複製物を含む。）の返還または廃棄
(2)　自らの管理下にある秘密情報の削除（ただし、通常のデータバックアップの一環として保管している秘密情報の電磁的複製で削除が実務的に困難な場合を除く。）
5　本条第4項の規定は本契約終了後も、その他の条項は、本契約が終了した日から●年間有効に存続する。

　第11条は、秘密保持義務を定める条項である。本契約における第11条におけるポイントは、本条の対象となる「秘密情報」から提供データと加工データ（提供データ等）が除外されているという点である。
　したがって、秘密情報は、本条第4項に基づき、本契約の終了時または開示者が要求する場合に、削除をしなければならないが、対象データおよび加工データは、後述するように、本契約が終了した後も、データ提供者およびデータ利用者の合意に基づき継続的にデータ利用者が保持し続ける余地を残している。

8　契約終了後の措置

第17条（契約終了後の措置）
1　乙は、本契約の終了後、理由の如何を問わず、提供データを利用、加工し

てはならず、甲が別途指示する方法で、速やかに受領済みの提供データ（複製物を含む。）を消去しなければならない。
2　甲は、乙に対し、提供データが全て消去されたことを証する書面の提出を求めることができる。
3　前2項の定めにかかわらず、甲乙間において、本契約終了後も乙が引き続き提供データを継続して利用することができる旨合意した場合、その合意された範囲内で前2項は適用されず、第7条、第9条、第10条の規定の効力は有効に存続する。

　第17条第1項では、本契約が終了した後、データ利用者は提供データを利用、加工することができず、そのデータ（複製物を含む）を消去しなければならないことを規定している。

　他方で、本契約が終了した後も、データ利用者が提供データを保持し続ける必要がある場合もある。例えば、データ利用者が学習済みモデルを生成するために提供データの提供を受け、本契約期間中に学習済みモデルを生成し、本契約が終了した後に、その追加学習を行うときに、そのモデル生成時に利用した提供データを再度利用する必要が生じるような場合である。このような場合に再度有償のデータ利用許諾契約をデータ提供者とデータ利用者間で締結するのも1つの方法であるが迂遠であるため、本契約終了後も一定の範囲内でデータ利用者が提供データを利用できる余地を認める必要があり、その観点から設けた規定が第17条第3項である。

　ただし、本契約が終了した後も提供データを継続して利用できる旨の合意において、どのような範囲・目的で提供データを継続して利用することができるのかを規定しておく必要がある。また、本契約終了後もデータ利用者による提供データの継続利用を認める場合、合意で定めた利用範囲・目的を遵守しているか否かをデータ提供者が確認する必要などがあるため、第7条、第9条、第10条の規定の効力を存続させている。

第 3 章

ソフトウェア開発・保守契約

I　想定するケース（ソフトウェア開発契約）

　地方公共団体などからインフラの管理業務を受託している A 社は、AI 技術を利用した橋梁の管理ソフトウェアを開発することを計画している。このソフトウェアは、橋梁に振動などを検知するセンサーを設置して、自動車などが橋梁を通過したときの振動の波形を計測し、波形を分析するというもので、波形がひび割れや腐朽などの兆候を示すものであった場合には、橋梁の管理者に対して注意喚起のシグナルが発信される。A 社は、ベンダである B 社に開発の委託をしようと考えており、開発契約案の作成を進めている。

　本章では、AI 技術（学習済みモデル）を組み込んだソフトウェアの開発契約および保守契約の解説を行う。本章冒頭のソフトウェア（以下「本ソフトウェア」という）は、振動の波形データを解析する学習済みモデルと、それ以外の本ソフトウェアの要件を満たすために必要なプログラムから構成されるものである。その開発のプロセスは、まず、①学習済みモデルの開発について検討を行い、開発を決定した場合には、②学習済みモデルの開発と、③その他の部分の開発をそれぞれ行い、④これらの成果をシステムとして統合し、全体のテストを実施するというものを想定している。

　2018 年 6 月に公表された AI・データ契約ガイドライン（AI 編）では、学習済みモデル（たとえば、振動の波形データを解析する学習済みモデル）のみを開発の対象とする取引とモデル契約が解説される一方で、学習済みモデルを組み込んだソフトウェア全体を開発の対象とする本ケースのような取引は扱われていない。

　これは、学習済みモデルを研究開発するための人・技術などのリソースと、学習済みモデルを生成するうえで不可欠なデータとが、異なる事業者に偏在しているという当時の状況を背景に、両者の議論のいわば土台となるフレームワークを提供することで、学習済みモデルの開発に向けた取組みを促進することが意図されていたためである。

　このことは、学習済みモデルを要素にもつソフトウェアの開発自体に論じるべき点が少ないということを意味するものではない。その後、学習済みモデルを生成するための技術が普及し、社会実装が進むことへの期待が高まるなかで、学習済みモデルを要素にもつソフトウェアを開発の対象とする取引の重要性は

増している。そこで本章では、この種の取引を内容とする契約について検討を
行う。

Ⅱ　ソフトウェア開発契約

1　学習済みモデルの開発

⑴　AI 技術と学習済みモデル

　AI（人工知能）の技術上の意義についてはさまざまな考え方がある。本書で
は、AI・データ契約ガイドライン（AI編）9 頁にならって、AI 技術を、人間の
行ういうる知的活動をコンピュータなどに行わせる一連のソフトウェア技術のう
ち、（統計的）機械学習[1] またはそれに関連する一連のソフトウェア技術とし
てとらえる立場をとっている。

　そのなかで実務上重要なのは、機械学習の手法を用いて既知のデータから生
成される学習済みモデルと呼ばれるものである。これは、既知のデータから発
見された一定の規則に基づいて、入力された（未知の）データに対する推測・
予測などの結果を出力するソフトウェア技術であり、（全体を著作権法上の著作
物とみるべきかについては議論があるものの）一種のプログラムである。たとえ
ば、犬か猫のいずれかが写った画像データから犬と猫の特徴を表現する規則を
機械的に抽出し、その規則に基づいて未知の画像データに写っているものが犬
と猫のいずれであるかを推論し、対象は 90% 以上の確率で犬であるといった
推論の結果を返すようなプログラムがそれである。

⑵　学習済みモデルの生成とその特徴
ア　学習済みモデル生成のプロセス

　学習済みモデルを生成し、利用するプロセスを図式化したものが**図表 3-1** で
ある。

---

1)　機械学習というと、ディープラーニング（深層学習）と呼ばれる手法がその一般の注目
　度の高さから連想されやすいが、サポートベクターマシーン（SVM）、決定木、ニューラル
　ネットワーク、クラスタリングなどさまざまな手法が考えられる。

図表 3-1：AI 開発プロセス

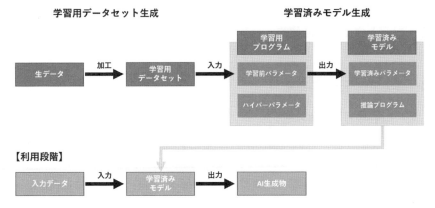

（AI データ契約ガイドライン（AI 編）12 頁より）

　学習済みモデルは、既知のデータをいわば素材として生成されるため、まずは素材となるデータを用意する必要があり、実務ではこのデータを「生データ」と呼ぶ。データから学習済みモデルを生成する過程を「学習」というとすると、生データは、欠測値や外れ値を含むなど、そのままでは学習の用に適していないことが多い。そのため、生データを加工し、学習に適した「学習用データセット」を生成する必要がある。

　また、学習用データセットのなかから一定の規則を抽出し、モデル化するアルゴリズムを実装した「学習用プログラム」を準備する必要がある。そして、学習用プログラムに、学習用データセットを入力し、学習を行うことにより、「学習済みパラメータ」と呼ばれる数値情報を含む（数理的）モデルが得られる。

　未知のデータに対して推論を行い、推論の結果を出力するためには、これを行うための「推論プログラム」と実務上呼ばれるプログラムに学習済みパラメータを組み込む必要がある。本書では、AI・データ契約ガイドライン（AI編）にならい、このようにして学習済みパラメータが組み込まれた推論プログラムを「学習済みモデル」と呼ぶ。

イ　学習済みモデル生成の特徴

　従来型のソフトウェアは、一般に、入力値の処理の手順を一定のルールにし

たがって記述し、コード化する演繹的なアプローチを用いて開発する。そのため、開発の対象であるプログラムは人間によって確定され、多くの場合、その動作原理は（少なくとも学習済みモデルと比べて）把握しやすい。

　他方、学習済みモデルの場合、所与の学習用データセットがもつ規則を発見・抽出する帰納的なアプローチによってこれを生成する。生成される学習済みモデルの内容は学習用データセットに大きく依存するため、誤解を恐れずにいえば、実際に生成をしてみるまでは学習済みモデルの精度などの品質を予測することが難しい。また、学習用パラメータに表現されたモデルの直観的な解釈を人間が行うことも難しい場合が多い。まとめると、学習済みモデルの生成過程には、従来型のソフトウェア開発と比較して、次の特徴がある。

図表 3-2：従来型のソフトウェアと学習済みモデルの比較

	従来型のソフトウェア	学習済みモデル
技術的性質	演繹的アプローチ	帰納的アプローチ
データへの依存	低い	内容・性能などが学習用データセットに依存する
性能確定・保証	（学習済みモデルと比較すると）しやすい	未知の入力データに対する性能保証が技術的に困難
事後的な検証など	（学習済みモデルと比較すると）しやすい	困難

(3)　探索的段階型の開発

　帰納的なアプローチを用いて行う学習済みモデルの生成の結果を、事前に（少なくとも高い精度で）予測することは難しい。また、学習済みモデルの現実の生成過程では、生データの収集・加工から学習に至るまでの各段階で何らかの課題に直面し、図式化した理想のとおりに進まないことも多い。

　そのため、学習済みモデルの生成過程には試行錯誤が伴い、必然的に探索的なものとなる。そこで、AI・データ契約ガイドライン（AI編）43 頁では、学習済みモデルの開発プロセスを複数の工程に分けた「探索的段階型」の開発方式を提案している（**図表 3-3** 参照）。

図表 3-3：「探索的段階型」の開発方式

	①アセスメント	② PoC	③開発	④追加学習
目的	一定量のデータを用いて学習済みモデルの生成可能性を検証	学習用データセットを用いてユーザが希望する精度の学習済みモデルの生成可能性を検証	学習済みモデルを生成	ベンダが納品した学習済みモデルについて、追加の学習用データセットを使って学習
成果物	レポートなど	レポート 学習済みモデル（パイロット版）など	学習済みモデルなど	再利用モデルなど
契約	秘密保持契約書など	導入検証契約書など	ソフトウェア開発契約書	場合による

AI・データ契約ガイドライン（AI編）43頁および44頁を参考に作成した。

　「探索的段階型」の開発方式は、学習済みモデルの生成過程には不確実性が伴うことを認めつつ、それによる損失の合理的な管理を可能にするものである。たとえば、アセスメントを経てPoCの段階に至ったものの、学習用データセットを用いて期待する学習済みモデルの精度が得られないことが相当の確度で判明した場合には、再びアセスメントの段階に戻るか、当初の目的であった学習済みモデルの生成を断念することが想定されている。

　このように、開発を複数の段階に分けることで、①期待した性能を備える学習済みモデルの生成が困難であることが判明した場合には、ベンダ・ユーザともにそれ以上の機会費用を失うことなく開発を中止することができ（よって、不合理な契約に拘束されるリスクを低減でき）、また、②各段階の間にチェックポイントが置かれ、学習済みモデルの性能などに関する期待と認識のすり合わせが促進されるといった実務上のメリットがある。

2　ソフトウェア開発のプロセス

(1)　従来型のソフトウェア開発

　ソフトウェア開発の従来型のプロセスの下では、①要件定義、②基本設計、③詳細設計、④開発、⑤結合テスト、⑥運用テストの各工程の順に沿った進捗が想定されていることが多い。これらの工程は大きく、開発の内容を設計する工程（①、②）と設計に従って開発を行う工程（③、④）、開発の成果が設計に合致するかをテストする工程（⑤、⑥）に分類することができる。

　導入する企業（ユーザ）の業務のためにソフトウェアが開発される場合、まず、ユーザの業務の現状と、それを前提としてソフトウェアが備えるべき

機能は何かという観点から、ソフトウェアの設計が行われる。本ケースでいえば、

ⓐ　センサーで検知した波形データをデータセンターに送信する
ⓑ　データセンターで波形データに処理を加える
ⓒ　処理された波形データを学習済みモデルに入力し、異常の可能性に関する推論の結果を出力する
ⓓ　推論の結果をデータベースに保存する
ⓔ　推論の結果が設定された閾値（異常の有無を分ける水準）を超える場合、登録された橋梁管理者のメールアドレスにメールを送信する

といった業務フローとそれに沿った機能が整理され、これを実現するために必要なソフトウェアが設計されていく。

　①と②の設計の工程がソフトウェアの全体から部分へと進むのとは反対に、⑤と⑥のテストの工程では、ソフトウェアを構成する単位である機能ごとのテストを実施した後に、機能を連結した状態でソフトウェア全体のテストが行われる。

(2)　学習済みモデルを組み込んだソフトウェアの開発

　学習済みモデルをソフトウェアに組み込む場合、学習済みモデルの開発とその他の部分の開発のそれぞれの成果がソフトウェアとして統合され、ソフトウェア全体のテストを経た後、完成したソフトウェアがユーザに納入される。

　契約の観点でみると、ソフトウェア全体を1つの開発契約の目的として構成する方法と、学習済みモデルとその他のプログラムをそれぞれ独立した複数の開発契約の目的として構成する方法とがありうる。もっとも、後者の構成は、完成したソフトウェアを需要するユーザの意図から離れるであろうから、通常は、ソフトウェア全体を開発契約の目的としてとらえる前者の構成の方が素直であろう。しかし、学習済みモデルそれ自体の性能を保証することが難しいことと、ソフトウェア全体の完成や契約不適合責任との関係をどのように考えるべきかという問題が生じることになる。

3 学習済みモデルとそれを組み込んだソフトウェアの各開発契約の相違点

(1) ソフトウェアの開発契約

　ソフトウェア開発契約は、広い意味で役務の提供を目的とする契約であり、その性質が、請負契約と準委任契約（履行割合型または成果完成型）のいずれの類型に近いのかが実務上議論されることがある。しかし、各類型に適用される民法上の定めは任意規定であり、契約に具体的な定めがあればその内容が適用されるため、まずは契約の具体的な内容が問われるべきである。この類型論が問題となるとすれば、取引に通常必要な一定の事項（**図表3-4** 参照）について具体的な定めがない場合である[2]。

図表 3-4：請負契約と準委任契約の比較（条文番号は改正後の民法のもの）

	請負契約	準委任契約	
		成果完成型	履行割合型
報酬の支払い	仕事の完成に対して報酬が支払われる（民法632条）。	達成した成果に対して報酬が支払われる（民法648条の2第1項）	事務処理の役務提供に対して報酬が支払われる（民法648条）。
債務不履行	ベンダが仕事を完成できなかった場合に債務不履行となる。ただし、完成しなかったことの責めをベンダに帰すことができない場合は債務不履行責任は生じない（なお、仕事の完成後は、契約不適合責任の問題となる）。	ベンダの事務処理について善管注意義務（民法644条）への違反が認められる場合、債務不履行となる。	

---

2) 契約交渉の段階では、「この契約は請負契約だから、中途解約については民法641条に準じた規定を入れたい」といったやりとりがなされることが多い。

契約不適合責任	契約不適合を知った時から1年以内の通知が必要（民法637条1項。ただし、ベンダが引渡し時に契約不適合について悪意重過失の場合は、この期間の制限はない（同条2項））。なお、この権利は、成果がユーザに引き継がれてから10年以内[3] に行使しない場合、時効により消滅する（同法166条1項2号）。	なし。
中途解除	完成までは、ユーザは損害を賠償して契約を解除することができる（民法641条）。	ベンダ・ユーザともに、（契約が終了するまでは）いつでも契約を解除することができる（民法651条）。

　最も重要なのは、ソフトウェアの開発に関するベンダの主たる責任の内容である。ベンダが開発目的であるソフトウェアの完成を約束する請負型の契約を締結した場合、ベンダは、ユーザと合意した期日までに、約束したソフトウェアを完成して引き渡すことができない場合には、報酬を受けることができず、また債務不履行責任を負うことになる。

　このため、契約締結時点において、開発の目的であるソフトウェアの仕様が十分に特定されない場合や、学習済みモデルの基礎としてユーザから提供されるべきデータが定まらない場合、納入したソフトウェアの完成を評価するための基準が不明確である場合には、請負型の契約はベンダから忌避されるであろう。このような場合にベンダとユーザの間で契約が締結されるとすれば、ベンダが善良な管理者の注意を尽くしてシステムの開発を行うことをユーザに約束する準委任型の契約が選ばれるべきであろう。

　以上の理由により、開発プロセスの各段階で契約を締結する場合には、要件定義については準委任型の契約が、（詳細設計を含む）開発と結合テストの段階では請負型の契約が、それぞれ締結されることが実務では多い。他方で、基本設計については準委任型と請負型のいずれの方法もありうる。また、運用テス

---

3)　2020年4月1日施行の民法改正までは、引渡しから1年（改正前民法637条1項）。

ト は、ユーザが主体となって行われ、ベンダはユーザの問合せに回答すること
などの支援業務が主な業務となることが一般的なため、準委任型の契約による
ことが多い。

(2)　学習済みモデルの開発契約

　学習済みモデルは、既知のデータから機械的に発見・抽出された一定の規則
に基づいて、入力されたデータに対する推論の結果を出力するソフトウェア技
術である。つまり、期待される学習済みモデルの生成の成否は、学習に用いた
データに大きく依存するから、開発契約の締結時点で学習済みモデルの完成を
約束することはベンダにとって容易ではない。

　また、生成の基礎としたデータや、入力されたデータの内容によっては、学
習済みモデルがベンダとユーザのいずれもが想定しない挙動を行うという事態
は常に起こりうる。そのため、学習済みモデルがこうした挙動をおよそ行わな
い性能・品質を保証することも技術的には難しい。

　そのため、学習済みモデルを単体で開発する場合、学習済みモデルの完成と
引渡しが予定されていないアセスメントやPoCの段階だけでなく、開発・追
加開発の各段階においても、十分な注意を尽くして学習済みモデルを生成し、
精度の向上を図ることにベンダが責任を負う準委任型の契約が、取引の実体に
はなじむであろう。

　もっとも、一定の前提条件を満たす場合には、学習済みモデルの精度を保証
することも、実務上の対応としてはありうるところである。たとえば、十分な
検証を経て仕様やテストデータを決定したうえで、学習済みモデルが、所与の
テストデータとの関係において、一定の水準を上回る精度で推論の結果を出力
する性能を保証することは、ベンダとユーザの間で契約上のリスクを分配する
方法として不合理とはいえないであろう。

コラム：データに関する合意

　学習済みモデルを要素とするソフトウェアを開発する契約において、どの当
事者が、いつまでに、どのような要件を満たすデータを用意すべきであるかに
関する合意の内容を定めることは、特に重要である。

　学習済みモデルの品質・性能は、その生成の基礎となるデータに依存するこ
とはすでに説明したとおりである。しかし、開発予定のソフトウェアが実際に

利用される環境のもとで得られるであろう理想的なデータを学習に用いることが常にできるとは限らない。そのため、開発の前提条件となるデータの仕様を合意しておく必要がある。

　また、学習済みモデルの性能保証について述べたように、あるテストデータを所与として一定の性能をベンダに保証させる場合には、実際の利用環境で想定される入力データを代替するテストデータを、ベンダとユーザの合意のうえで特定しておく必要がある。

　現実には、実際の利用環境下で得られるデータと完全に同じ傾向をもつデータを得ることは難しい。ベンダがデータの取得に責任を負う場合は別として、テストデータの内容や性質に起因するリスクは、ユーザが引き受けざるをえないであろう。そのため、ソフトウェア開発契約の締結時には、このリスクを織り込むとともに開発後の保守のあり方を想定しておく必要がある。

　学習済みモデルの開発を目的とする契約を締結するにあたっては、技術上の制約を正しくふまえつつも、ベンダとユーザとの間でリスクを適切に分配することを意識する必要がある。この点、AI・データ契約ガイドライン（AI編）48頁も、「評価条件を適切に設定・限定できるのであれば、性能保証を行うことに合理性が認められる場合もある」と指摘するところである。

コラム：学習済みモデルの「完成」

　開発の目的である学習済みモデルの完成をベンダがユーザに約束する請負型の契約を締結することは、いかなる条件の下においても不合理とまではいえないとしても、この場合にベンダが実現すべき仕事の完成とは何かという問題が生じる。

　ソフトウェア（システム）開発の分野では、あらかじめ当事者間で合意した最終の工程の完了をもって仕事の完成が認められることが一般的であり、このことは学習済みモデルの開発との関係においても同様に当てはまるものと思われる。たとえば、学習済みモデルを評価するためのテストデータの仕様を定め、それを用いた場合に一定の精度で結果を出力することをもって、最終の工程を完了したと評価するやり方が考えられる。

　しかし、こうしたやり方には、開発予定のソフトウェアが実際に利用される環境下で得られるデータとテストデータとの間には差異があることが通常であることから、テストデータとの関係で最適化された学習済みモデルが、それ以外の入力データとの関係でかえって推論の精度を落としてしまう「過学習」と呼ばれる現象を引き起こす可能性があるという問題がある。

　そのため、開発プロセス全体についてベンダが注意義務を負う準委任型の契約と比べ、請負型の契約がより望ましい結果をユーザにもたらすとは必ずしもいえないことには注意が必要である。

(3)　学習済みモデルを組み込んだソフトウェアの開発契約

　学習済みモデルを組み込んだソフトウェアの開発にも、学習済みモデルの開発と類似のことがいえる。ソフトウェアが要素とする学習済みモデルが、期待される品質・性能を備えることができるか否かは学習に用いられたデータの内容に依存する。また、入力されるデータの内容によっては、ソフトウェアがベンダとユーザのいずれにとっても想定しない挙動を行う事態は起こりうる。

　ただし、学習済みモデルのみを開発の目的とする契約とは異なり、あくまで（学習済みモデルを組み込んだ）ソフトウェアを開発の目的とする契約の場合には、要件定義や基本設計のやり方次第では、ソフトウェアの完成をベンダが約束する請負型の契約として構成することが、取引の実体に親和する場合もあることには注意が必要である。

　請負型の契約とするときに重要なのは、開発するソフトウェアが満たすべき具体的な要件の定め方である。たとえば、橋梁の振動などを検知し、波形データから橋梁のひび割れや腐朽などの可能性を推論し、必要に応じて橋梁の管理者に注意喚起を行う本ソフトウェアの場合、（あらかじめ想定しがたいほど）異常な波形データが学習済みモデルに万が一入力されれば、これに対応する異常な推論の結果が出力されることがありうる。この場合、その異常値を検出して処理する機能を組み込んだソフトウェアを設計することで、ソフトウェア使用時のリスクをユーザが許容可能なレベルにまで低減させることができる場合もあると考えられる。

　ソフトウェア使用時のリスクをどの程度まで許容するかは、ソフトウェアの利便性やリスク低減措置のためのコスト、保守運用の体制などとのバランスによる。そのため、ベンダとユーザの間で（運用などの方針を含めた）ソフトウェア全体の設計について明確な合意がなされる必要がある（下記**コラム：フェールセーフ**参照）。なお、このような合意を行うべきであることについて、より専門的な知見を有するベンダが、ユーザに対して適切な助言を行うべき場合もあることには注意が必要である。

コラム：フェールセーフ

　警備会社が、ベンダに以下のようなソフトウェアを発注するケースを例にとろう。

① 玄関先にカメラを設置して、訪問者の顔を撮影する
② 事前に登録された住人の顔情報と、撮影した画像と登録された画像を比較し、両者が同一人物である可能性を、学習済みモデルにより推論し、結果を出力する
③ 同一人物である可能性が一定の閾値を下回る場合には、アプリを通じて、住人にアラートが発報される

　学習済みモデルの精度が低いと、住人が帰宅しただけなのにアラートが出たり、未登録者の訪問時にアラートが出なかったりする誤りが発生するおそれが高くなる。このような誤りを制御する方法を「フェールセーフ」といい、たとえば、未登録者（とシステムが判定する人物）の来訪時には、まず、警備会社のモニター室にアラートが発報され、警備会社の従業員が映像を確認するステップを置くといった方法が考えられる。

　フェールセーフを置くか否か、置くとしてもどのような方法によるかは、一般に、ユーザ（この例では警備会社）の業務上の要件をふまえて検討されるべきである。たとえば、住人への発報の前に警備会社がアラートを確認するステップを置けば、当然のことながら住人への発報は遅れることになる。それでもなお、警備会社のモニター室での映像確認というステップを置くか否かは、警備会社のビジネス判断の問題となる。

　ソフトウェアにフェールセーフを組み込むか否かの検討は、要件定義（および基本設計）の段階で行うべきである。そして、フェールセーフを組み込むことにベンダとユーザが合意する場合には、要件定義書（および基本設計書）上に、求められるフェールセーフの具体的な機能を記述しておくべきである。

　フェールセーフの方法に決まったやり方がない以上、ベンダには、要件定義書などに記載のないフェールセーフの機能を構築する義務はない。もっとも、学習済みモデルの性質について精通しているとはいえないユーザに対して、フェールセーフの要否の検討を促すなど、ベンダが適切な助言を行うべき場合はあるであろう。

　ところで、実務上、ソフトウェアの完成という結果を求める請負型の契約に基づくベンダの責任と比べ、ソフトウェアの開発に一定水準以上の注意を尽くすよう求める準委任型の契約に基づくベンダの責任は軽いといわれることがあるが、この主張の当否は必ずしも明らかではない。たとえば、準委任型の契約を締結している場合であっても、標準的なベンダであれば完成することが十分可能なソフトウェアの開発が未了に終わった場合、ベンダはその行為責任を果

たさなかったと評価されることが多いであろう。また、請負型の契約といって
も、完成すべきソフトウェアに曖昧さがある場合の責任の内容は、準委任型の
契約を締結したときの行為責任と内容が接近してくることもありうる。

　また、請負型のソフトウェア契約との関係では、たとえ明示的な定めがなく
とも、この契約に付随する義務として、ベンダが自らの専門的な知見に基づい
てユーザを支援する義務（プロジェクト・マネジメント義務）や、適切な役割分
担に基づいてユーザがベンダに協力する義務が実務上認められることがあるが、
準委任型のソフトウェア契約についても同様のことを認めない理由はないであ
ろう。

　結局のところ、ベンダとユーザの双方にとって重要なのは、契約の具体的な
内容であって、その契約が請負型と準委任型のいずれの類型に属するかではな
い。契約の類型論からただちに責任の軽重が導かれるわけでないことには留意
すべきである。

コラム：説明責任と説明可能性

　学習済みモデル（あるいは、それを組み込んだソフトウェア）を開発するベ
ンダの「説明責任」が議論されることがある。内閣府「人間中心の AI 社会原
則」（2019 年 3 月 29 日）によれば、「AI」の利用に際して「公平性及び透明
性のある意思決定とその結果に対する説明責任（アカウンタビリティ）が適切
に確保されると共に、技術に対する信頼性（Trust）が担保される必要がある」
とされ、ベンダの「説明責任」への言及がされている。

　仮に、学習済みモデルなどを開発するベンダに法的な「説明責任」が認めら
れるべきであるとして、問題となるのはその内容である。これには大きく 2 つ
の考え方がありうる。

　1 つは、説明を求められた際に、その趣旨にしたがった説明が可能な状態を
担保するベンダの責任と理解する考え方である。たとえば、学習済みモデルの
異常な推論を原因としてベンダが法的な責任を追及される場合、その挙動の原
因について何ら弁明を行わなかったり、不合理な弁明に終始したりするベンダ
には、法的な制裁が加えられる可能性がある。このとき、ベンダは、不利益を
避けるために可能な範囲で説明に努めるであろうが、合理的な説明を尽くすこ
とができれば、自らの説明責任を果たしたと評価されることになる。ただこれ
は、当然のものの流れであり、本来ことさらに論じるまでもないことである。

　もう 1 つの「説明責任」のとらえ方は、開発の前後またはその過程で、何ら
かの説明を積極的に行うべきベンダの責任と理解する考え方である。そのよう
な法的な責任は、ベンダとユーザの合意の内容に明示的に含まれる場合に認め

られるのはもちろん、そうでない場合であっても、たとえば、契約の締結に至るまでの事情や、締結後にベンダやユーザが入手できた情報、その他の個別具体的な事情を背景に、学習済みモデルの開発契約などの契約に付随するプロジェクト・マネジメント義務の一環として（これが具体的な合意なしに認められるのは例外的な場合であるにせよ）認められる余地がある。

　いずれの場合であっても、重要なのは、ベンダに求められる説明の内容である。特に、学習済みモデルを用いた推論の過程を人が解釈することの難しさ（いわゆる「AIのブラックボックス」化）を背景に、出力された推論結果が導かれた理由や原因、その解釈を説明することがベンダに求められるかが問題となる。この問題は、AI技術の社会実装が進むにつれて大きくなっていくであろうが、少なくとも現時点では、学習済みモデルが出力した推論の結果とその基礎となったデータ、利用したアルゴリズムの間の機序や因果関係に関する説明を行うことがそもそも実際に可能であるかが明らかでない。無理を強いることは法の目的ではないから、一般に、このような説明を尽くす法的な責任がベンダに認められるべき理由はないであろう。

Ⅲ　各条項の解説（ソフトウェア開発契約）

1　プロジェクト・マネジメント義務と協力義務

第5条（ベンダのプロジェクト・マネジメント義務）
1　ベンダは、本業務を遂行するに際し、本開発の進捗状況を常に管理し、開発作業を阻害する要因の発見に努め、これに適切に対処する。
2　ベンダは、本契約に別途定める場合のほか、ユーザによる本開発へのかかわりについても適切に管理を行い、ユーザが分担する作業や意思決定を行う際に、情報システムの専門家としての立場から情報提供や助言を行うよう努める。

第6条（ユーザの協力義務）
　ユーザは、本契約に特に定める場合のほか、自らが分担する作業の実施、ベンダから求められた資料などの提供、ならびに仕様および課題の解決方法に関する意思決定を適時に行うなど、本開発を円滑に進行させるために必要な協力をする。

　ソフトウェア開発のマネジメントリスクに関連して、プロジェクト・マネジ

メント義務と協力義務と呼ばれる契約当事者の責任がある。これらは、ソフトウェア（システム）開発契約における当事者の信義則上の義務であるが、以下のように定式化されている（東京地判平成16・3・10判タ1211号129頁参照）。

---

①　プロジェクト・マネジメント義務（ベンダ側）
　(i)　合意した開発手段、開発手法、作業工程にしたがって開発作業を進めるとともに、常に進捗状況を管理し、開発作業を阻害する要因の発見に努め、これに適切に対処すること
　(ii)　ユーザの開発へのかかわりを適切に管理し、ソフトウェア開発について専門的知識を有しないユーザによって開発作業を阻害されることのないようにユーザに働きかけること
②　協力義務（ユーザ側）
　開発過程において、内部の意見調整を的確に行って見解を統一したうえ、どのような機能を要望するのかを明確に受託者に伝え、受託者とともに、要望する機能について検討して、最終的に機能を決定し、さらに、画面や帳票を決定し、成果物の検収をするなどの役割を分担すること

　裁判例では、ベンダは、開発作業を適切に進捗させる（①(i)）だけではなく、専門的知識を有する者として、ユーザに対して一定の働きかけ（支援・助言）をする義務があるとされている（①(ii)）。一方、ユーザにも、「内部の見解の統一」、「機能や画面・帳票の決定」、「成果物の検収」などの役割を分担することが求められている。

　この考え方は、学習済みモデルを組み込んだソフトウェアの開発についてもあてはまるだろう。たとえば、学習済みモデルを生成するための生データを用意する義務をユーザが負う場合であっても、期待されるソフトウェアを開発するうえで適切なデータの仕様の決定について、学習済みモデルを生成するためのデータの取扱いに精通しているベンダからユーザに助言をする義務が、認められる場合があるであろう。また、開発の前段階、あるいは開発の途中であっても、期待される学習済みモデルの生成に困難があることが明らかになったときには、状況や見通しを説明したうえで開発の中止を提案することが、ベンダに求められることもあるであろう（東京高判平成25・9・26金判1428号16頁参照）。他方、ユーザも、生データの取得条件や、学習済みモデルの評価要件の設定などについて、ベンダからの問合せに対し、真摯に協力することが求められるだろう。

　このような、プロジェクト・マネジメント義務および協力義務は、契約において明示的な定めがなくとも、ソフトウェア開発契約に付随する義務として、当然に認められる場合がある。しかし、すべての契約当事者が、これらの義務が認められうることを把握しているとは限らない。そのため、本条項例では、各当事者に注意を促し、双方向的な課題の解決が行われることを期待して、本条を設けている。

2　本開発の内容

第 10 条（本開発の内容）
1　ベンダは、本業務として、次の各業務を実施する（以下、次の各号に定める各納入物を「本成果物」という。）。
　(1)　ベンダは、ユーザと協議のうえ、ユーザに対し、本ソフトウェアの仕様などを定めた仕様書（以下「開発仕様書」という。）を納入する。
　(2)　ベンダは、開発仕様書に基づき、本学習済みモデルを生成し、ユーザとベンダが合意した基準に基づきテスト用データとの関係で十分な性能を備えているかを検証したうえで、ユーザに対し、その検証結果の報告書（以下「本学習済みモデル検証報告書」という。）を納入する。
　(3)　ベンダは、ユーザと協議のうえ、開発仕様書に基づき、本ソフトウェアの検査の基準となるテスト項目、方法、期間などを確定し、ユーザに対し、その内容をまとめた仕様書（以下「テスト仕様書」という。）を納入する。
　(4)　ベンダは、開発仕様書に基づき、本ソフトウェアを開発し、テスト仕様書に基づきテストを実施したうえで、ユーザに対し、本ソフトウェアと、そのテスト結果をまとめた報告書（以下「テスト結果報告書」という。）を納入する。
2　本開発のスケジュールは、別紙 3 に定めるところに、また、本成果物の納入方法は、別紙 4 に定めるところに、それぞれよる。
3　本ソフトウェアが、第 11 条所定の検査に合格した時をもって、本業務は完了したものとみなす。

　学習済みモデルを組み込んだソフトウェアの開発工程には、実務上はさまざまなものがありうる。たとえば、期待されるソフトウェアの品質・性能が、学習済みモデルの品質・性能に大きく依存するときは、まずは、学習済みモデルの開発を先行させ、その実現可能性が、一定程度確実であると判断してから、ソフトウェア全体の要件定義や基本設計を行うことが適切な場合もあるだろう。他方で、学習済みモデルが、ソフトウェアにとって補助的あるいは代替可能な

機能のみを備える場合には、ソフトウェア全体の要件定義や基本設計を進めつつも、十分な品質・性能を備えた学習済みモデルの生成可能性を並行して検証する方法も考えられる。

　そこで、本条項例では、本ソフトウェアの開発工程において、①開発仕様書の作成、②学習済みモデルの生成、③テスト項目の確定および④本システムのテストをベンダが果たすべき主要な業務としつつも、その具体的な実施時期については、別紙に定めることとし、当事者による契約デザインの自由度を確保している。

　これに関連して、学習済みモデルを含むソフトウェア全体を開発の対象ととらえる場合に、生成した学習済みモデル単体の検証と結果の報告をベンダに義務付けることは合理的かという問題がある。たしかに、開発するソフトウェアにおいて学習済みモデルが果たすべき役割にはさまざまなものがありえ、検証結果を共有することの重要性も異なりうる。そのため、検証や結果の報告をベンダに義務づけることの要否は、それがソフトウェアの開発を継続する選択に与える影響の程度を考慮して判断すべきだろう。

　もっとも、学習済みモデルの検証と結果の報告をベンダに義務付ける場合であっても、ベンダに対し、再利用可能な形式で、ユーザへの学習済みモデルの開示を義務づけることの当否は慎重に検討するべきだろう。ベンダは、自らの開発ノウハウに相当するものを開示することには、通常難色を示すことが予想されるからである。ただし、開示の対価について合意の可能性がある場合や、学習済みモデルの保守・運用をユーザに移管することが予定されている場合などには、別途の検討が必要である。そこで、本条では、学習済みモデルそのものではなく、その検証結果の報告書を直接の成果物とすることで、当事者間の利害調整を図っている。

　なお、本条では、各成果物の納入スケジュールについては、別紙3で定めることにしているが、②学習済みモデルの生成については、特定の作業期間を設けていない。これは、学習済みモデルが、データを用いた帰納的な手法により生成されることから、いかなるモデルが生成されるかを正しく予想することが技術上難しいためである。もちろん、ベンダが自らのリスク判断で、特定の期限までの完成を約束することも可能ではあるため、別紙3では、その具体的な作業期間は、開発の実態に合わせて、当事者が別途協議のうえで定めるとするのみにとどめた。

　また、学習済みモデルの精度を含む性能は、入力されるデータの内容や質などに大きく依存する。そのため、学習済みモデルを含むソフトウェアは、利用条件が異なる実際の利用環境下で入力されるデータとの関係で予期しない挙動をすることがあり、いかなる条件の下においても学習済みモデルが一定の推論の精度を発揮することをベンダは技術的に保証できない。そのため、本条1項2号において、本学習済みモデルの性能の検証を行って報告書をユーザに納入することにしているが、そこで報告される内容はあくまで、テスト用データとの関係で一定程度の性能が発揮されたということにすぎず、ソフトウェアが実際に使用される場面においてもその性能が常に発揮されることを報告するものではない。

3　対象データの取扱い

第17条（対象データの取扱い）
1　対象データの取扱いについては、第15条第2項第3号から同項第5号および同条第4項から第8項を準用する。このとき、「秘密情報」は、「対象データ」と読み替える。
2　ユーザは、ベンダに対して、次の各号の事項を保証する。
⑴　対象データが適法な手段により取得されたこと
⑵　対象データをベンダに開示する正当な権限を有すること
⑶　本業務遂行のため、対象データをベンダに使用または利用させる正当な権限を有すること
⑷　対象データに故意の変容を加えていないこと
3　ユーザは、前条各号に記載の事項を除き、ベンダに対し、対象データについて、何ら保証しない。
4　本条に基づく義務（第1項において準用する第15条に基づく義務を含む。）は、本契約終了後も存続する。

　契約上、秘密性のあるデータの取扱いを定める方法として、秘密情報として取り扱い、その規律は、秘密保持条項にゆだねる、または、データの取扱いを独自に定める条項を設けるとの対応が考えられる。いずれを採用するかは、契約による保護の対象となるデータについて、通常の秘密情報以上の保護をする必要があるか否かにより決することになるだろう（なお、秘密保持条項の解説については**第2章**を参照されたい）。たとえば、①秘密情報の例外規定を適用する必要があるか（特に非公知性に疑義があるデータの場合に問題になりうる）、②よ

り加重された管理手続の履践を求めるか、③データ独自の保証をする必要があるか、④より長い（場合によっては永久の）秘密保持期間を設定する必要があるか、⑤契約終了時の削除義務を課すか、などが一般的には考慮される。

　本条1項では、対象データの取扱いに、秘密保持義務を定めた15条を準用しつつも、保証と秘密保持期間の設定について、同条9項および10項を準用しないことで、対象データを独自に規律している。

　まず、保証については、ユーザが提供したデータを用いて学習済みモデルの生成が行われる場合、そのデータが開発目的で正当に利用できるものでなければならないのは当然であって、ユーザは、自らが提供するデータを、適法かつ正当にベンダに利用させることができることを保証すべきだろう。また、ユーザが提供するデータが変容して、本来の内容とは異なる内容が記録されるに至った場合、そのデータを基礎とする学習済みモデルにも、その本来の内容とは異なる内容が反映されるおそれがある。ベンダは、変容後のデータに由来する結果について責任を負ういわれは本来ない一方、自ら故意により改ざんなどの変容を加えた結果についてユーザが責任を負うことは合理的であるから、ユーザは、そのような故意の変容を加えていないことを保証すべきだろう。

　次に、秘密保持期間については、ユーザが自社のデータの秘密保持に大きな懸念を抱くことが少なくない実態をふまえて、契約終了後も、ベンダが秘密保持義務を継続して負うことを定めている。

コラム：著作権法30条の4

　実務では、ユーザが提供する生データをベンダが使用した際に他者の知的財産権を侵害しないことをユーザが保証することの要否が議論の対象となる場面がある。この場面で知的財産権というとき主として想定されるのは著作権であるが、データビジネスとの関連では特に、2018年著作権法改正で導入された著作権法30条の4が重要である。

　著作権法30条の4のもとでは、データを用いた「情報解析」について、当該著作物の種類および用途ならびに当該利用の態様に照らし著作権者の利益を不当に害することとなる場合を除いて、「その必要と認められる限度において、いずれの方法によるかを問わず、利用することができる」とされている。

　ここで「情報解析」は、「多数の著作物その他の大量の情報から、当該情報を構成する言語、音、影像その他の要素に係る情報を抽出し、比較、分類その他の解析を行うこと」（著作権法30条の4第2号）を意味しており、機械学習

もその対象に含まれる。また、利用態様にも限定はないため、多数の事業者が共同してデータを利用することや、情報解析のためにデータを共有することも、著作権者の利益を不当に害することとならない限度において可能であると考えられる。

4　学習用データセットの利用条件

第18条（学習用データセットの取扱い）
1　ベンダは、本業務遂行の過程で生成した本学習用データセットを、ユーザに対し開示する義務を負わない。
2　本学習用データセットのうち、対象データを再現可能な部分については、対象データとして、第17条および同条が準用する第15条に基づき取り扱う。ただし、第17条第1項および第15条第8項の定めにもかかわらず、ユーザとベンダが本ソフトウェアの保守運用などについて、別途契約を締結しているときは、その契約の終了までの期間、ベンダは、本学習用データセットを削除する義務を負わない。
3　ベンダは、本学習用データセットを、本開発の遂行の目的の限度で使用することができるが、その目的の範囲を超えて、使用もしくは利用し、または第三者に対し、開示できない。

　データは、アクセス可能な者が自由に利用できるのが原則である。学習済みモデルの開発に使用される学習用データセットについても、このことは妥当し、データにアクセスできる当事者によるデータの利用に制約を加えるためには、利用条件を定める必要がある。

　もっとも、一般的に、機械学習に用いられる学習用データセットは、生データに対して、正解ラベルを付したデータを指すことが少なくない。この場合、学習用データセットのうち生データとそれ以外を区別するのか、それとも、生データを含む学習用データセットを一体とみるのかは、意識して契約条項を作成することが望ましい。極端な例ではあるが、ユーザから提供された生データに開発目的外利用禁止が定められる一方で、学習用データセットに開発目的外利用が可能と定められる場合、学習用データセットに含まれる生データ部分の取扱いに齟齬が生じうるからである。

　本条1項は、生データを加工して得られる学習用データセットの生成にベンダのノウハウその他の資源が投下されている場合が少なくなく、かつ、本条項

例が前提とする取引は本ソフトウェアの開発委託であり、学習済みモデルの生成ノウハウを開示することは業務に含まれていないことをふまえて、ベンダがユーザに対し学習用データセットを開示する義務がないことを明示した。

　他方、本ソフトウェアの開発以外の目的でベンダが学習用データセットを利用できたり、開発完了後にも利用できるとすると、情報漏えいなどの懸念もあり、ユーザは難色を示すだろう。少なくとも、このようなベンダの利用が認められるためには、特別な事情がない限り、ユーザによる学習用データセットの利用許諾の対価が何らかの方法で考慮されることが合理的だと思われる。そのような想定を設けていない本条項例では、本条2項により、学習用データセットのうち、生データを復元可能な部分は、生データと同一視し、生データに関する規律を及ぼしている。

　ただし、本ソフトウェアの開発に引き続き、ベンダが、その保守業務などを受託する場合には、学習用データセットの継続利用が必要になるため、その受託業務の終了までは、学習用データセットの削除義務を免れることを定めている。

5　契約不適合責任

第21条（契約不適合責任）
1　本成果物に本契約の内容（開発仕様書に定める基準を含む。）を満たさない不具合があり、本開発完了日から1年以内にユーザからその修補の請求があったとき、ベンダはすみやかに無償で、不具合の修補を行いまたはユーザと協議のうえで相当と認める代替措置を講じる。ユーザは、不具合の修補に代えてまたは修補の請求とともに代金の減額を行うことができ、その不具合により、本契約を締結した目的を達することができないときは、本契約を解除することができる。
2　ユーザはベンダに対し、前項の不具合によって被った損害の賠償を、その選択により前項に定める措置とあわせて、または前項に定める措置を経ることなく請求することができる。

第22条（ベンダの非保証）
1　ベンダは、本ソフトウェアについて、開発仕様書で定めた目標値その他テストデータを用いたテスト時において達成していた内容などを、テストデータ以外のデータでも達成することを保証しない。
2　ベンダは、本契約に別段の定めがある場合を除くほか、本成果物が第三者

の知的財産権を侵害していないことを保証しない。ただし、ベンダが侵害について、故意または重過失である場合はこの限りではない。

　本件開発の目的物は、開発定義書で定義されたソフトウェア一式であり、従来型のソフトウェア（システム）開発と同様の検査（11条）および契約不適合責任（21条）の定めを置いている。

　ここで問題となるのは、学習済みモデルを含む本ソフトウェアが、ユーザへの納入後、実際の使用環境下においてユーザが期待していた性能を発揮しないことが判明した場合に、「本契約の内容（開発仕様書に定める基準を含む。）を満たさない不具合」があるとして、ベンダに対して契約不適合責任を問うことができるかどうかである。

　これとの関係で重要なのは、契約に定められたベンダの役割である。10条1項2号により、ベンダには、①開発仕様書に基づき、本学習済みモデルを生成すること、②ユーザとベンダが合意した基準に基づきテスト用データとの関係で十分な性能を備えているかを検証すること、そして③ユーザに対し、その検証結果の報告書を納入することが求められるが、これらの業務により担保される水準を超える成果を提供できなかったとしてもベンダは責任を問われるべきではない。すなわち、ベンダは、（いわば、その前提となる一定の利用条件を仮定して）テスト用データとの関係で一定水準以上の性能を備えた学習済みモデルを生成することまでが「契約の内容」であり、それを達成することで一般的には自らの責任を果たしたといえるのであって、収集条件の異なるデータに対して学習済みモデルが期待と異なる挙動をしたとしても、ベンダは契約不適合責任を負うものではないと思われる。

　22条1項は、このことをやや発展させて、テストデータを用いて本ソフトウェアがテスト時に達成した目標値などの結果を、テストデータ以外のデータでも達成することを保証しないことを規定している。これにより、学習済みモデルを含む本ソフトウェアが実際の使用環境においてユーザが期待する性能を発揮しなかったとしても、ベンダは契約不適合責任を負わないことを明確にしている。

コラム：学習済みモデルを組み込んだソフトウェアの開発と品質保証

　学習済みモデルの挙動は、その生成の基礎となったデータによって帰納的に決定されるため、学習済みモデルについて、（少なくとも従来型のソフトウェアと同様の方法によっては）品質の評価や説明、管理などを含む品質保証のプロセスを実施することは難しい。このことは、学習済みモデルを組み込んだソフトウェアに対する投資の合理性や、その使用に伴うリスクの受容可能性を評価することの難しさにも結びついており、学習済みモデルやこれを組み込んだソフトウェアの実装を進める上での障害となっている。

　近時、こうした問題意識などを背景に、学習済みモデルを組み込んだソフトウェアの品質や、こうしたソフトウェアを開発する際の品質保証に関する考え方がさまざまな観点から議論されてきている。たとえば、2020年8月公表のAIプロダクト品質保証コンソーシアム「AIプロダクト品質保証ガイドライン」、2021年7月公表の産業技術総合研究所「機械学習品質マネジメントガイドライン（第2版）」、日本ディープラーニング協会「契約締結におけるAI品質ハンドブック」は、そうした議論を整理したものである。

　これらは、ベンダとユーザの間で起こりうる品質保証をめぐる議論の解像度を上げ、品質管理の観点から開発のプロセスにおいて達成すべき基準や目標を明確化して合意の対象とすることを助けてくれるものである。こうした基準や目標の採否は、当然のことながら当事者の自由に委ねられるが、その実際の採否にかかわらず、この分野の専門家や実務家による公表当時の認識や理解の水準を表す資料として、ベンダが尽くすべき注意の内容を認定するために将来参酌される可能性があることには注意が必要である。

6　知的財産権の取扱い

第24条（著作権の帰属）
1　本成果物に関する著作権（著作権法第27条および第28条の権利を含む。）は、ベンダまたは第三者が本契約締結前から有していた著作物または同種の開発業務において共通してベンダが利用する汎用的なソフトウェア・プログラム・モジュールなどの著作物に関する著作権を除き、ユーザに帰属する。
2　ベンダは、ユーザに対して、ユーザ自らの業務の用に供するために使用または利用（自らまたは第三者をして、業務の必要に応じて改変または改変させることを含むが、それに限られない。以下本条において同じ。）するのに必要な限度で、本成果物の使用または利用を許諾し、または、著作権を有する第三者をして許諾させる。この使用および利用許諾の対価は、本報酬に含まれる。ただし、ユーザは、本契約に別段の定めがある場合を除き、本成果物について、次の各号の行為を行ってはならない。

(1)　リバースエンジニアリング、逆コンパイル、逆アセンブルその他の方法でソースコードを抽出する行為

(2)　再利用モデルを生成する行為

(3)　本学習済みモデルへの入力データと、本学習済みモデルから出力されたデータを組み合わせて、新たな学習済みモデルを生成する行為

(4)　その他前各号に準じる行為

3　ベンダはユーザに対して、前項に定める本成果物の使用または利用に関して著作者人格権を行使しまたは著作者たる第三者をして行使させない。

第25条（その他知的財産権の帰属）

1　本成果物および本開発の遂行に伴い生じた知的財産（以下「本知的財産」という。）にかかる特許権その他の知的財産権（ただし、第24条の対象となる著作権は除く。以下「本知的財産権」という。）は、本知的財産を創出した者が属する当事者に帰属する。

2　ベンダは、前項に基づき自らに帰属する本知的財産権について、ユーザに対して、本成果物を自らの業務の用に供するために必要な限度で、その実施を許諾する。この実施許諾の対価は、本報酬に含まれる。

3　ユーザおよびベンダが共同で創出した本知的財産に関する本知的財産権については、ユーザおよびベンダの共有（持分は貢献度に応じて定める。）とする。この場合、ユーザおよびベンダは、共有にかかる本知的財産権につき、本契約の定めにしたがい、それぞれ相手方の同意なしに、かつ、相手方に対する対価の支払いの義務を負うことなく、自ら実施できる。

4　ユーザおよびベンダは、前項に基づき相手方と共有する本知的財産権について、必要となる職務発明の取得手続など（職務発明規程の整備などの職務発明制度の適切な運用、譲渡手続など）を履践する。

　学習済みモデルは、プログラムの著作物として著作権法により、またはプログラムの発明などとして特許法により、それぞれ保護の対象となりうる。

　ソフトウェアの開発に関しては、特に、その著作権の帰属が問題になることが多い。ソフトウェアにかかる著作権が一方当事者のみに帰属する場合、その当事者は、法令上許された範囲でソフトウェアを自由に利用できる一方、他の当事者もこれを利用することを希望する場合には、著作権者である当事者から利用許諾（ライセンス）を受けることが必要になる。

　学習済みモデルを生成するためには、ユーザが提供するデータとベンダの開発力のいずれも欠かすことができないことから、学習済みモデルのプログラム部分にかかる権利の帰属をめぐり、契約交渉が難航することが少なくない。こ

のことは、ソフトウェアの一部を構成する学習済みモデルについても同様であり、万が一そのような事態が生じるおそれがある場合には、利用許諾を受けることで自らの契約の目的を実現できるかを検討したうえで、利用許諾を受けるための条件に議論の焦点を当てることで、交渉が頓挫することを避けつつ取引の便益を実質的に享受するやり方も考えられる。

　本条項例では、24条1項により、本成果物（主としてプログラムを想定）のうち、本契約締結前からベンダが有していたものの著作権と、開発された時期を問わず、本開発と同種の開発業務に共通して利用できる汎用性のあるものの著作権は、ベンダに帰属すると定めている。こうした著作物、特にプログラムの著作物の著作権がベンダに留保されないとすれば、ベンダの開発効率を損なわせ、かえってユーザに不利益をもたらすおそれがあるためである。ただ、そのままでは本ソフトウェアをユーザが十全な形で利用することはできなくなるため、同条2項により、ユーザが自らの業務に利用する目的の限りにおいて、ベンダに留保された著作物の著作権の利用がユーザに許諾されることを定めている。ただし、ユーザは、これを無条件に利用できるわけではなく、リバースエンジニアリングや再利用モデルの生成などを禁止している。

　なお、本条項例のように、汎用性の有無を権利の帰属先を分ける基準とする場合、汎用性の有無について解釈の対立が生じることも想定される。そのため、可能な場合には、別紙を用いるなどして対象をより具体的に特定することが、望ましいであろう。

　また、特許権については、発明者主義を採用している。その結果として、本ソフトウェアに関する発明は、開発業務が専らベンダの手によって行われ、かつ、その発明がユーザのドメイン知識を利用したビジネス発明に係る発明のようなものでなければ、ベンダに帰属することになるであろう。そのため、25条2項では、ユーザに対し、自己利用に必要な範囲で実施権を付与している。

7　OSS の利用

第28条（OSS の利用）
1　ベンダは、本開発遂行の過程において、本成果物を構成する一部としてオープン・ソース・ソフトウェア（以下「OSS」という。）を利用しようとするときは、OSS の利用許諾条項、機能、脆弱性などに関して適切な情報を提

供し、ユーザに OSS の利用を提案するものとする。
2　ユーザは、前項のベンダの提案を自らの責任で検討・評価し、OSS の採否を決定する。
3　本契約の他の条項にかかわらず、ベンダは、OSS に関して、著作権その他の権利の侵害がないことおよび瑕疵のないことを保証するものではなく、第１項所定の OSS 利用の提案時に権利侵害または瑕疵の存在を知りながら、もしくは重大な過失により知らずに告げなかった場合を除き、何らの責任を負わないものとする。

　OSS（オープン・ソース・ソフトウェア）は、作成者によってソースコードが無償で公開されており、一部の例外を除いて利用者の目的を問わず、利用、改変および配布が許諾されているソフトウェアの総称である。ソフトウェア開発の実務で OSS を利用することは一般的であるが、学習済みモデルを生成する際に OSS が利用される傾向は特に顕著であることから、本条を設けたものである。

　法的な観点でみた場合、一部の OSS ライセンス（GPL など）において、OSS を改良した派生物についてもソースコードを公開しなければならないという伝搬性が定められている点が問題になる（この条件を満たさないと、OSS のライセンス条件違反となる）。そのため、ユーザは、本システムでどのような OSS が利用される予定であり、かつ、その OSS のライセンス条件がどのような内容であるかを確認することは非常に重要である。また、一部の OSS には脆弱性などの問題があることから、ベンダは、OSS の利用にあたり、OSS の利用許諾条項、機能、脆弱性などに関して適切な情報をユーザに提供したうえで、OSS の利用を提案し、ユーザの判断でその OSS の採否を決定するとしている。

　もっとも、OSS の利用の可否はベンダの開発工数に大きな影響を与えるため、OSS の利用をユーザが望まないのであれば、そのことはベンダに支払う対価に反映されることには注意が必要である。また、OSS の利用が不可である開発を、ベンダがそもそも受託しない場合もありうることから、OSS の利用に関する考え方は、契約の締結前にすり合わせておくことが望ましい。

Ⅳ　想定するケース（ソフトウェア保守契約）

　本ソフトウェアの開発は無事完了の目途が立ち、A社とB社は開発された本ソフトウェアの保守の進め方を協議をしている。本ソフトウェアを実環境で運用する際には（たとえ本ソフトウェアに開発契約上の不適合がなかったとしても）ある程度の予期せぬ挙動のリスクがあることを、A社とB社は、開発の着手前に確認し、またその進捗を共有するなかでともに理解を深めており、こうしたリスクを織り込んだ保守運用計画を策定する必要があると認識している。本ソフトウェアを利用して橋梁管理を行う際に、新たにセンサーで検知されたデータを用いて追加学習を行うことはその1つのアプローチであり、将来的に追加学習が実施される可能性を念頭に置いた保守契約を作成したいと考えている。

Ⅴ　ソフトウェア保守契約の留意点

1　運用・保守と追加学習

(1)　運用と保守の必要性

　ソフトウェアの設計が複雑であるほど、開発の段階において予期しない動作の不良を引き起こす原因すべてを解明し、これらを完全に取り除くことは、実際上不可能であるといえるほど困難となっていく。こうした動作の不良が生じるリスクに備え、あるいはソフトウェアの継続的な改善をみすえて、完成したソフトウェアの稼働後も、システムのメンテナンスや問合せへの対応などを行うことが、ソフトウェアを運用する当事者には求められる。

　ほかにも、開発後にユーザの業務上の都合が変化したことなどにより既存のソフトウェアの設計を一部変更したり、機能の追加を行う必要が生じる場合や、ソフトウェアが採用しているOS（オペレーティングシステム）その他の第三者が提供するソフトウェアのアップデートによる不具合を回避する必要がある場合など、開発されたソフトウェアに外在する理由によって、その改修が必要になる場合もある。このような運用[4]または保守[5]と呼ばれるサポートの提供をユーザがベンダから受けるため、保守契約（または運用保守契約）が締結さ

れる。

(2)　学習済みモデルが組み込まれたソフトウェアと追加学習

　実環境下に置かれたソフトウェアに生じた動作の不良の原因が、そのソフトウェアに組み込まれた学習済みモデルにある場合には、実環境下で得られたデータなどの追加データを用いて学習済みモデルのトレーニング（追加学習）を行い、その問題の状況を改善し、あるいはその原因を解消することができる場合がある。

　ソフトウェアに組み込まれた学習済みモデルに対する追加学習は、ソフトウェアが完成した後に行われるソフトウェアの再開発にほかならず、当然のことながら開発に必要な作業の質や量に応じた費用が発生する。また、通常の学習済みモデルの生成の場合と同様に、学習済みモデルの追加学習の結果を正しく予想することは容易ではなく、ベンダとしては追加学習によるソフトウェアの性能の向上を必ずしも約束することができないという問題もある。追加学習は、一般的な保守（あるいは運用保守）の範疇に収まるものではないと考えるのが適切だろう。

　追加学習に関する取引には、追加学習を行う、あるいは（およそ）行わないという二択から始まってさまざまなバリエーションがありうる。追加学習を何らかのかたちで行う場合には、大きく分けて、継続的または断続的に行うか、ケースバイケースで必要に応じて行うという選択肢があり、前者には保守の一環として行う場合もあれば、保守とは独立した取引として行うことも考えられる。こうした取引のあり方に応じて、追加学習の方法や費用の負担、ベンダの業務の対価などが異なってくるため、追加学習を目的とした契約は、当然、こうした取引の実体に即して設計される必要がある。

2　適切な契約方式などの選択

　ソフトウェア保守契約は、学習済みモデルに対する追加学習に関するものは別として、契約の締結時点ではベンダが行うべき業務の内容やユーザが協力す

---

4)　実環境下でソフトウェアを稼働し、その起動・終了や監視、ファイルのメンテナンスなどを行い、業務を円滑に遂行する過程をいう。
5)　業務や実環境に適合するようにソフトウェアを維持管理する過程をいう。

べき内容が明確ではないことから、準委任型の契約とすることが適切な場合が多いと考えられる。また、保守業務のなかで何らかの成果の完成を念頭に置くものではない場合には、準委任型の契約のうち履行割合型の契約方式がとられるべきであろう。

　準委任型かつ履行割合型の契約方式とは、一定の期間（1か月など）を単位として固定報酬額を定めておく方法や、その期間に稼働する工数とその対価を定めておき、その工数を超えた場合には超過して発生した工数に応じて追加の対価を発生させる方法などと親和するものと考えられる。なお、保守に伴って、あるいはそれと独立して、学習済みモデルに対する追加学習を行う場合には、費用の負担や対価の決定方法について、別途の考慮が必要となることに留意すべきである。

　また、ソフトウェアの実環境下での運用時には、動作の不良リスクをあらかじめ織り込んでおくことが一般的である。そのため、ソフトウェア保守契約には、予想されるリスクへの対応方法（あるいは指針）が何らかのかたちで反映されるべきであり、たとえば、サービスレベルアグリーメントといったサービスの水準を明確にした文書を作成しておき、「○時間以内に復旧のための作業を開始すること」などといった保証をすることがある。

VI　各条項の解説（ソフトウェア保守契約）

1　業務内容

第3条（本業務）
1　ユーザがベンダに対して委託する本業務の内容は以下のとおりとする。
　(1)　運用保守業務
　　①　本ソフトウェアの操作に関する技術的な相談、問合せ対応
　　②　ハードウェアまたはOSなどの動作不良により本ソフトウェアが破損した場合のソフトウェアの復旧作業（データの復旧作業は除く。）
　　③　②以外の原因により発生した本ソフトウェアの障害に対する原因調査および修補対応（ユーザの故意または過失によって生じたものは除く。）
　　④　本ソフトウェアの変更管理およびドキュメント管理
　(2)　本学習済みモデルの動作確認業務
　　　本学習済みモデルの精度を含む本学習済みモデルの動作を監視し、そ

　　　の精度がユーザとベンダとの間の合意で定めた一定の精度を下回ること
　　　その他ユーザとベンダとの間の合意で定めた条件を充足しない場合に、
　　　ベンダがユーザに対して、すみやかに報告すること
　2　ベンダは、本業務を善良なる管理者の注意義務をもって実施する。
　3　ユーザは、本ソフトウェアの機能の改善または追加機能の開発もしくは本
　　学習済みモデルの追加学習（新たにデータセットを生成して本学習済みモデ
　　ルの再学習を行うことを含む。）を希望するときは、ベンダに対してその旨を
　　申し出るものとし、ユーザおよびベンダが協議により、その開発について合
　　意をした場合、ベンダはその追加開発を実施するものとする。

　本ソフトウェア保守契約の業務を大別すると、①（本ソフトウェアの）運用
保守業務と、②本学習済みモデルの動作確認業務が含まれている。このうち①
の業務は、一般的なソフトウェア（システム）の保守契約に含まれる業務であ
り、本書では解説を省略する。

　これに対し、②の業務は、学習済みモデルを含むソフトウェアの保守に特有
の業務である。実務では、実環境下で得られたデータなどの追加データを用い
て学習済みモデルのトレーニング（追加学習）を行うことがあるが、追加学習
は完成したソフトウェアの再開発にほかならず、一般的な保守業務の範疇には
含まれない。

　そこで、本条項例では、本学習済みモデルの動作を監視し、学習済みモデル
がユーザとベンダの定めた条件を充足しない場合、たとえば一定の精度を下
回る場合などに、ユーザに対してすみやかに報告することをベンダの保守業務
に含めつつ、学習済みモデルの追加学習を行うことまではこれに含めていない
（本条1項2号）。

　本学習済みモデルの追加学習や、本ソフトウェアの機能の改善などの要否を
判断するのはあくまでユーザであり、保守契約に基づくベンダの報告を受けて、
その必要があるとユーザが判断した場合は、ベンダに対して追加開発の申込み
を行い、ベンダがこれを承諾した場合に限り、本ソフトウェアの保守を行うベ
ンダが追加学習その他の追加開発を行う責任を負う（本条3項）。

　このように、学習済みモデルとの関係では保守業務にはその動作の監視と報
告のみが含まれ、別段の合意がない限り追加学習が含まれない場合には、ベン
ダは、監視の方法によっては、本ソフトウェアの利用を通じて学習済みモデル
に入力されるデータの提供を必ずしも受ける必要がない。本条項例では、デー

タの提供を受けずに本ソフトウェアの保守を行うことを前提に、データの取扱いに関する規定を設けていないが、保守業務のためにデータの提供を受ける必要がある場合には、データの開示や利用条件に関する規定が必要となることには注意が必要である。

2　免責

> 第8条（免責）
> 　ベンダは、本業務により、本ソフトウェアに生じた問題が解決されることを保証するものではなく、本学習済みモデルの性能が向上すること、本学習済みモデルがユーザの業務目的に適合することなど、本業務がユーザの特定の目的に適合することを一切保証するものではない。

　上記1（3条（本業務））の部分で説明したとおり、本条項例の定めるベンダの保守業務には、本ソフトウェアの復旧や障害対応を超える業務や、本学習済みモデルの性能や品質を積極的に改善していく業務は含まれていない。つまり、このソフトウェア保守契約に基づく業務は、本ソフトウェアの問題一般を解決したり、本学習済みモデルの性能を向上させたりすることなどを目的としていないため、そうした結果が保証されないことを確認的に規定している。

第 4 章

ソフトウェア・ライセンス契約

I　想定するケース

　本章で想定しているソフトウェア・ライセンス契約は、学習済みモデルを含むソフトウェアをライセンシーの端末にインストールして利用する場面を想定している。

　近年、ユーザの端末に学習済みモデルをインストールして、学習済みモデルが分析した結果のみ取得するエッジAI技術が用いられるケースが増えている。

　エッジAI技術とは、現場に近いデバイス（エッジデバイス）に学習済みモデルを実装して、そのエッジデバイスにおいて推論を行う技術のことをいう。

　エッジAI技術の具体例としては、カメラに学習済みモデルを組み込んで、撮影した画像の特徴量や分析結果のみをサーバに送信する技術や、製造ラインで流れてくる製品の欠陥の有無を分析するカメラに学習済みモデルを組み込む場合などがあげられる。なお、特徴量とは、入力されたデータにどのような特徴があるかを数値化したものをいう。

図表 4-1：エッジ AI 技術の例

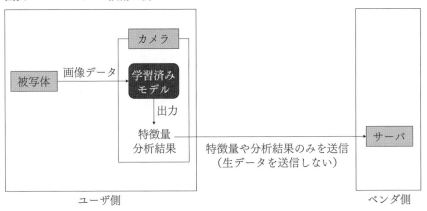

　エッジAIを用いるメリットは、①生データをサーバに送信しないため、通信量が減る、②通信量が減ることにより、端末（カメラやドローンなど）のバッテリーが長持ちする、③エッジデバイスで推論を行うためデータをクラウドサーバに送信して、クラウドサーバにある学習済みモデルで推論を行い、その推論結果を再び端末に送信するという方式と比べて、推論・分析の遅延が生

じにくい、④サーバ側は生データそのものを取得せずに、特徴量のみを取得するのでサーバ側が大量の生データを保存する必要がなくなり、サーバのコストを減らすことができる、⑤エッジ AI で解析した特徴量だけを送信するのであれば、データを受領する側にとって、その解析の方法次第で個人を特定することができなくなるため、個人情報保護法上の「個人データ」にあたらない可能性があり、データを受領する側は個人情報を取り扱っていないことになる場合がある、⑥エッジ AI で解析した特徴量だけを送信し、生データを送信しないため、データを提供する側にとっては営業秘密を外部に送信していないことになる場合があるといった点があげられる。

　このエッジ AI に関するソフトウェアを使用させる場合のライセンス契約がこの契約の類型になる。なお、学習済みモデルの生成にあたっては、OSS（オープン・ソース・ソフトウェア）を利用することが多いため、OSS に関するライセンス条件のうち、MIT ライセンスを利用して学習済みモデルを生成したものと仮定して解説を行う。

　学習済みモデルをクラウドサーバに設置してクラウドサーバを介してユーザに学習済みモデルを利用させる類型は、ウェブ・アプリケーションの利用規約方式になることが多いので、そのようなケースの場合は**第 5 章**を参照されたい。

Ⅱ　ソフトウェア・ライセンス契約の留意点

1　ソフトウェア・ライセンスの目的と「使用」と「利用」の違い

　ソフトウェア自体は有体物ではなく、ソフトウェアそのものは所有権の対象にならないため、ソフトウェアに対して所有権に基づく排他的支配権は生じない（ただし、そのソフトウェアが記録媒体に保存されている場合は、その記録媒体は有体物であるため所有権の対象となり、その記録媒体の所有権を通じてソフトウェアに対して所有権の排他的支配権を及ぼすことができる。）。もっとも、ソフトウェアに含まれるプログラムについて、プログラムの著作物（著作権法 10 条 1 項 9 号）として著作権法に基づく排他的支配権が生じることがありうる。

　著作権法 63 条 1 項は、「著作権者は、他人に対し、その著作物の<u>利用</u>を許

諾することができる。」（下線は筆者）と規定し、同条2項は、「前項の許諾を得た者は、その許諾に係る利用方法及び条件の範囲内において、その許諾に係る著作物を利用することができる。」（下線は筆者）と規定している。

　上記のとおり、ソフトウェア・ライセンス契約は、その契約の対象となっているプログラムの著作物の利用を許諾するものであり、利用許諾を受けたライセンシーはその許諾にかかる利用方法および利用条件の範囲内においてそのプログラムの著作物を利用することができることになる。

　もっとも、ここで重要な点は、著作物の利用許諾というのは、より正確にいうと、その著作物の著作権者が独占権を有する著作権法21条ないし28条が定める支分権についての利用許諾を意味するということである。

　つまり、ソフトウェア・ライセンス契約には、対象となるソフトウェアに含まれるプログラムの著作物についての支分権（複製権、公衆送信権、譲渡権、翻案権など）をライセンサーがライセンシーに許諾することあるいは支分権を利用許諾しないことに第1の目的がある。たとえば、ライセンシーが、複数の端末でそのソフトウェアを利用したい場合は、複製権（著作権法21条）の利用許諾を受ける必要があるし、ライセンシーがそのソフトウェアをクラウドサーバにアップロードして、クラウドサーバ上でエンドユーザに利用させる場合は、公衆送信権（同法23条1項）の利用許諾を受ける必要がある。

　他方で、ソフトウェアの場合、著作権法で著作権者が専有する権利である支分権を侵害しない「使用」行為もある。代表例としては、利用許諾されたソフトウェアに含まれるプログラムを逆コンパイル（実行可能形式のコンピュータプログラムを解析し、開発時に用いられたプログラミング言語による記述（ソースコード）に戻す変換処理）する行為などがそれにあてはまる。上記のとおり、ソフトウェアそのものは所有権の対象にならないため、プログラムの著作物についての支分権を侵害しない「使用」行為をライセンシーは自由に行うことができる。そこで、ライセンサーとしては、そのような「使用」行為を自由に行うことを契約で制限することを考える。

　このように、プログラムの著作物についての支分権を侵害しない「使用」行為をライセンシーが自由に行うことができないように、ライセンシーの行為に制限をかけること、この点がソフトウェア・ライセンス契約の第2の目的である。

2　エッジAIを利用したソフトウェアのライセンス契約

　エッジAIを利用する場合、たとえば、学習済みモデルを生成したベンダが、学習済みモデルを含むソフトウェアをカメラメーカに納入し、カメラメーカが当該学習済みモデルを搭載したカメラを製造・販売して、最終的にエンドユーザが、学習済みモデルを搭載したカメラを使用するケースで考えてみる。

図表4-2：エッジAIとソフトウェア・ライセンス

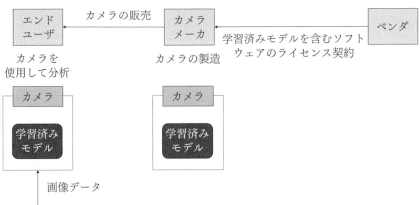

　このケースでは、学習済みモデルを含むソフトウェアのプログラムの著作物の著作権は、学習済みモデルを生成したベンダにあることを前提にする。

　カメラメーカは、学習済みモデルを生成したベンダから学習済みモデルを含むソフトウェアの納入を受けて、そのソフトウェアをインストールしたカメラを製造・販売することになるので、カメラメーカは、プログラムの著作物を「複製」（著作権法21条）していることになる。そして、プログラムの著作物の複製権は、著作権法の支分権にあたり、契約などで規定しない限り、基本的にはベンダが専有しているので、ベンダは、カメラメーカに「複製」について「利用」許諾することになる。また、カメラメーカが学習済みモデルに関するプログラムを改変・翻案することを禁止したいという要請もあるので、その場合には、ベンダは、カメラメーカに対して、プログラムの著作物の「翻案権」（著作権法27条）について「利用」許諾をしないことになる（一般的には、学習

済みモデルを含むソフトウェアをカメラで使用するために必要な範囲内での翻案権の利用許諾を行う）。

他方、ベンダは、学習済みモデルを含むソフトウェアについて、カメラメーカが逆コンパイルその他の手段によりソースコードを得ようとすることを禁止することも必要になる。もっとも、逆コンパイルそのものは、プログラムの著作物についての支分権を侵害しない「使用」行為であるため、ソフトウェア・ライセンス契約によりその「使用」行為を禁止することになる。

3　エンドユーザによるソフトウェアの使用を制限する方法

ベンダが生成した学習済みモデルは、カメラメーカが製造したカメラに搭載され、そのカメラがエンドユーザに販売されているため、その学習済みモデルはエンドユーザの手許に存在する。そのため、エンドユーザが学習済みモデルを逆コンパイルするなどして学習済みモデルのソースコードを得ることが事実上可能になっている。

ベンダがエンドユーザによる学習済みモデルのリバースエンジニアリング行為（リバースエンジニアリング行為は、支分権に該当する行為にあたらないため、「利用」行為ではなく、「使用」行為である。）を禁止することを希望する場合、その方法として、ベンダは、①直接エンドユーザとの間でカメラに搭載された学習済みモデルを含むソフトウェアのライセンス契約を締結して、エ

図表4-3：ソフトウェアのリバースエンジニアリングを禁止する方法

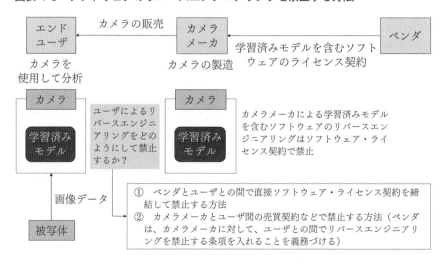

ンドユーザの一定の使用行為を禁止する方法、②カメラメーカとのソフトウェア・ライセンス契約において、カメラメーカに対して、許諾対象となるソフトウェアが搭載されたカメラについての売買契約などのなかでリバースエンジニアリングを禁止する条項を入れるように義務づける方法がありうると考える。

　なお、ベンダがスタートアップ企業の場合には、エンドユーザとの間で契約締結交渉を行い、契約締結後の契約書の管理をするだけの人的・物的資源に乏しいこともあるため、①の方法よりも、②の方法の方が好ましい場合もあると思われる。

　このような法的な対策のほかに、ベンダは、学習済みモデルを逆コンパイルできない、あるいは困難となるような技術的な対策（難読化など）を施したうえでカメラメーカに納入するなどの対策も検討する必要がある。

4　ライセンス契約と追加学習

⑴　ライセンス契約に基づくデータ取得

　学習済みモデルの推論の精度を向上させ、または一定に保つためには、さらなるデータが必要になるため、ソフトウェア・ライセンス契約の対象となる学習済みモデルに入力されたデータについて開示を受け、その利用権限をベンダが取得しておくことが望ましい。

　このデータの開示を受け、その利用権限を取得する方法として、上記３の①の方法のように、ベンダとエンドユーザとの間で学習済みモデルを含むソフトウェアのライセンス契約が直接締結されている場合は、その契約のなかで、学習済みモデルに入力されたデータの開示とその利用権限を与える旨の規定を定めることで対応できる。

　一方、上記３の②の方法のように、ベンダとエンドユーザとの間で学習済みモデルを含むソフトウェアのライセンス契約が締結されていない場合であれば、エンドユーザとカメラメーカとの間でデータ提供契約[1]を締結しカメラメーカがデータの開示を受け、さらに、ベンダとカメラメーカとの間で締結されているソフトウェア・ライセンス契約のなかで学習済みモデルに入力されたデータの開示とその利用権限を与える旨の規定を定めることで対応することになると思われる。

---

1)　AI・データ契約ガイドライン（データ編）24 頁参照。

　もっとも、後者の場合、データの提供は2段階になる。具体的には、（ア）エンドユーザからカメラメーカへのデータの提供、（イ）カメラメーカからベンダへの提供という2段階を経て、エンドユーザが取得したデータがベンダに提供されることになる。エンドユーザが取得したデータに個人データが含まれる場合は、原則として、（ア）の段階および（イ）の段階のそれぞれについて、個人データの本人から第三者提供の同意を取得しなければならない。その同意の取得は、エンドユーザ（個人情報取扱事業者に限る）が（ア）（イ）の両段階の第三者提供についてまとめて一度で取得することが可能である。ただし、エンドユーザが個人データの本人から第三者提供の同意を取得するにあたって、第三者の具体的な氏名・名称を特定する必要はないが、第三者の属性や範囲を特定する必要がある。

　なお、ソフトウェアの使用制限に関するスキームは、上記3の②の2段階の方法をとりつつも、エンドユーザとベンダとの間でデータ提供契約を締結し、データについてだけベンダがエンドユーザから直接開示を受ける方法もとりうるため、取引の実情にあったスキームを十分に検討のうえ、最も適切な方法を採用することが肝要である。

⑵　運用・保守と追加学習

　学習済みモデルを含むソフトウェアの場合、学習済みモデルの追加学習を保守契約のなかで行うこともある。

　エッジAIに関するソフトウェア・ライセンス契約の場合、上記3で述べたように、①ベンダが直接エンドユーザとカメラに搭載された学習済みモデルを含むソフトウェアのライセンス契約を締結して、エンドユーザの一定の使用行為を禁止する方法、②カメラメーカとのソフトウェア・ライセンス契約において、カメラメーカに対して、許諾対象となるソフトウェアが搭載されたカメラについての売買契約などにおいて、リバースエンジニアリングを禁止する条項を入れるように義務づける方法がありえ、ベンダとエンドユーザが直接の契約関係に立たない場合もありうる。

　そうすると、保守契約についても、ⓐベンダとエンドユーザとの間で直接保守契約を締結する方法、ⓑエンドユーザとカメラメーカが学習済みモデルを含むソフトウェアとカメラ本体の保守契約を締結し、さらに、カメラメーカとベンダが学習済みモデルを含むソフトウェアの追加学習に関する保守契約を締結

する方法がありうると考える。

図表 4-4：ソフトウェア・ライセンス契約と保守契約の関係
パターンⓐ

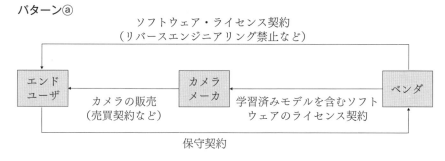

パターンⓑ

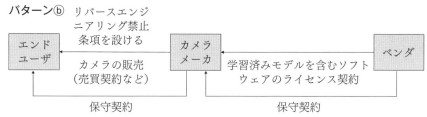

※ただし、パターンⓑで、ベンダとエンドユーザの間で保守契約を締結することも可能

　ソフトウェア・ライセンス契約について、ベンダとエンドユーザとの間でソフトウェア・ライセンス契約を締結する①の方法を採用した場合、保守契約についても同様に直接両者が契約関係に立つⓐの方法を採用する方が親和的ではあると考える。しかし、そのような組合せになることが必須ではなく、ソフトウェア・ライセンス契約について、ベンダとエンドユーザが直接契約関係に立たない②の方法を採用したうえで、保守契約だけ両者が直接契約関係に立つⓐの方法を採用することも可能であると思われる。

　なお、エッジ AI の場合、学習済みモデルが入った端末とは別の追加学習用のシステムを置くこともある。具体例を示すと、ある製品を製造する工場内の製造ラインで不良品を選別するカメラのなかに学習済みモデルを組み込み、その学習済みモデルの推論精度をモニタリングして、必要に応じて追加学習をする別の学習用システムをその工場内にあるサーバに組み込むようなケースである。このようなケースの場合であれば、ベンダとエンドユーザが直接保守契約を締結して対応している場合が多いと思われる。

5 ソフトウェアの特定

ソフトウェア・ライセンス契約においてソフトウェアを特定する方法としては、ソフトウェアの名称で特定をするのが一般的であると思われる。ただし、ソフトウェアといっても、名称が同じでもバージョンによって異なる機能を有することがあるため、利用許諾の対象となるソフトウェアのバージョンまで特定した方がよいことが多い。

また、基本ソフトウェアがすでに存在しており、その基本ソフトウェアにカスタマイズを加えたような場合、基本ソフトウェアの名称を記載しただけでは、カスタマイズで加えた追加機能が利用許諾の対象になるソフトウェアの名称から外れてしまう。そのような場合は、対象ソフトウェアを特定するために、カスタマイズ内容を明示するなどして、利用許諾の対象に不足がないように対応することが重要である。

ソフトウェア・ライセンス契約を締結するにあたり、保守契約も締結することは多いが、保守契約に基づいて更新された更新プログラムが利用許諾の対象から落ちていると、厳密にはその更新プログラム部分の利用ができないことになるので、ソフトウェア・ライセンス契約の対象に更新プログラムが含まれているか否かは確認する必要が高い。

ソフトウェア・ライセンス契約の対象が学習済みモデルを含むソフトウェアである場合、追加学習を行うことがあるが、追加学習を行った学習済みモデル部分は、パラメータ部分がまったく異なるものになっているため、当初のソフトウェア・ライセンス契約の対象に含まれないという解釈も十分にありうるところである。そこで、追加学習を行った学習済みモデル部分が当初のソフトウェア・ライセンス契約の利用許諾の対象に含まれているか否かを契約上明示しておくことが望ましいと思われる。

6 OSS

(1) 総論

学習済みモデルの開発において、OSS（オープン・ソース・ソフトウェア）を利用して開発することが非常に多く、OSSに関する権利処理や、OSSのライセンス条件を確認することはユーザおよびベンダにとって非常に重要である（OSSのライセンス条件が問題になるのは、システムの開発の場面であることが多い

が、ライセンスの議論であるため、本章で解説することにした)。

　OSS に関するライセンス条件として著名なものは、MIT License、Apache License 2.0、GPL2.0 であるが、利用する OSS がどのライセンス条件に服するのかを確認したうえで、複製・再頒布可能か否か、改変可能か否か、改変部分のソースコードの開示が必要か否か(ネットワークを通じた利用でもソースコードの開示が必要か否か)といった点の確認・検討が必要である。

　また、その前提として、少なくともベンダが学習済みモデルの開発においてOSS を利用する場合、ベンダがユーザに対して、どのような OSS を利用するのか通知する義務を契約において課すことが重要である。

　もちろん、OSS の利用に関して、著作権者がライセンス違反あるいは著作権侵害を理由に損害賠償請求などをする可能性は必ずしも高くはないが、まったくないとはいいきれない以上、ユーザのビジネスにおいて重要なシステムなどであれば慎重な対応をすべきであると考える。

⑵　MIT ライセンス

　MIT ライセンスは、マサチューセッツ工科大学が同大学の研究開発の成果をOSS として公開するために作成したライセンスであり、著作権表示とライセンス表記さえしておけば、その対象となるソフトウェアなどの使用、複製、変更、頒布、サブライセンスなどを自由に行うことができ、改変部分のソースコードの開示も不要である。

　MIT ライセンスは、ライセンス条件が非常にゆるいので、MIT ライセンスに服する OSS を利用するときは特段問題が生じないことが多いと思われる。

⑶　Apache ライセンス

　Apache ライセンスは、Apache Software Foundation が考案して、同財団傘下のソフトウェア開発プロジェクトなどで利用されているライセンス条件である。

　この Apache ライセンスも、MIT ライセンスと同様、著作権表示とライセンス表記さえすれば、使用、複製、変更、頒布、サブライセンスなどを自由に行うことができ、改変部分のソースコードの開示も不要である。

　MIT ライセンスとの違いは、Apache ライセンスで利用許諾された OSS を利用する場合、その OSS の使用に必要な特許権について無償の実施許諾をする

ことが規定されている点である（Apache ライセンス3項）。これは、Apache ラ
イセンスで利用許諾された OSS を利用する際に、著作権について利用許諾を
受けることができていても、その OSS について特許権が存在する可能性があ
れば、ユーザはその OSS を安心して使うことができないため、その OSS を使
用するにあたり必要な範囲で特許権についても無償で実施許諾をするという趣
旨である。

⑷　GPL ライセンス

　GPL ライセンスの最新版はバージョン 3.0 であるが、まだまだバージョン
2.0（以下では、「GPL2.0」という）もよく使われているので、GPL2.0 を前提に
して概説する。

　GPL2.0 は、上記⑵⑶で説明をした MIT ライセンス、Apache ライセンスとは
性質がまったく異なる。特に注意が必要な点は以下の 2 点である。

　1 点目は、GPL2.0 でライセンスされている OSS に改変を加えて「頒布」
（distribute）をする場合、その改変部分も含めてソースコードの開示が必要に
なる点である（GPL2.0 第 3 項）。ここでいう「頒布」（distribute）とは、著作物
であるソフトウェアが記録された媒体を配布するという趣旨であると解される
ため、たとえば、クラウドサーバ上で OSS を利用させるような場合は「頒布」
にはあたらないことになる。

　2 点目は、GPL2.0 でライセンスされている OSS に独自開発したプログラム
をリンクなどさせた場合、「伝播」（propagate）していれば、独自開発したプロ
グラム部分についても GPL2.0 でライセンスすることになり、「頒布」してい
れば、OSS 部分のみならず、独自開発したプログラム部分までソースコード
の開示が必要になるという点である（GPL2.0 第 2 項）。どのようなリンクなど
であれば「伝播」したとされるかどうかはケース・バイ・ケースの判断にはな
るが、ソースコードの開示という非常に重要な義務が課されることになるので、
GPL2.0 でライセンスされる OSS を利用する際には、専門家と相談されること
をおすすめしたい。

7　ソフトウェアの使用の過程で得られるデータの利用権限

　ベンダは、学習済みモデルを含むソフトウェアをエンドユーザに使用させる
過程で、学習済みモデルのチューニングの目的や、ソフトウェアの適切な稼働

のモニタリングの目的でエンドユーザあるいはライセンシーからデータを取得することがある。

　データは無体物であり、所有権（民法206条）や占有権（同法180条）の対象にならず、所有権や占有権に基づいてデータを排他的に支配することはできない。データについて、データ構造に関する特許権、著作権、「限定提供データ」または「営業秘密」に該当し不正競争防止法上の権利などが成立している場合は、各権利に基づいてデータを排他的に支配することができるが、このような権利が発生しない場合も多い。そこで、データについて契約において適切な利用権限を設定することが重要である。

　具体的には以下の点について、契約において規定することを検討すべきであると考える。

① 提供データを加工して加工データを創出できるか否か
② 提供データの目的外利用の禁止
③ 提供データの第三者提供の禁止
④ 加工データについて、どのような利用条件をベンダに設定するか（目的外利用禁止、第三者提供禁止など）
⑤ 加工データについて、ユーザに開示するか否か
⑥ 加工データについて、どのような利用条件をユーザに設定するか

コラム：学習済みモデルの強化を狙った契約スキーム
　いったん開発した学習済みモデルの精度を高めていくためには、一般的には、より多くのデータがあることが望ましい。学習済みモデルの精度を高めるためには、開発終了後も追加学習を行っていくことになるが、特定のユーザから開発を依頼された学習済みモデルに関してその著作権をユーザに帰属させ、そのユーザから継続的に提供されるデータに基づいてその学習済みモデルに追加学習をさせる方法では、その特定のユーザから提供される限られたデータに基づいて追加学習がなされることになるため、学習済みモデルの精度をより高めるためのデータとしては不十分になることがある。
　学習済みモデルの性能をより強化することは、学習済みモデルの開発を依頼したユーザにとっても望ましいことであるため、ベンダが開発した学習済みモデルの著作権をベンダに帰属させ、ベンダからユーザに対する学習済みモデルの非独占的な利用権を許諾し（ソフトウェア・ライセンス契約）、そのライセンス契約において、そのユーザからデータを継続的に無償で取得し、既存の学習済みモデルを利用した追加学習などの目的のためにそのデータを利用することを定め、さらに、その追加学習された学習済みモデルを別のユーザにも使用さ

せることができるとするスキームがよいのではないかと考える。

　このようなスキームをとることで、その学習済みモデルをライセンス契約に基づいて使用するさまざまなユーザからデータを集めることができ、より精度の高い学習済みモデルの開発・維持ができるようになる。

　法律上当然ではないにもかかわらず、いまだ「開発委託の場合、システムやプログラムの著作権は開発委託先であるユーザにある」という「誤解」が多いなか、ベンダが学習済みモデルの著作権を得るための方策として、上記のスキームをユーザに提案して、追加学習のための費用が不要あるいは低額になるにもかかわらず、より精度の高い学習済みモデルが使用できる可能性があるというメリットを強調してはどうかと考える。

Ⅲ　各条項の解説

1　データの継続的提供

第7条（データの提供）
1　乙は、甲に対して、本ソフトウェアまたはその複製物がインストールされた指定機器から取得したデータ（以下、「対象データ」という。）を無償で提供する。
2　甲は、対象データを本ソフトウェアの改良の目的のみで利用し、乙の事前の書面による同意がない限り、対象データを第三者に開示または提供しない。
3　甲が対象データを基に、改変、追加、削除、組合せ、分析、編集、結合その他の加工を加えてその復元を困難にしたデータ（以下「加工データ」という。）について、甲は、乙に対して提供するものとして、加工データについて甲および乙の双方が別途協議で定めた利用条件に基づき利用できる。
4　甲および乙は、対象データまたは加工データの正確性、完全性、安全性、有効性、第三者の知的財産権その他の権利を侵害しないこと、対象データまたは加工データが本契約期間中継続して相手方に提供されることをいずれも保証しない。ただし、甲および乙は、対象データまたは加工データの全部または一部を故意に変容させて相手方に提供していないことを保証する。
5　対象データまたは加工データに個人情報保護法で規定される個人情報、仮名加工情報、匿名加工情報、個人関連情報（以下「個人情報等」という。）が含まれる場合、甲および乙は、相手方に対し、その旨を明示し、かつ次の各号の事実が正確かつ真実であることを表明し、保証する。
⑴　対象データまたは加工データの取得および相手方への提供について、個

　　　人情報保護法その他適用法令のもと、正当な権限を有していること
　　⑵　対象データまたは加工データの提供にあたり、個人情報保護法が要求す
　　　る手続を適切に履践していること
　6　甲または乙が前項の表明保証に違反したことを理由に、個人情報等の提供
　　を受けた相手方が第三者からクレームまたは請求などを受けたとき、個人情
　　報等の提供者である甲または乙は、相手方の求めに応じ、自らの費用と責任
　　により、その防御に必要な情報を提供する。

⑴　データの利用権限

　本条１項は、本ソフトウェアを使用する過程でライセンシーが取得した
データをライセンサーに提供する旨の規定である。学習済みモデルの追加学習
あるいは再学習のためには、学習用データが必要であるため、本ソフトウェア
の使用の過程でライセンシーが取得したデータをライセンサーに提供する旨を
規定している。

　ただし、学習済みモデルをインストールしたカメラを販売するようなケース
で考えると、指定機器であるカメラに入力されたデータとその出力データを保
有しているのは、当該指定機器を買ったエンドユーザであり、当該指定機器を
製造・販売したライセンシーにはそれらのデータがないこともありうる。その
ような場合、ライセンサーとエンドユーザとの間で直接データ提供契約を締結
して、ライセンサーはエンドユーザから直接対象データの開示を受ける方法も
ありうる。

　本条１項に基づいてライセンサーが取得したデータは、あくまで本ソフト
ウェアの改良の目的のみで利用でき、かかるデータをライセンサーは第三者に
提供できないことを本条２項で規定している。ここでいう「改良」には、学
習済みモデルの追加学習も含まれる。

　本条１項に基づいてライセンサーが取得したデータを加工・分析・編集・
統合その他の加工を加えてその復元を困難にした加工データについて、加工
データの創出者であるライセンサーに、加工データをライセンシーに開示する
義務を負わせ、ライセンサーとライセンサーの双方が別途協議で定めた利用条
件に基づき加工データを利用できることにしている。

⑵　提供されるデータに個人情報が含まれる場合の注意点

　ライセンシーからライセンサーに提供される対象データに個人情報が含まれる場合、個人情報保護法上の手続を適切に履践しなければならない。

　特に、ライセンシーがライセンスの対象となっているソフトウェアをさらにエンドユーザに対して利用させ、個人→エンドユーザ→ライセンシー→ライセンサーの順に個人情報を含むデータが提供される場合、ライセンシーがライセンサーに開示するデータに個人情報が含まれていれば、個人情報の第三者への提供にあたるため、ライセンシーは、①利用目的として第三者への提供を記載して、通知・公表すること（個人情報保護法17条1項、21条1項・2項）、②個人から第三者提供の同意を取得することが原則として必要になる（同法27条1項）。

　他方で、ライセンサーは、ライセンシーが個人情報保護法上必要な手続を履践しているかどうかを確認することはできないため、ライセンシーに対して、個人情報保護法上必要な手続を履践していることを表明保証させることが望ましい。

　ただし、かかる表明保証をライセンシーに課したとしても、個人情報保護法違反について、ライセンサーはライセンシーに対して損害賠償請求やライセンス契約の解除といった対処ができるにすぎず、いわゆる炎上リスクを完全に避けることはできない。

　そこで、ライセンサーは個人情報の第三者提供にはあたらない形式でデータを取得する方法を検討した方がよいケースもある。その方法としては、①エッジAI技術を用いて、生データではなく、分析後の特徴量のみをライセンシーが取得する方法、②個人情報保護法上の委託のスキームを使用する方法などが考えられる。

2　禁止行為

第11条（禁止行為）
　乙は、本ソフトウェアの全部または一部に関し、本契約に定められている場合を除き、甲の事前の書面による承諾がない限り、以下の各行為をしてはならない。
　⑴　本目的以外の目的のために複製または改変・翻案すること
　⑵　本目的達成に必要な限度を超えて複製または改変・翻案すること

(3)　リバースエンジニアリング、逆コンパイル、逆アセンブルその他の手段により、解析・分析し、その構造を探知すること、またはそのソースコードを得ようとすること

(4)　ネットワークサーバにインストールすること

(5)　指定機器以外の機器・端末、デバイスなどに組み込むこと

(6)　再利用モデル（本プログラムに含まれる学習済みモデルに異なる学習用データセットを入力することによって生成される新たな学習済みモデル）、蒸留モデル（本プログラムに含まれる学習済みモデルに入力データを入力し、出力結果を得て、その入力データと出力結果を新たな学習用データセットとして、その学習済みモデルに入力することによって生成された新たな学習済みモデル）を生成すること

(7)　前各号の行為を第三者に行わせること

(8)　その他本契約で明示的に許諾された範囲を超えて本ソフトウェアを利用または使用すること

(1)　リバースエンジニアリング禁止

　学習済みモデルをライセンシーが管理する端末にインストールする場合、学習済みモデルをリバースエンジニアリングすることで、学習済みモデルに関する貴重なノウハウなどを第三者に知られてしまう可能性がある。

　そこで、①契約面からは、本条3号で「リバースエンジニアリング、逆コンパイル、逆アセンブルその他の手段により、解析・分析し、その構造を探知すること、またはそのソースコードを得ようとすること」を禁止行為として規定し、リバースエンジニアリングなどを禁止している。また、②技術面からは、学習済みモデル部分をブラックボックス化するなどして学習済みモデルの解析を物理的にできないようにする工夫が重要である。

　なお、著作権侵害訴訟において、著作権侵害を立証するためには、ⓐ依拠性、ⓑ同一または類似であることという要件を充足しなければならないが、対象となるソフトウェアの一部に性能とはまったく無関係のバグや無意味なコードを意図的に入れておくと、当該ソフトウェアのコピーがされたときにⓐⓑの要件の立証が容易になるので、そのような工夫をしておくことも検討に値することがある。

(2)　リバースエンジニアリング禁止規定の有効性

　著作権法30条の4柱書では、「著作物は、次に掲げる場合その他の当該著

作物に表現された思想又は感情を自ら享受し又は他人に享受させることを目的としない場合には、その必要と認められる限度において、いずれの方法によるかを問わず、利用することができる。ただし、当該著作物の種類及び用途並びに当該利用の態様に照らし著作権者の利益を不当に害することとなる場合は、この限りではない。」と規定しており、同条項2号において「情報解析……の用に供する場合」と規定されている。この規定に基づき、リバースエンジニアリング行為に伴う複製・翻案その他の著作物の利用行為が適法になると解される。

　ここで、著作権法上は、適法に行うことができるリバースエンジニアリング行為を契約で禁止することができるのか否かが問題となる。

　しかしながら、この問題は前提を正確に理解する必要がある。リバースエンジニアリングが問題になるケースは、①対象となるプログラムを逆アッセンブルしてソースコードに変換して、そのソースコードから対象となるプログラムと同一または類似する機能を有するプログラムを開発するケース、②コンピュータウイルス対策のためにプログラムを解析するケースなどが挙げられる。

　②のケースであれば、著作権法30条の4第2号の要件を充たすので、リバースエンジニアリングに伴う著作物の利用は著作権侵害行為にならない。

　他方、①のケースであれば、著作権法30条の4柱書の「次に掲げる場合その他の当該著作物に表現された思想又は感情を自ら享受し又は他人に享受させることを目的としない場合」にあたらない、あるいは同条但書の「当該著作物の種類及び用途並びに当該利用の態様に照らし著作権者の利益を不当に害することとなる場合」にあたるといえ、リバースエンジニアリングに伴う著作物の利用は著作権侵害行為になりうる。

　つまり、リバースエンジニアリングといっても、著作権法30条の4第2号に該当するものと、該当しないものがある。

　著作権法30条の4第2号に該当するリバースエンジニアリングは、著作権侵害にならないため、契約でリバースエンジニアリングを禁止すれば、著作権法上適法な行為を契約で禁止していることになるため、著作権法30条の4の規定が強行規定にあたるか、任意規定にあたるかで、その契約条項の有効性が変わりうる。ただ、著作権法30条の4の規定が強行規定か、任意規定かは意見の一致をみていない[2]。

　他方、著作権法30条の4第2号に該当しないリバースエンジニアリングは、

同条の適用がなく、そのようなリバースエンジニアリングに伴う著作物の利用は著作権侵害になりうるため、そもそも適法な著作物の利用行為を契約で禁止するという場面ではなく、そのようなリバースエンジニアリングを禁止する契約条項は有効である。

　以上のことからすると、ライセンスの対象となるプログラムについてリバースエンジニアリングを禁止する条項が、著作権法30条の4第2号に該当しないリバースエンジニアリング、例えば、ライセンスの対象となるプログラムを逆アッセンブルしてソースコードに変換して、そのソースコードからそのプログラムと同一または類似する機能を有するプログラムを開発することを目的とするリバースエンジニアリングを禁止する条項であると解釈される場合（通常はこのように解釈される場合が多いと考える）、当該条項は有効であると解される。

　なお、この論点は、「オーバーライド問題」として解説されていることがあるが、上記のとおり、著作権法30条の4第2号に該当しないリバースエンジニアリングであれば、適法なリバースエンジニアリングを契約で禁止するという「オーバーライド」の問題は生じない。

図表 4-5：著作権法とオーバーライド問題

ライセンスの対象となるプログラムを逆アッセンブルしてソースコードに変換して、そのソースコードからそのプログラムと同一または類似する機能を有するプログラムを開発することを目的とする	著作権法30条の4第2号の適用なし	リバースエンジニアリングに伴って著作物を利用していれば、著作権侵害になりうる。	リバースエンジニアリングを禁止する契約条項は、有効。

2)　著作権法で保護されている著作物であっても、同法の規定により著作権が制限されている部分（著作権法第30条から第49条まで）が存在する。この部分は著作権法によって著作権者の許諾なく著作物を利用することが認められているものであるが、基本的には任意規定であり、契約で利用を制限することが可能であるとの解釈がある。しかしながら、上記規定について著作物の利用を制限するような契約の条項は無効であるとの解釈も存在している（経済産業省「電子商取引及び情報財取引等に関する準則」（令和4年4月）255頁）。

リバースエンジニアリング			
コンピュータウイルス対策のためにプログラムを解析することを目的とするリバースエンジニアリング	著作権法30条の4第2号の適用あり	リバースエンジニアリングに伴って著作物を利用していても、著作権侵害にならない。	リバースエンジニアリングを禁止する契約条項は、著作権法30条の4の規定が任意規定であれば有効、強行法規であれば無効。

(3)　学習済みモデルの再利用

　「再利用モデル」とは、新たな学習用データセットを既存の学習済みモデルに追加学習させることによって、新たに生成された学習済みパラメータが組み込まれた推論プログラムを意味する。

　次に、「蒸留」とは、既存の学習済みモデルへの入力および出力結果を、新たな学習済みモデルの学習用データセットとして利用して、新たな学習済みパラメータを生成することを意味する。そして、「蒸留モデル」とは、蒸留により新たに生成された学習済みパラメータが組み込まれた推論プログラムを意味する。

　開発された学習済みモデルについて、ユーザが再利用モデル、蒸留モデルを生成することが理論上は可能であるが、再利用前の学習済みモデルと再利用モデル・蒸留モデルとの法的な意味での同一性は必ずしも明らかではない。そのため、ライセンシーによって再利用モデル・蒸留モデルの生成を禁止したい場合、その旨を明確に契約書に定めておくべきである。

　その点をふまえて本条6号を規定している。

3　エスクロウ

第17条（エスクロウ）
　本契約の締結から〇日以内に、甲および乙ならびに一般財団法人ソフトウェア情報センター（以下「SOFTIC」という。）の三者間において、SOFTICが定める契約書式に基づき、SOFTICをエスクロウ・エージェントとするソフト

> ウェア・エスクロウ契約を締結するものとする。

　ソフトウェア・ライセンス契約では、通常、ユーザにはオブジェクトコードのみが提供・開示され、ソースコードが開示されることはほとんどない。そのため、ライセンサーが倒産したとき、ユーザは自らまた他のベンダに依頼してソフトウェアのメンテナンスなどを行わなければならないが、ソースコードを有していない状況でユーザあるいはその依頼を受けたベンダがメンテナンスを行うことは非常に困難である。

　ソフトウェア・エスクロウは、このような事態に備えて、ソフトウェア・ライセンス契約を締結するにあたり、ソースコードやその他ドキュメントを第三者に預け、ライセンサーが倒産などしたときに、当該第三者からユーザに当該ソフトウェアのソースコードなどを開示する制度である。

　日本におけるエスクロウ・エージェントとしては、一般財団法人ソフトウェア情報センター（SOFTIC）がある。

　ソフトウェア・エスクロウ契約を締結するためには、以下の手続が必要になる。

---

① 　ソフトウェア提供者とユーザー間で、エスクロウ利用の合意（ライセンス契約書中にその旨明記されることが望ましい）
② 　ソフトウェア・エスクロウ契約の申込みを受けて、SOFTIC から契約書式など必要な書類を交付
③ 　「新規契約手数料」を SOFTIC 所定の口座に振り込む
④ 　手数料の振込確認後、契約日、預託物受入日を設定
⑤ 　ライセンサー・ライセンシーによる預託物（FD、CD-ROM、CD-R、ドキュメント類など）の封印
⑥ 　ソフトウェア・エスクロウ契約の締結および預託物の引渡し

第 5 章

クラウドサービス利用契約

Ⅰ　想定するケース

　第 4 次産業革命による IoT・AI 技術の台頭やビジネス環境の変化により、熟練の従業員の職人的勘やノウハウといった自社の暗黙知を、形式知に転換しやすくなった。その結果、従前、ハードウェアの製造技術に強みをみいだしてきた企業が、クラウドサービス事業を新規展開しようという動きは少なくない。

　本章では、製造業の企業が、自社開発したアプリケーションを他社が提供するアプリケーションと組み合わせて、多数の事業者に対し、画一的なクラウドサービスを提供する場面を想定し、その利用規約作成に関する基礎的な知識を提供する。

Ⅱ　利用規約作成の留意点

1　「クラウドサービス」とは

　「クラウドサービス（Cloud Service）」とは、一般的に、外部の計算機（サーバ）上で稼働するソフトウェアやデータを、ネットワークを経由して、利用者の端末上で利用させるサービスを意味する。

> **コラム：なぜ「クラウドサービス」なのか**
> 　クラウドサービスが普及する以前は、ある事業者が提供するソフトウェアを使用する場合、その利用者が、ソフトウェアが記録された記録媒体（たとえば CD や DVD、USB メモリなど）を購入し、それを自らが構築・管理したハードウェア環境にインストールすることで、そのソフトウェアを使用すること（いわゆる「オンプレミス（On-premise）」環境）が一般的であった。
> 　しかし、計算機性能やネットワーク速度の向上、仮想化技術の発展などにより、ネットワークを介して、外部サーバにおける多量の計算処理の実行が可能になり、クラウドサービスへの移行が行われるようになった。
> 　クラウドサービスを利用する場合、ユーザは、ソフトウェアやハードウェアなどを自ら準備せずとも、ネットワーク接続可能な最低限の設備さえあれば、従前と同様以上のビジネス環境をより安価に構築可能になる。また、情報の共有・集約が促進されるとの効果もある。他方、クラウド事業者としても、サー

ビス提供環境を自らの管理下に集約でき、効率的なサービス提供・保守・運用などが可能になる。このような各種の利点から、クラウドサービスは、急速に普及している。

　以下、本章では、クラウドサービスを提供する事業者を、「クラウド事業者」といい、クラウドサービスの契約者を「ユーザ」という。また、ユーザが法人などの場合には、サービス利用をする個人（従業員など）が想定されるが、これらを「エンドユーザ」といい、ユーザとあわせて「利用者」という。

　クラウドサービスには、大きく分けて、次の3種類がある[1]。また、任意の組織で利用可能なクラウドサービスを「パブリック・クラウド」と呼び、サービス提供元の組織でのみ利用可能なクラウドサービスを「プライベート・クラウド」と呼ぶことがある。

図表 5-1：クラウドサービスの種類

SaaS（Software as a Service）	ユーザに、特定の業務系のアプリケーション、コミュニケーションなどの機能がサービスとして提供されるもの
IaaS（Infrastructure as a Service）	ユーザに、CPU 機能、ストレージ、ネットワークその他の基礎的な情報システムの構築にかかるリソースが提供されるもの
PaaS（Platform as a Service）	IaaS のサービスに加えて、OS、基本的機能、開発環境や運用管理環境などもサービスとして提供されるもの

　本章では、主として、SaaS を想定しているが、その記述の大部分は、IaaSや PaaS にも同様に妥当する。

---

1)　各府省情報化統括責任者（CIO）連絡会議決定「政府情報システムにおけるクラウドサービスの利用に係る基本方針」（2018 年 6 月 7 日、2021 年 3 月 30 日改訂）2 頁～3 頁。

コラム：パートナー契約とその法的性質

　実務では、クラウド事業者が、クラウドサービスを、第三者（パートナー）を介して拡販する場合が少なくない。このような場合、パートナーは、ユーザから受領するクラウドサービスの利用料金から、自己の取り分を差し引いた上で、クラウド事業者に対し、残額を納付することが一般的であり、このような取組みに関する契約は、「パートナー契約」などと呼ばれることがある。

　パートナー契約の法的性質は必ずしも十分な議論がされていないが、ベンダが、パートナーに対し、自社が展開するクラウドサービスの営業、仲介および収納代行などを業務委託する準委任型の契約と捉えるのが素直だろう。しかし、実務では、業界慣行や既存の販促ルート上の制約などから、パートナー契約を、その実態と乖離した「サブスクリプション」の売買契約として構成せざるをえない場合が少なくない。

　この場合、一般的には、販売店契約・代理店契約の区分が論じられるが、その前提として、そもそも、サブスクリプションとは何かの検討が重要だろう。特に、クラウド事業者からパートナーに対するサブスクリプションの売買を 1 回と構成しつつも、パートナーがユーザより、定期的に（たとえば各月）、サービス利用料を受領し、これをクラウド事業者に対し納める場合、整合性が問題になりうる。

　法的には種々の構成がありうるが、一案としては、（一般にいわれるような）クラウドサービスの提供を受ける権利ではなく、「クラウド事業者と一定期間契約できる地位」とすることが考えられる。具体的には、たとえば、1 ライセンスが月額 1,000 円のクラウドサービスを、パートナーが 1 ライセンスにつき月額 200 円の報酬により販売する場合を想定する（利用期間は 1 年単位とする）。ユーザからパートナーに対しサービス利用申し込みがあった場合、①クラウド事業者からパートナーに対し、1 年分のサブスクリプションが 9,600 円で販売され、②パートナーがクラウド事業者に対し、ユーザから各月に支払いを受ける利用料金の一部を、分割払いする、と構成するのである。仮に、ユーザがサービス利用期間を 1 年間延長するのであれば、その時点で、クラウド事業者からパートナーに対し、サブスクリプションが自動的に販売されるとの建付けをとれば対応できる（もっとも、この場合には、厳密には契約期間の延長ではなく、更新とするべきだろう）。なお、この構成の下では、クラウド事業者とユーザとの関係においては、サービス提供料を実質的には無償とする、あるいは弁済済みとする対応が必要になり、クラウドサービスの利用規約の記載もこのような構成を反映して修正する必要が生じうることは留意が必要だろう。

2　クラウドサービスを展開するうえでの重要な視点

　データ関連のクラウドサービスの提供を検討するうえでは、少なくとも、次の各視点をもつことが有益と思われる。

図表5-2：クラウドサービスの提供検討のための重要な視点

①　ビジネス目的の特定	提供を予定しているサービスの付加価値は何か、その付加価値を実現したと評価できるための達成目標（KPI）は何か
②　必要なデータの特定	ビジネス目的を実現するために必要なデータは何か（あるいは不要なデータは何か）
③　データ収集体制の構築	必要なデータを適切（法令遵守を含む）に収集可能な体制を構築できるか
④　データ利用体制の構築	収集データを適切（法令遵守を含む）に利用可能な体制を構築できるか
⑤　データ管理体制の構築	収集データを適切（法令遵守を含む）に維持管理できる体制を構築できるか

　利用規約の作成のためには、①から⑤のすべてが、その作成前に定まっていることが理想的だが、現実には、①および②が大まかに定まった後は、サービスインの時期などの社内外の事情との兼合いから利用規約の作成と並行して、③から⑤を考える、との状況で検討を進めざるをえないこともある。このような場合には、事業部門の要望を形式的に利用規約に落とし込むだけでは不十分であり、③から⑤について、法的なリスクに加えて、実施コストや事業上の制約などを総合的に勘案したうえでデータの利用に関する適切なスキームを構築するクリエイティブな作業が求められる。

　なお、クラウドサービスについては、予算やシステム上の制約から、法的に望ましい対応がとれない場合も少なくなく、法律・知財・事業・開発・営業等の各部門間の密接なコミュニケーションが必要不可欠である。

3　クラウドサービス利用契約

(1)　法的性質

　クラウドサービスの提供および利用に関する契約（以下「クラウドサービス利用契約」という。）は、クラウド事業者が、ユーザに対し、所定のサービスをネットワーク接続されたサーバを介して提供する契約類型である。法的には、業務委託契約（準委任型の契約）としての要素を多分に含むが、ユーザが、クラウド事業者よりソフトウェアの提供を受ける場合には、その使用または利用に関する部分はライセンス契約としての性質を有する。そのサービス内容によっては、典型契約への分類が難しい場合もあるだろう。

　クラウドサービス契約を業務委託契約と整理する場合、①サービス内容と②対価が本質的な記載事項となる。また、画一的かつ廉価なサービスの提供のためには、クラウド事業者の責任範囲の限定が前提条件になるため、③保証・免責・責任制限の定めも特に重要である。加えて、データビジネスとの関連では、④データの取扱いは勿論重要である。

(2)　締結形式

　クラウドサービス利用契約は、①クラウド事業者が、契約締結を希望する者に対し、あらかじめ利用規約を開示したうえで、②希望者が、クラウド事業者に対し、その規約を内容とする申込みをし、③クラウド事業者が、希望者に対し、その申込みを承諾する、との過程で締結されることが多い。

　利用規約を用いるのは、クラウドサービスが典型的には、多数のユーザに対し画一的かつ廉価なサービスを提供することで収益を上げるビジネスモデルであることに起因する。このビジネスモデルのもとでは、クラウド事業者がユーザと個別に交渉したうえで、契約を締結するとすれば、契約コストが増加し、ひいてはビジネスそのものが成り立たない可能性があるからである。

　このようなクラウドサービスの利用規約は、一般的に「定型約款」に該当するため、民法548条の2以下の適用を受ける。その概要は、次のとおりであるが、下記Ⅲの各項目でより具体的に解説する。ただし、表示義務については、上記の過程を前提とすれば、当然に充足するため、解説を割愛する。

図表 5-3：定型約款規制の概要

組入要件	定型約款について、契約の内容とする合意があるとき、または、あらかじめ契約の内容とする旨を表示したときには、定型取引の合意により、契約成立のみなし合意が成立。	民法548条の2第1項
不当条項規制	契約者の権利を制限し、その義務を加重する条項のうち、取引態様、実情ならびに社会通念に照らし、信義則に反し、その利益を一方的に害するものは、みなし合意の対象外。	民法548条の2第2項
表示義務	定型取引の合意前または合意後相当の期間内に、相手方の請求があったとき、書面などを交付していた場合を除き、事業者に定型約款の表示義務が課せられる。表示義務を怠った場合、原則、みなし合意規定は不適用。	民法548条の3
変更	契約者に不利益な変更について、契約目的、変更の必要性、内容の相当性、定型約款の変更の定めの有無、その他事情を踏まえた合理性が必要。また、定型約款の変更について、表示義務あり。	民法584条の4

コラム：「定型約款」とは

　「定型約款」とは、「定型取引において、契約の内容とすることを目的としてその特定の者により準備された条項の総体[2]」である（民法548条の2）。すなわち、民法は、「定型取引」の概念を用い「定型約款」を定義している。

　ここで、「定型取引」とは、①「ある特定の者が不特定多数の者を相手方として行う取引」であって、②「その内容の全部又は一部が画一的であることがその双方にとって合理的なもの」である（民法548条の2）。

　①については、相手方の個性に着目した契約（労働契約など）は不特定多数の者を相手方とせず、定型約款に該当しない。

　②については、契約内容が当事者間の交渉力の差による結果画一的である契約は、一方当事者にのみ合理的であるから、「定型取引」を取り扱うものではなく、「定型約款」に該当しない。そのため、契約ひな形は「定型約款」に該当し

2）特定の者が準備した条項が、必ずしも契約の内容になるとは限らない場合、たとえば、契約交渉を予定する契約条項などは、最終的に、その文言に変更が加えられなくとも、「定型約款」に該当しないと考えられている。

ない。
　実務上、利用料金など、サービスの詳細を別紙または別のウェブサイトに掲載するなどの対応をとることもあるが、これらも定型約款の一部を構成する。そのため、その変更などについて、民法の遵守が必要である。
　なお、書き方によるが、プライバシーポリシーは、当事者間の私法上の法律関係である契約関係を規律するものではないため、定型約款規制の対象にならない場合が少なくない。

Ⅲ　各条項の解説

1　前文

　本規約は、○○（以下「当社」といいます。）が、本サービス（第2条で定義します。）を提供するに際して、その契約者（以下「ユーザ」といいます。）との間の契約関係（以下「本契約」といいます。）を定めます。
　当社とユーザとの間において、本規約は、本契約の内容になります。
　本サービスの提供は、ユーザが、本規約の全文を確認し、かつ、本契約の締結手続（第3条に規定します。）を含むそのすべての適用に同意したことを前提条件とします。このような同意がない限り、ユーザは、本サービスを利用してはなりません。本サービスを利用したとき、ユーザは本規約の全文を確認し、かつ、そのすべての適用に同意したとみなします。

　一般的に、約款による契約の成立には、当事者が約款の個別の条項の内容を事前に認識・把握したうえでその成立に合意する必要がある。しかし、「定型約款」の場合、その内容の事前表示は契約成立の要素とされていない[3]。定型取引の実行に合意があるときであって、かつ、次のいずれかに該当するときには、契約相手方が、個別の条項の具体的な内容を認識・把握していなくとも、合意が擬制されている[4]（民法548条の2。みなし合意）。

3）　契約内容の表示は別個の義務として構成されている（民法548条の3）。
4）　一般の約款を用いた契約の成立については、個別の条項についての合意がなくとも、約款を総体として組み入れる旨の合意があれば足りるとする説と、個別の条項についての合意を必要とする説があり、民法は後者を採用したと考えられている。

> ①　定型約款を契約の内容とする旨の合意をしたとき（積極同意型）[5]
> ②　定型約款準備者があらかじめその定型約款を契約の内容とする旨を相手方に表示していたとき（消極同意型）[6]

　もっとも、クラウドサービスにおいて、利用規約を用いる際には、その内容のすべてをあらかじめ契約締結を希望する者に提示したうえで、たとえば、

> 本規約の全文を確認し、そのすべての適用に同意しました。本規約に同意しない限り、本サービスを利用できず、その利用は本規約への同意とみなされることを理解し、同意しました。

などの表示をし、ボタンのクリックを促すことにより、個別の条項の内容について同意を取得することが多い。この場合、民法の「みなし合意」によるまでもなく、契約が成立するだろう。
　本条項例もこのような個別合意の取得を前提にするものの、契約成立への疑義を可能な限り避けるべく、「当社とユーザとの間において、本規約は、本契約の内容になります。」との定めを置くことで、民法548条の2のみなし合意の適用を受ける余地を残している[7]。

5）　積極同意型の「合意」については、「当社が作成する約款が適用される」旨の合意で足りると解されている。民法のもとでは、定型約款の内容が事前に表示されていなくとも契約が成立し、その内容表示は定型約款の表示義務として整理されているため、抽象的に約款の存在とその利用を把握しておけば契約成立のための意思表示として十分であるためである。

6）　消極同意型の「表示」については、事業者から「定型約款を契約の内容とする旨」が個別に表示されていると評価可能である必要があり、特別法による定めがあるときを除いて、一般には「公表」では足りない。そのため、自社ウェブサイトへの利用規約の掲載だけでは足りず、契約締結画面までの間に画面上で認識可能な状況に置く必要がある。

7）上記のとおり「みなし合意」には積極同意型と消極同意型があるが、本条項例本前文を採用するのであれば、いずれにも該当すると思われる。

2　本規約の変更

第5条（本規約の変更）
1　当社は、本契約の目的に反しない範囲で、その裁量により、本規約をいつ
　でも変更できます。ただし、本規約が、民法第548条の2以下の規定の適用
　を受けるとき、その変更は、同法第548条の4の規定を根拠とします。
2　当社は、前項に基づき本規約を変更するとき、ユーザに対し、次の各号の
　事項すべてを周知または通知します。
　(1)　本規約を変更する旨
　(2)　変更後の本規約の内容
　(3)　変更の効力発生日
3　本規約の変更が、本サービス利用者の一般の利益に適合しないとき、当社
　は、前項第3号の効力発生日の到来前までに、ユーザに対し、前項の各号に
　掲げる通知事項を周知または通知します。
4　ユーザは、次の各号のいずれかに該当するとき、変更後の本規約の適用に
　同意したものとみなします。
　(1)　第2項第3号の効力発生日以後に、本サービスを利用したとき
　(2)　当社が、解除期間を定めて、ユーザによる解除を認めた場合に、その期
　　　間内に本契約を解除しなかったとき

(1)　「定型約款」規制の適用

　契約の変更は、その成立と同様に、当事者の合意によることが原則である。
もっとも、定型約款については、民法548条の4の手続に従うことにより、
定型約款準備者（本章の場合クラウド事業者）が一方的に変更でき、利用規約を
用いる実務上のメリットの1つが、まさにここにある。

　ただし、民法548条の4は強行法規であるため、その規律の適用を排して、
クラウド事業者（定型約款準備者）の一方的意思表示により定型約款の内容を
（不利益）変更する旨の当事者の合意は無効である[8]。実務では「当社は、そ
の裁量により、本規約の内容をいつでも変更することができます」との定めに

8）上記民法の規制は、利用者の保護のための規定であることから、当事者の合意による変
　更までが妨げられるものではない。また、後述するとおり、民法は、定型約款の（不利益）
　変更の要件として、合理性を掲げているが、定型約款の内容をふまえた総合判断によりそ
　の有無が検討される。そのため、利用規約において、民法548条の4の手続と異なる変更
　手続を設けたとしても、ただちに無効となるわけではなく、その内容もふまえた合理性が
　判断される。なお、この場合でも、手続的要件の履践はいずれにせよ必要である。

接することもあるが、無効のおそれがあるため、民法548条の4に沿った規律を採用することが肝要である。

⑵　**実体的要件**

　定型約款については、**図表5-4**で示すとおり、有利変更または不利益変更のいずれかに該当する場合、当事者の合意なく、その内容を変更できる（民法548条の4第1項）。もっとも、不利益変更は有利変更と比較してその手続的要件がより厳格であることや、そもそも実務上想定される変更の多くは不利益変更であると思われることに照らせば、一般論としては、不利益変更を前提として対応することになるだろう。そのため、以下、不利益変更を前提に解説する。

図表5-4：「定型約款」の変更

有利変更	変更が、相手方の一般の利益に適合するとき ※　契約者一般に有利な変更として、有料サービスについて、その代金を減額する場合や、そのサービス内容を契約者に負担を課さないかたちで拡充する場合が想定されている。契約者一般を対象にするため、一部の契約者に不利益が生じる場合には、有利変更には該当しない。
不利益変更	変更が、 ①　契約をした目的に反せず、かつ、 ②　変更の必要性、変更後の内容の相当性、民法548条の4の規定により定型約款の変更をすることがある旨の定めの有無およびその内容その他の変更にかかる事情に照らして合理的なものであるとき

　定型約款の不利益変更の要件のうち、①の「契約の目的」は、契約の当事者で合意された客観的な契約の目的を意味し、いずれかの当事者の主観的な意図を意味しない。本条1項では、本契約の目的に反しない限りで変更が許される旨を明示しているが、これは上記①を意識したものである。

　他方、②の約款変更が合理的なものであるかどうかは、次の**図表5-5**の各要素を勘案のうえで判断されるが、事業者の主観的な合理性ではなく、客観的合理性が検討される。

図表 5-5：不利益変更の合理性の判断要素

(i)変更の必要性（必要性）	法令・経済情勢の変更または取引・サービス内容に比して顧客管理・通知のコストなど、個別同意を取得することが困難な事情の有無。
(ii)変更後の内容の相当性（相当性）	変更の必要性と比較して、変更が過剰でないか（補充性までは要求されない）。
(iii)定型約款の変更をする旨の定めの有無およびその内容（定型約款変更の定め）	定型約款変更の可能性を定めるだけでは足りず、具体的に変更の条件や手続が定められているか。
(iv)その他変更にかかる事情（その他事情）	変更によって相手方が受ける不利益の程度や性質、不利益を軽減する措置がとられているか。具体的には、次の要素が変更を肯定する要素として考慮されうる。 ・　変更後の契約内容に拘束されることを望まない相手方に対して契約を解除する権利を付与すること ・　変更の効力が発生するまでに猶予期間を設けること ・　仮に一部の顧客についてのみ特に不利益が生ずるという場合には、その顧客についての不利益が軽減される措置をとること

　このうち、(i)必要性および(ii)相当性は具体的な事実関係によるため、利用規約における前もっての手当ては難しく、(iii)定型約款変更の定めと(iv)その他の事情に関する事項の記載が重要である。

　(iii)定型約款変更の定めについては、本条1項から3項までで、利用規約の変更の可能性があることや、その場合の内容周知などの変更手続について言及している。また、本条1項の「民法548条の2以下の規定の適用を受けるとき、その変更は、同法548条の4の規定を根拠とします」との規定は、不利益変更の合理性の判断要素として「この条の規定により定型約款の変更をすることがある旨の定めの有無」が明示されているため挙げている。同条の手続を実質的に引き写している場合には、ユーザに対して変更手続が明示されている以上、民法548条の4への言及は、屋上屋を架す印象は否めないが、同条に合理性を基礎付ける事実として明示されている以上、特に不都合がない限り、言及しておく方がより安全だろう。

⑷その他の事情との観点からは、本条4項では、利用規約の変更を希望しないユーザに対して、クラウド事業者が解除期間内の契約の解除を認める旨を記載した。この点、利用規約において、解除期間を特定のうえ、同期間内の解除を明示的に認めることも考えられる。その明示は、利用規約変更の合理性をより強く肯定づける要素になる一方、どの程度の解除期間を現実に与えることができるかは、単一の事業者においても、ケースバイケースであり、事前の予測は困難とも思われる。

仮に、実際に変更が必要な期間よりも、解除期間を長くとってしまった場合、解除期間の終期到来前に、新サービスの提供が開始される可能性が生じるが、利用規約の変更に合意しないユーザに対して新サービスの利用を一定期間許すことが適切かは別途問題になるだろう。

そのため、その具体的な変更内容をふまえて、適切な解除期間を付与すれば、変更の合理性は十分に基礎づけられるとの考えから、本条では、事業者の行為指針として定めるにとどめた。

なお、本条4項1号では、変更の効力発生日後に、本サービスを利用した際には、変更に同意したものとみなす旨を確認的に定めている。変更の効力が発生していることを前提にする以上、この定めは、変更の合理性の有無を左右しない可能性が高いと思われる。

⑶　手続的要件

定型約款の変更をするときは、①定型約款を変更する旨、②変更後の定型約款の内容、および、③その効力発生時期をインターネットの利用その他の適切な方法により周知しなければならない（民法548の4第2項）。

不利益変更の場合、効力発生時期の到来までに「周知」しなければ、定型約款変更は効力を生じない（民法548の4第3項）。

「周知」とされているのは、その内容を了解可能にすれば足り、個別の「通知」までは必要がないためである。

もっとも、本条2項および3項の手続では、「周知」のみならず「通知」を明記している。実務では、対ユーザとの関係で、情報開示の際に、個別に通知を行うことがより簡便な場合があり、その旨を明記しておく意味合いがあるためである。なお、本条項例の「通知」は、第36条（通知）によるため、「周知」と「通知」の範囲に重複が生じうるが、たとえば、「通知」の意味内容が

狭く変更される可能性もあるため、念のため、両方を併記している。

3　サービスの提供

> 第6条（本サービスの提供）
> 1　本サービスの詳細は、当社ウェブサイト（https://○○○）記載のとおりとします。
> 2　当社は、ユーザに対し、本規約および適用法令を遵守して、本サービスを提供します。
> 3　当社は、ユーザに対し、本サービスを日本国外において、提供する義務を負わないものとし、ユーザは日本国外において、本サービスを使用または利用してはなりません。
> 4　当社は、当社関係者その他の第三者に対し、その裁量により、本サービスの提供およびそれに関連する業務の全部または一部を、委託できるものとします。

　クラウドサービス利用契約の法的性質を準委任契約と整理する場合、その契約の要素としてのサービス内容の明示が重要である（後述するとおり、サービス内容により、クラウド事業者の責任範囲が画される側面もある）。もっとも、データビジネスでは、サービス提供後に得られた各種知見やデータをもとに、そのビジネス内容を日々アップデートしていくことが少なくないため、本条1項では、最新のサービス内容を契約に取り込むべく、別途設けたウェブページを参照することにしている。

　本条2項は、クラウド事業者が本規約および適用法令を遵守してサービス提供するとの当然の原則を確認的に規定したものである。

　本条3項は、サービス提供範囲を日本国内に限定するものである。ただし、オンラインを介して提供されるサービスについては、たとえば、IPアドレスによるアクセス制限を課すなどしない限り、世界各国から利用可能な場合は少なくないだろう。このような利用を事実上許容するかは、ケースバイケースの判断になるが、常態化するならば、むしろ、サービス内容の保証（多くの場合には国外利用の非保証）として整理するほうが適切な場合もある。

　クラウドサービス利用契約を準委任契約と整理する場合には、原則として、ユーザの許諾がなければ、その業務の一部を再委任できないことから（民法644条の2）、クラウド事業者による再委任が許されることを確認するべく本条4項を設けた。

4　本サービスの保証

第7条（本サービスの保証）
1　当社は、本サービス、本サービスに付随するサービスまたはこれに関連する事項について、明示または黙示の別を問わず、他者の権利利益の非侵害を含む一切の保証をしません。
2　前項の規定にかかわらず、当社は、ユーザに対し、当社ウェブサイト（http:// ○○○）に記載の条件で本サービスが動作することを保証します。

　クラウドサービスは、画一的なサービスを多数のユーザに対し提供することで利益を上げるビジネスモデルである。

　それがゆえに、そのサービスの現状有姿による提供を前提に対価設定がされていることが多く、したがって、利用規約ではクラウド事業者がクラウドサービスの提供について結果債務を負わないこと、また、手段債務の履行水準としても、特定の基準達成を担保しないことを示すことが重要になる。

　そこで、本条のように、原則として、目的適合性や、そのサービス品質などを含む一切の事項について保証しないことは一般的である。ただし、サービスの内容はともかく、サービスが提供されること自体も不確実であれば、ユーザは安心してサービス利用ができず、ひいては、契約を躊躇することが考えられる。そのため、SLA（Service Level Agreement）により、一定の保証をすることも実務では少なくない。

5　連携サービスの利用

第14条（連携サービスの利用）
1　ユーザは、本サービスの利用に関連して、第三者が提供する下記のサービス（以下「連携サービス」といいます。）を利用する際に、本規約に加えて、そのサービス提供者の利用規約その他契約条項を遵守します。

サービス名	サービス提供者	提供サービス

2　連携サービスの提供者の利用規約その他契約条項と本規約の規定との間に
　　抵触または矛盾があるとき、当社とユーザとの間では、本規約の内容が優先
　　します。

　実務では、クラウド事業者が、①その提供するサービスの一部に他社のサービスを組み込んで利用することや、②ユーザが選択する場合に自社サービスを他社サービスと連携して提供することがある。

　このうち、②の場合、あくまでもユーザがその選択により他社サービスを利用しているのだから、その利用に関する責任は原則としてユーザが負うべきである。もっとも、ユーザによる他社サービスの利用規約違反が生じると、事実上、クラウド事業者がトラブルに巻き込まれるおそれがある。

　そこで、本条では、ユーザが、他社サービスの利用規約にしたがうことをあらかじめ求める一方、クラウド事業者との関係では、本サービスの利用規約が優先して適用されることを明示することで、両規約の相違により、クラウド事業者が不測の損害を被る事態の回避を試みている。

コラム：クラウド事業者による他社サービスの利用

　本文で述べたとおり、②ユーザの選択による場合には、ユーザの自己責任と整理することで多くの場合には問題がないと考えられる。もっとも、実務上悩ましいのは、①の場合である。他社とクラウド事業者との間の利用規約と、クラウド事業者とユーザとの間の利用規約に齟齬がある場合、クラウド事業者のみが、他社またはユーザに対し、責任を負う事態が生じるおそれがあるためである。

　これを回避するためには、他社との関係では、他社サービスの契約条件の変更を個別に求めるか、それが難しい場合には、自社サービスの利用規約を変更し、他社がクラウド事業者に対して責任を負わない場面では、クラウド事業者がユーザに対し責任を負わないようにするなどの対応が必要になるだろう。

　ただし、後者を選択する場合には、他社サービスの利用規約が変更されるたびに、自社サービスの利用規約の変更の要否を検討することが重要になり、そのような運用が可能なのかは、別途問題になりうる。実務では、クラウド事業者と他社との力関係から後者を選択せざるをえないことも少なくないが、他社の規約変更の際に適切な対応がとれるように体制をととのえておくことが重要だろう。

6　禁止行為

第18条（禁止行為）
　ユーザは、本サービスの利用にあたり、自らまたは第三者をして、次の各号のいずれかに該当する、または、そのおそれがある行為をしてはなりません。
　(1)　法令または公序良俗に違反すること
　(2)　当社または第三者について、その権利利益を侵害し、または、損害、不利益もしくは不快感を与えること
　(3)　本サービスまたは本サービスを構成しもしくはこれに付属する有形物および無形物（ユーザ設備を含みます。以下、本サービスならびにこれらの有形物および無形物を「本サービス構成物」といいます。）について、次の各行為をすること
　　①　本サービス構成物を自らの業務目的以外に使用または利用すること
　　②　本サービス構成物を他のサービスまたは製品と組みわせて、自ら使用若しくは利用し、または、第三者に対し提供すること
　　③　本サービス構成物に関する情報、音声、動画および画像などを、当社の許可なく、他社ウェブサイトおよびSNSなどに掲載すること
　　④　本サービス構成物が利用しまたはこれを構成するネットワークまたはシステムなどに過度な負荷をかけること
　　⑤　不正アクセス、クラッキングその他本サービス構成物の提供または使用もしくは利用に支障を与えること
　　⑥　本サービス構成物について、解析、リバースエンジニアリング、逆アセンブル、逆コンパイルその他ソースコードを取得すること
　　⑦　本サービス構成物に不正なデータまたは命令を入力すること
　　⑧　本サービス構成物に関連して不正にデータを取得すること
　　⑨　本サービス構成物を用いた当社の事業活動を妨害すること
　(4)　その他、前各号に準じ、当社が本サービスの提供に関し、不適切と合理的に判断する行為をすること

(1)　位置づけ

　本条は、ユーザがクラウドサービスを利用するうえで遵守すべき各種義務を明記するものである。本条の違反は、サービスの提供停止（11条）、補償（27条）、免責および責任制限（28条）、契約解除（31条）などの各規定の適用原因となる。

　(2)で紹介するモバゲー利用規約事件高裁判決を踏まえると、禁止事項を具体的に列挙することが事業者間契約であっても望ましいだろう。

(2)　モバゲー利用規約事件高裁判決

　消費者契約法との関係ではあるが、利用規約における事業者側の裁量の範囲が問題となった東京高判令和2年11月5日令和2年（ネ）第1093号2358号裁判所HP（以下「モバゲー利用規約事件」という。）は、本章が前提にする事業者間契約との関係でも、実務上重要であるため紹介する。

ア　事案の概要

　モバゲー利用規約事件は、被告Y社が運営するポータルサイトのサービス利用規約（本件規約）が消費者契約法8条1項に規定する消費者契約の条項に該当するとして、同法12条3項に基づき、消費者団体Xが、Y社に対し、当該条項を含む契約の申込みまたは承諾の意思表示の停止等を請求した事案である[9]。

　本件規約には、「他の……会員に不当に迷惑をかけたと当社が合理的に判断した場合」（7条1項c号）又はその他、「会員として不適切であると当社が判断した場合」（7条1項e号）にY社の定める期間サービスの利用を認めないこと又は会員資格の取消ができる旨定められており（7条1項柱書本文）、また、「当社の措置」により「会員に損害が生じても、当社は、一切損害を賠償しません」（7条3項）との定めがあった。そのため、「当社の措置」をとるにあたって、故意過失に基づき誤った判断をした結果、会員に損害を与える事態が生じた場合等を除外することなく、Y社が一切損害を賠償しなくともよいという規定（7条3項）は消費者契約法8条1項1号及び同3号に抵触するのではないかが問題になった。

　この問題について、裁判所は、「他の……会員に不当に迷惑をかけた」（7条1項c号）という要件が、「その文言自体が、客観的な意味内容を抽出し難いものであり、その該当性を肯定する根拠となり得る事情や、それに当たるとされる例が本件規約中に置かれていないこと」と相まって、「合理的な判断」の意味内容は、著しく明確性を欠く旨判示し、また、e号についても、c号と同

9）なお、本件では、被告の責めに帰すべき事由がある場合の債務不履行又は不法行為により消費者に生じた損害を、1万円を上限として賠償する旨を規定した条項の法8条1項および同3号の該当性が問題になったが、全部免責ではないことを理由にXの主張は退けられた。裁判所は実質的な判断をしていないところではあり、かつ、具体的な事案によるものの、一部免責との関係では、一般論として、1万円の上限設定それ自体が許容される余地はあるだろう。

じ「合理的に判断した場合」との文言が用いられていることから「ｃ号の解釈について認められる上記の不明確性を承継する」と述べたうえで、次のとおり、上記免責規定（7条3項）が消費者契約法8条1項1号および同3号の各前段に該当する旨判断し、法12条3項に基づく差止めを認容した。

　……本件規約7条1項ｃ号又はｅ号……の文言から読み取ることができる意味内容は、著しく明確性を欠き、複数の解釈の可能性が認められ、被告は上記の「判断」を行うに当たって極めて広い裁量を有し、客観性を十分に伴う判断でなくても許されると解釈する余地がある……。

　そして、本件規約7条3項は、単に「当社の措置により」という文言を使用しており、それ以上の限定が付されていないことからすると、同条1項ｃ号又はｅ号該当性につき、その「判断」が十分に客観性を伴っていないものでも許されるという上記の解釈を前提に、損害賠償責任の全部の免除を認めるものであると解釈する余地があるのであって、「合理的な根拠に基づく合理的な判断」を前提とするものと一義的に解釈することは困難である。

　そうすると、本件規約7条3項は、同条1項ｃ号又はｅ号との関係において、その文言から読み取ることができる意味内容が、著しく明確性を欠き、契約の履行などの場面においては複数の解釈の可能性が認められると言わざるを得ない。

　なお、裁判所は、被告Ｙ社が、①本件規約7条1項ｃ号又はｅ号の「判断」を「合理的な根拠に基づく合理的な判断」と修正することや、本件規約7条3項に「当社の責めに帰すべき事由による場合を除き」との文言を付することを拒絶していることや、②会員から、全国消費生活情報ネットワークシステムに対し、Ｙ社が利用停止措置の理由を説明せず、かつ、利用料金2万円の返金を拒んでいるとの相談が複数寄せられていることに言及のうえ、「被告は、上記のような文言の修正をせずにその不明確さを残しつつ、当該条項を自己に有利な解釈に依拠して運用しているとの疑いを払拭できない」とも述べた。

イ　利用規約作成への実務上の影響

　モバゲー利用規約事件高裁判決では直接的には、免責条項の有効性が問題になったものの、その実質的な争点は「不当に迷惑をかけたと当社が合理的に判断した場合」（7条1項ｃ号）または「会員として不適切であると当社が判断し

た場合」（7条1項e号）などの、被告Y社に裁量を与える条項の明確性、より具体的には、恣意的な運用可能性の有無だろう[10]。同判決は、直接的には消費者契約法における契約解釈に関するものではあるが、不意打ち条項の規制もその内容に含む不当条項規制（民法548条の2第2項）の適用においても、同様の判断がされる可能性はあると思われる。また、クラウド事業者による恣意的な運用の可能性（ひいてはこれに伴う免責）を認める規定を設けることは、利用者によるサービス利用を躊躇させるおそれもある。

　同判決で、7条1項c号ひいてはe号の問題点として「その文言自体が、客観的な意味内容を抽出し難いものであり、その該当性を肯定する根拠となり得る事情や、それに当たるとされる例が本件規約中に置かれていないこと」が挙げられていたことを踏まえると、いかなる場合に該当性が認められるかを具体的に例示することやあるいは解釈指針を開示する等の対応が望ましい[11]。

　また、同判決では、「合理的な根拠に基づく合理的な判断」により該当性を判断することを被告Y社が拒否していた事実を「自己に有利な解釈に依拠して運用」するおそれの認定根拠としている。このような事後的な行為態様を契約（特に事業者間契約）の明確性ひいてはその有効性の検討に際してどの程度現実に考慮するかとの問題はあるが、たとえば、クラウド事業者の判断が「合理的な根拠」に基づくことを宣言することは、その恣意的な運用可能性を否定する一要素になるだろう（ただし、実運用がより重要であるとは思われる）。

7　ユーザデータの保証

第20条（ユーザデータの保証）
　ユーザは、当社に対し、次の各号の事実が正確かつ真実であることを表明し、保証します。
　(1)　ユーザおよびエンドユーザが、本サービスで、ユーザデータを利用し、かつ、当社に対し開示（送信・公衆送信その他発信を含みます。）する正当な権限を有すること
　(2)　ユーザおよびエンドユーザによるユーザデータの利用が、第三者の権利お

10）同判決は、いわゆるバスケット条項の有効性それ自体や事業者の裁量そのものを否定したものではないと解される。松尾博憲「改正民法（定型約款）の視点から」NBL1184号（2020）24頁、26頁。
11）大坪くるみ「事業者の法務の視点から」NBL1184号（2020）37頁、38頁。

> 　　　よび利益を侵害しないこと
> ⑶　ユーザおよびエンドユーザがユーザデータについて、第21条（ユーザ
> 　　データの利用）第3項のライセンスを付与する正当な権限を有しているこ
> 　　と

　一般的に、クラウド事業者が、ユーザがサービス利用のために用いるデータの内容を、事前に仔細に把握する機会は限定されている。

　しかし、仮に、ユーザ（あるいは個々のエンドユーザ）が用いるデータが、他者の知的財産権やその他法律上保護された利益を侵害して、あるいは法令に反して生成されている場合や、そのさらなる利用が他社の法的権利または利益を侵害する場合には、クラウド事業者が、クラウドサービスの提供により、そのような違法行為を容易にしたとして、法的責任を追及されるおそれがある[12]。また、法的責任を負わないとしても、適法性に疑義があるデータの利用を容易にしていたとの事実自体が、サービスに対するレピュテーションリスクにつながるだろう。

　そこで、本条項例では、ユーザに対し、本条1号で、データの利用および開示について、正当な権限を有することを、また、本条2号でその利用および開示が第三者の権利および利益を侵害しないことを、それぞれ表明保証させている。

　なお、表明保証条項は、わが国の法体系上、元来存在せず、コモンロー法域におけるRepresentation & Warrantiesがわが国において、変容したものと考えられるため、本規律単体では、その違反により、どのような法的効果が生じるかは定かではない。債務不履行として構成すれば、損害賠償責任や解除権などが発生しうるが、表明保証を債務としてとらえることが適切かとの問題もある。そのため、利用規約では、その違反に対する効果を明示することが重要である。本条項例では、①表明保証違反の場合の損害の補償（27条）、②事業者の免責（28条）および③契約の解除（31条）の3つの法的効果の起点としている。

---

[12] 出店者による商標権の侵害がある場合のインターネットショッピングモール運営者の責任が問題になった事案であるが、知財高判平成24・2・14判時2161号86頁。

8　ユーザデータの利用

第21条（ユーザデータの利用）
1　当社は、ユーザによる本規約への同意または本契約の締結により、ユーザが当社に対しユーザデータに関する知的財産権を譲渡するものではないことを確認します。
2　当社は、契約期間中およびその終了後もユーザデータを次の目的で利用できるものとします。
　(1)　本サービスの追加的機能の開発
　(2)　本サービスの機能の品質維持および改良
　(3)　○○○
3　ユーザは、当社に対し、前項の目的に必要な限りで、ユーザデータの使用および複製、改変、開示ならびにその他一切の態様による使用または利用が可能な、世界的、無期限、非独占、無償およびサブライセンス可能ならびに撤回不能のライセンスを付与し、また、当社のこれら使用または利用が禁止されないことを確認します。
4　ユーザが前項のライセンスを付与する正当な権限を有しないとき、ユーザはその権限を権利者より取得します。
5　ユーザは、ユーザデータについて、当社および当社から権利を承継しまたは許諾された者に対し、人格権（著作者人格権を含みます）を行使せず、また、その権利者に人格権を行使させてはなりません。

(1)　データ利用条件設定の意義

　クラウド事業者が、あるサービスの提供に関連して、ユーザから提供されたデータを利用する際には、その利用範囲を利用規約に明記することが重要である。仮に、当初の設定範囲が狭い場合、その範囲を超える利用が困難になるおそれがあるだろう。

　利用条件の設定の際には、個別法による制約を受けるデータ、たとえば、知的財産権による保護を受けるデータのように一般的に利用が禁止されるデータについては、その禁止の解除（ライセンス）がまさに重要である。そのため、ユーザを含む他者が権利者となりうるような知的財産権の対象になりうるデータ、たとえば、画像、音声、動画、テキストなどの形態をとるものについては、利用許諾（ライセンス）を受けておかないと、後のデータ利用に不安要素が残ることになる。理論上は、データに関する権利の譲渡を受けることも可能であるが、ユーザによるサービス利用を忌避させるおそれが高く、一般論としては

採用が難しいだろう。

　他方、そのような法的な制約を受けないデータは、クラウド事業者がこれにアクセスできる限り、自由に利用可能であるから、利用規約において、その利用条件を明示する必要は本来ない。もっとも、データの法的性質に関する一般的なコンセンサスがいまだ形成されていない現状に鑑みれば、将来の紛争を避けるために、確認的な規定を設けることにも実務上の意味はある。

　以上をふまえると、その利用が個別法による制約を受けるデータであるか否かを問わず、契約上は、データの利用可能範囲と利用禁止範囲を明示しておくことが望ましいといえる。

(2)　利用条件の設定

　一般論としては、①クラウドサービスの提供に必要な範囲での利用、②本サービスの提供を離れた利用（いわゆる「横展開」）のそれぞれについて、どの範囲での利用を希望するのかを十分に検討することが重要だろう。

　このうち、①については、クラウド事業者が、一定の品質を保ちながら、クラウドサービスを継続的に提供するためには、各利用者がクラウド事業者に対し開示したデータ（ユーザデータ）を、少なくともそのサービスの改善または保守のために自由に利用しうる地位を確保することが重要であることは、ユーザの理解をえやすいとは思われる。

　他方、②については、本来であれば、横展開の具体的な範囲を特定したうえで、これを利用規約に明記することがユーザの抵抗感を下げるとの観点からは望ましい。しかし、他方において、このような横展開の問題は、クラウド事業者による将来構想が定まっていない段階で生じることが少なくない。このような場面における対応に正解はないが、一案としては、事業開始時は、幅広な利用条件の設定をしつつも、事業展開を進めるのと並行して、データの利用条件を整理し、適切な時期に、その範囲を必要な限度において制限することが考えられるだろう。

　以上をふまえて、本条２項では、データの利用目的を定め、本条３項では、利用目的の範囲内で広範な利用条件の設定をしている（ユーザの受け入れやすさも考慮して「ライセンス」との表現を用いているが、知的財産としての保護を受けるデータと受けないデータの双方を対象にしている）。本条３項の利用条件の設定範囲は広範であるが、本条２項の利用目的による制限を受けるため、事後的

にデータの利用目的が制限されれば、それに連動して、データの利用範囲も制限される建付けとしている。ただし、この建付けのもとでは、利用目的を当初から適切に設定しておく必要がある点には留意されたい[13]。

　また、本条1項は、データに関する知的財産権がその権利者に留保されることを規定することで、ユーザが安心してデータ提供ができることを意図しており、かつ、本条4項および5項では、利用許諾（ライセンス）の実効性を担保している。

9　ユーザデータの管理

第22条（ユーザデータの管理）
1　当社は、ユーザデータを、善良な管理者として、適切に管理します。法令に基づき開示が認められるときまたは本規約で許諾されたときを除き、当社は、第三者に対し、ユーザデータを開示しません。
2　ユーザは、当社環境に保存したユーザデータを、自らの責任でバックアップします。
3　当社は、本サービスの提供停止もしくは終了、または本契約の終了の日から【14】日経過後に、ユーザデータを消去できるものとします。その期間の経過後、当社は、ユーザに対し、ユーザデータをアクセス可能または使用もしくは利用可能にする義務を負いません。
4　当社は、本契約または法令に反するその他当社が不適切であると判断したユーザデータを、ユーザへの事前の通知なく、ただちに消去できるものとします。

　ユーザデータの管理について、本契約の法的性質を準委任型の契約とする場合には、一般論として、クラウド事業者には、主たる債務であるクラウドサービスの提供に付随する債務として、データを善良な管理者としての注意義務に従い、適切に管理する義務が生じうる。もっとも、その具体的な内容は、契約にゆだねられているため、本条項例ではその明確化を図っている。

　具体的には、本条1項は、クラウド事業者に、善良な管理者の義務によるデータの管理義務を課すとともに、第三者への提供を原則として禁止している。

13）個人情報に該当するデータを取り扱う場合には、事実上、本条の利用目的とプライバシーポリシーで定める利用目的のうち、より狭い目的に利用可能範囲が制限されることになるだろう。

一般的に、契約上、情報を取り扱う際には、目的外利用禁止と第三者提供禁止が重要であるが、前者は、20条で規定済みであるため、本条では後者のみを対象にしている。なお、「本規約で許諾されたときを除き」と定めているため、21条2項の利用目的の範囲内では第三者提供も可能であるが、ユーザが難色を示すことも想定されるため、適宜調整が必要である。

本条2項はユーザにバックアップ責任を課すことでクラウド事業者がバックアップ義務を負わないことを間接的に示すものである。

本条3項は、クラウド事業者が、本サービスの提供停止または終了時などの場合にユーザデータの消去権限を有することを明記したものである。もっとも、ユーザデータについては、21条で、一定の場合に利用可能としているため、クラウド事業者に消去義務を負わせていない。なお、個人データが含まれる場合、その必要がなくなった際には消去の努力義務がある（個人情報保護法22条）。

本条4項は、他社の権利または利益を侵害するデータを含む、事実上の紛争リスクを内包するデータを、事業者自らの判断により削除することを可能にするものである。ただし、ユーザのデータを一方的に削除できる権限をクラウド事業者に与えることから、その具体的な範囲は、利用規約（特にユーザの禁止事項を定める条項）で明示することが望ましい。

10　プライバシー情報

第24条（プライバシー情報）
1　申込書またはユーザデータその他利用者から取得する情報に、生存する個人に関する情報（以下「プライバシー情報」といいます。）が含まれるとき、当社プライバシーポリシー（https://○○）が本規約に優先して適用されます。
2　本サービスの利用にあたって、ユーザから提出された申込書およびユーザデータにプライバシー情報が含まれるとき、ユーザは、当社に対し、その旨を明示し、かつ、次の各号の事実のすべてが、正確かつ真実であることを表明し、保証します。
⑴　ユーザがそのプライバシー情報の取得および当社への提供について、個人情報保護法その他適用法令のもと、正当な権限を有していること
⑵　ユーザが個人情報保護法その他適用法令を遵守していること（個人情報の保護に関する法律上必要な本人からの同意の取得を含みます。）

> 3　ユーザは、自らの費用と責任で、個人情報の保護に関する法律その他適用
> 　法令の遵守に必要な手続の一切をとります。

　利用規約の規律対象は、クラウド事業者とユーザとの間の私法上の契約関係であり、その規律内容が、公法上の規制法規である個人情報保護法に適合するか否かは本来独立の問題である。しかし、たとえば、「プライバシーポリシーに従って、個人情報を取り扱う」旨規定する場合など、利用規約の書きぶりによっては、プライバシーポリシーの内容が私法上の義務に取り込まれうる。このような場合、プライバシーポリシーの変更に定型約款規制がおよぶのか否か等の理論上の問題が生じうるため[14]、適用ルールが必要以上に複雑化する事態を避けるべく、これらの混在を防止することが望ましい。他方で、個人情報を含む個人に関する情報（プライバシー情報）を取り扱う場合には、個人情報保護法が、その利用範囲のボトルネックになる以上、プライバシーポリシーで規律するほうが望ましく、かつ、その旨を明示しておく方がユーザからの信頼を得やすいだろう。

　そこで、本条1項は、プライバシー情報の取扱いをプライバシーポリシーにゆだねることを明言している。その内容は**第6章**を参照されたい。

　本条2項および3項は、ユーザの民事上の責任として、個人情報保護法の遵守を求めるものである。ただし、ユーザが、本条に違反した結果、クラウド事業者が、個人情報保護法の違反を問われる事態になっても、本条を根拠に、同法上の責任を免れるわけではない。契約責任は原則として事後的な責任追及を可能にするにすぎず、事実上の監視体制の構築や、事後的な情報提供義務を設けるなどの対応が実務ではより重要になるだろう。

14）理論上は、私法上の義務内容に取り込まれたプライバシーポリシーについては定型約款規制が及ぶ一方、公法上はたとえば利用目的規制がおよぶにとどまることになると整理され、一見すると問題はないようにも思える。しかし、たとえば、プライバシーポリシーの利用目的を変更する際に、個人情報保護法上は当初目的と合理的な関連性がなく変更ができず本人の同意が必要である一方、定型約款規制上は変更の合理性が認められる場合、クラウド事業者は、結果として、（公法上の）本人からの同意をえなければ、私法上の義務内容の範囲を変更することができないことになりかねない。このような事態はクラウド事業者としては避けたいところであり、そのため、私法上の義務と公法上の義務を峻別する要請が生じうる。

コラム：個人データの提供と表明保証条項

　クラウド事業者は、個人データの「提供」を受けてしまうと、個人情報取扱事業者として、各種対応の必要が生じる。そのため、提供サービスが、データのストレージや処理のためのプラットフォームの提供など、クラウド事業者によるデータの積極利用を予定しないのであれば、個人データを受領しないスキームの採用が望ましい。

　この点、**第6章**でも解説するとおり、個人情報保護委員会は、クラウドサービスに関して、個人情報の「提供」の有無は、「保存している電子データに個人データが含まれているかどうかではなく、クラウドサービスを提供する事業者において個人データを取り扱うこととなっているのかどうかが判断の基準」としている（個人情報保護法ガイドライン等Q&A・Q7-53）。そして、「個人データを取り扱わないこととなっている場合」として、①契約条項によって外部事業者がサーバに保存された個人データを取り扱わない旨が定められており、②適切にアクセス制御を行っている場合などが考えられるとしている。

　そのため、個人データの「提供」とみなされないために、ユーザデータに個人情報が含まれないことを表明保証条項の対象に定めることは一案と思われる。

11　免責および責任制限

第28条（免責および責任制限）
1　次の各号のいずれも、当社の債務を構成するものではなく、かつ、次の各号のいずれかに起因または関連して、ユーザ、エンドユーザまたは第三者が被った損害については、当社は、請求原因のいかんにかかわらず、その責任を負いません。
(1)　本契約の終了
(2)　本サービスの提供、提供停止、提供終了または変更
(3)　ユーザデータの消去
(4)　ユーザによる本契約の違反（重大性は問いません）
(5)　免責事由による本サービスの全部または一部の不提供その他当社による本契約上の義務の不履行
(6)　その他本サービスに関連して生じた当社の責めに帰すべからざる事由
2　前項の規定にもかかわらず、当社が、ユーザもしくはエンドユーザまたは第三者に対し、何らかの損害賠償責任を負うとき、その範囲および額は、次の各号のとおりとします。
(1)　損害の範囲は、これらの者自身に現実に生じた直接かつ通常の損害に限

　られます。逸失利益を含む特別損害は、その予見または予見可能性の有無にかかわらず、損害の範囲に含まれません。
　(2)　損害額は、損害発生の原因となる出来事からさかのぼって【6】か月間にユーザが、当社に対し、本サービスの利用に関し現実に支払った金額を上限とします。
　3　前2項は、損害が当社の故意または重過失のみによって生じたときには適用されません。

(1)　責任限定の手法

　利用規約を設ける実務上の意義の1つとして、サービスの利用に際し、利用者その他第三者が被った損害について、その責任範囲を限定することがある。

　その具体的な手法として、①債務の範囲限定、②全部免責、③責任制限（一部免責）の3つが考えられる。

ア　債務の範囲限定

　論理上当然ではあるが、債務がない場合には債務不履行責任は生じない[15]。そのため、当初から債務の範囲を適切に限定すれば、クラウド事業者の債務不履行責任はその債務の範囲に限定される[16]。一般的には、利用規約上は、サービス内容に関する条項や、保証条項で、債務の範囲を限定することになるだろう。

　本条項例でも、6条（本サービスの提供）や7条（本サービスの保証）などで、債務の範囲を規定しているが、さらに、確認的に、本条1項各号の事項がクラウド事業者の債務を構成しないことを明示している。

イ　全部免責

15）理論上は、債務不履行責任が生じない場合であっても、不法行為責任は依然として発生しうる。もっとも、ユーザが被った損害が、クラウド事業者の故意に基づく場合はともかく、過失による場合は、事実上、クラウド事業者が果たすべき行為義務は債務の範囲に限定されることが少なくないだろう。

16）たとえば、消費者庁「消費者契約法逐条解説」（平成31年2月）125頁では、「当該契約により負うこととなる債務の範囲が技術的に履行可能な範囲に限定されることが文言上明らかであるような契約内容であれば、契約上も技術的に履行不可能な行為を為す債務は負わないこととなる。債務を負わない場合には債務不履行にはならず、債務不履行責任は生じない。また、役務の性質上、技術的に履行が不可能な場合には、そもそも債務を負っていないために、債務不履行責任が発生しないと考えられる場合もありえ、その場合には、技術的に履行が不可能な一定期間について責任を免責しても、それは『債務不履行責任を免除する』条項に該当しない場合もある」と説明されている。

　全部免責は、クラウド事業者の債務不履行責任や不法行為責任が認められることを前提に、一定の事由に該当する場合の損害賠償責任全部の免責を定めるものである。一般的には、（理論的に全部免責に該当するか否かはともかくとして）天災地変等の不可抗力事由を含むクラウド事業者のコントロールが及ばない事象について、クラウド事業者の責任が全部免責される旨を定めることが少なくない。

　以上をふまえて、本条1項は、全部免責事由を定める。このうちのいくつかには、そもそも、クラウド事業者の債務を構成しないものも含まれるが、クレーム対応の便宜なども考慮して含めてある。

ウ　一部免責

　一部免責は、全部免責と同様に、クラウド事業者の債務不履行責任や不法行為責任が認められることを前提に、損害賠償責任の範囲を一部限定するものである。実務では、①損害の種類および②損害額により限定することが多い。

　①損害の種類は、その対象を通常損害に限定することが多い。特に、逸失利益は多額になる可能性が高いため、賠償範囲から除外することが実務上重要である。

　②損害額は、損害の発生原因になった利用契約に関する利用料の過去6か月から12か月分とすることが少なくない。仮に通常損害に対象が限定されても、その額が多額に上る可能性もあるためである。ただし、損害額を低廉に限定しすぎると公序良俗（民法90条）違反により無効になるリスクがあるため、事案を考慮のうえで適切に検討する必要がある。

　以上をふまえて、本条2項は、一部免責事由を定める。その損害範囲を通常損害に限定し、かつ、額の上限を設けているところに意味がある。

コラム：「損害」の書き方

　わが国の判例および通説上、債務不履行に基づく損害賠償請求は、債務不履行と相当因果関係の及ぶ範囲の損害を対象とする。具体的には、①債務不履行により通常生ずべき損害は、予見可能性の有無を問わず、また、②その他の損害である特別損害は、債務不履行時に予見可能性がある場合に、相当因果関係が認められうる。

　実務では、このような通常損害・特別損害の区分のほかに、直接・偶発的・結果的損害の区別を用いる場合や、懲罰的損害に言及されることがある。もっ

とも、直接損害・偶発的・結果的損害の区分は、少なくとも、わが国の裁判例および学説上の位置づけは必ずしも明確ではない。また、懲罰的賠償は公序良俗に反し無効である。従来は、いわゆる転ばぬ先の杖として、これらの損害項目が免責の対象に含まれていたが、不当合意条項を無効とする現行民法のもとでは、責任が限定される範囲をより明確にすることが、みなし合意の対象外とされるリスクをより軽減可能と思われる。

　上記のとおり、わが国で直接に認められるのは通常損害・特別損害の区分であることや、結局のところ、クラウド事業者がその責任限定を望むのは逸失利益であることに照らせば、その旨を明記するだけで十分な場合が多いだろう。

(2)　責任制限規定の適用除外事由

　一般的に、責任制限規定の適用除外事由として、「故意・重過失」が掲げられる場合は少なくない。ここで、重過失とは、一般的に、ほとんど故意に近い著しい注意欠如を意味する。

　実務では、「故意・重過失」による適用除外を、①免責にのみ適用する場合、②損害賠償の制限のみに適用する場合、③これらの両方に適用する場合など、その対応にはバリエーションがあるが、消費者契約と事業者間契約とでは、有効とされうる範囲が異なる。

ア　消費者契約の場合

　消費者契約法は「事業者の債務不履行により消費者に生じた損害を賠償する責任の全部を免除する」条項（同法8条1項1号）を無効とするのに対して、「消費者に生じた損害を賠償する責任の一部を免除する」条項（同項2号）については、事業者が「故意又は重大な過失」の場合に限定している。換言すれば、消費者契約においては、軽過失の場合の一部免責は許容されるが、他の責任制限規定は無効である。

イ　事業者間契約の場合

　事業者間契約には消費者契約法の適用がない。もっとも、定型約款については、①相手方の権利を制限し、または相手方の義務を加重する条項であって、②その定型取引の態様およびその実情ならびに取引上の社会通念に照らして信義則（民法1条2項）に反して相手方の利益を一方的に害すると認められるものについて、みなし合意がなかったものとみなされる（民法548条の2第2項）。立案担当者によれば、事業者の故意または重過失による損害賠償責任を免責する条項は、不当条項に該当すると考えられている[17]。

　また、一般論としては、ユーザを一方的に不利益な立場に追いやる場合には、信義則（民法１条２項）または公序良俗（同法90条）に反して無効になる余地がある。

　東京地判平成26・1・23判時2221号71頁では、損害賠償責任を契約金額に限定する一部免責条項について、「ソフトウェア開発に関連して生じる損害額は多額に上るおそれがあることから、被告が原告に対して負うべき損害賠償金額を個別契約に定める契約金額の範囲内に制限したものと解され、被告はそれを前提として個別契約の金額を低額に設定することができ、原告が支払うべき料金を低額にするという機能」があることに触れ、その合理性を認めたうえで、故意・重過失の場合に適用を除外したものがある。

ウ　まとめ

　上記の各規律を整理すると次のとおりである。

図表5-6：免責規定の有効性

	故意	重過失	過失（軽過失）
全部免責			
消費者契約法違反	無効（消費者契約法８条１項１号）		
信義則・公序良俗違反 不当条項規制違反	無効の可能性が高い		有効の可能性が高い
一部免責			
消費者契約法違反	無効（消費者契約法８条１項２号）		有効
信義則・公序良俗違反 不当条項規制違反	無効の可能性が高い		有効の可能性が高い

　本条３項は、定型約款規制の適用を前提に、故意・重過失の場合を免責除外事由とすることで、軽過失の場合の免責条項の効力維持を図るものである。

---

17) 村松秀樹＝松尾博憲『定型約款の実務Q&A』（商事法務、2018）91頁。その趣旨が、全部免責に限るのか、それとも一部免責まで含むのかは必ずしも定かではないものの、下記東京地判平成26・1・23もふまえると、一部免責も不当条項に該当する可能性は否定できないだろう。

コラム：故意・重過失の場合の免責除外を定める規定の当否

　本文における整理をふまえると、消費者契約および事業者契約のいずれにおいても、故意または重過失の場合には、免責規定は無効と判断される可能性が高い。このような場合に、利用規約において、クラウド事業者が、積極的に、故意または重過失の場合の免責規定の適用除外の定めを設けておくべきかどうかは悩ましい問題である。

　あらかじめ故意または重過失の場合に免責規定が適用されないことを明示することで、条項全体が無効になるリスクをあらかじめ避けることができ、軽過失の免責を有効に存続させられる可能性が高まるだろう。明記しない場合、裁判所が、軽過失の場合を含む免責条項全体を無効にするのか、それとも故意または重過失の場合の免責部分のみを無効にするかの予測は難しいからである。

　他方、明示により、故意または重過失の場合の免責の芽を自ら摘んでしまうことや、クレーム対応の根拠としづらいとのデメリットが考えられる。

　もっとも、民法改正により導入された定型約款のみなし合意除外規制（民法５４８条の２第２項）のもとでは、免責条項が不当条項と判断される場合には、その全部について、合意が成立していなかったとみなされる可能性が高い。そうすると、現在の民法のもとでは、利用規約に、その主観的な態様を問わずクラウド事業者の責任を広く免責する旨定めると、軽過失免責部分まで無効になるリスクは高く、そのため、クラウド事業者の責任の全部免責または一部免責を定める場合のいずれについても、故意または重過失の場合には依然として責任を負うことを明記しておくことが無難と思われる。

　なお、令和５年６月１日より施行される改正消費者契約法８条３項は「事業者の債務不履行（当該事業者、その代表者又はその使用する者の故意又は重大な過失によるものを除く。）又は消費者契約における事業者の債務の履行に際してされた当該事業者の不法行為（当該事業者、その代表者又はその使用する者の故意又は重大な過失によるものを除く。）により消費者に生じた損害を賠償する責任の一部を免除する消費者契約の条項であって、当該条項において事業者、その代表者又はその使用する者の重大な過失を除く過失による行為にのみ適用されることを明らかにしていないものは、無効とする」と定めている。消費者庁の公表資料[18]によれば「法令に反しない限り、１万円を上限として賠償します」との条項は無効とされているため、留意が必要である。

18）「消費者契約法・消費者裁判手続特例法の改正（概要）」（https://www.caa.go.jp/policies/
　policy/consumer_system/consumer_contract_act/amendment/2022/assets/consumer_system_
　cms101_220613_01.pdf）。

第6章

プライバシーポリシー

Ⅰ　想定するケース

　本章では、データ利活用に強い関心を抱く全国的に著名なスーパーマーケットがそのデータ利活用戦略の一環として、店舗内の利用客の位置情報ならびに利用客の年齢および性別などの属性情報から、利用者の所在位置近くに設置されたおすすめ商品情報をアプリ上で自動的に通知するサービスを展開することを希望しているケースを想定する。そのうえで、このようなケースにおけるプライバシーポリシー作成の注意点およびその前提としての個人情報保護法の各規律の内容を概説する。

Ⅱ　プライバシーポリシーの留意点

1　個人情報保護の重要性とその検討の手順

(1)　個人情報保護の重要性

　昨今の B2C サービスでは、その利用者の個人的属性をふまえて、本人のために、適切に調整された各種機能をその付加価値の源泉とするものは少なくない。また、B2B サービスであっても、従業員や消費者などの個人に関する分析サービスを提供する場合には、個人情報（個人データ）の取扱いが想定される。

　個人情報の保護の強化は、世界的な潮流である。その不適切な利用や管理により事業者が受けるレピュテーションリスクは決して軽視できず、場合によっては、事業そのものが頓挫しかねない。

　そのため、個人情報を取り扱う可能性のあるデータビジネスを構築する際には、そもそも、個人情報の取扱いの必要があるか否かの検討が重要であり、その取扱いが避けられないとのことであれば、個人情報保護法その他ガイドラインなどの適用ルールにしたがった個人情報の取扱いや管理体制の慎重な検討が必要不可欠である。特に、近時は、個人情報を含む個人に関する情報（いわゆるプライバシー情報）の利活用に関するルールの変化のスピードは速い。日本国内においても、令和4年（2022年）4月1日から、令和2年（2020年）および令和3年（2021年）改正個人情報保護法が施行されている（ただし、後者は一部施行。以下、これら改正を、それぞれ「令和2年改正」および「令和3年改正」[1]という。ただし、令和2年改正に触れる場合も引用する条文番号は令和3年改正の

施行後の個人情報保護法による）。

　プライバシーポリシーは、このような個人情報利活用の方針検討の結果が反映されるため、その作成には、個人情報保護法の理解が必要不可欠である。そこで、以下、プライバシーポリシーの作成にとどまらず、データビジネスを進めるうえで最低限理解が必要と思われるレベルで、個人情報保護法の規制内容を概説し、かつ、その検討のためのフレームワークを提示する。

　なお、ビジネス分野によっては、個人情報を含むプライバシー保護について、個人情報保護法以外の適用法にも目を向ける必要がある。たとえば、チャットサービスを営むのであれば、電気通信事業法の「通信の秘密」に関する規制の遵守が必要になることがある[2]。放送法の対象になる事業では、視聴履歴の取扱いも問題になり、独自のガイドラインも存在する。加えて、金融関連事業や医療分野においても、やはり独自のガイドラインが存在する[3]。このように、個人情報保護法の遵守のみでは、規制対応として必ずしも十分ではなく、同業他社との意見交換や専門家への意見照会なども含めて、情報収集のアンテナを広く張ることも重要である。

(2)　検討の手順

　個人情報保護法遵守の検討の切り口は、さまざまなものが考えられるが、多くの場合には、次の検討手順が望ましいと考える。

　まず、想定するビジネススキーム上、①個人に関する情報を取り扱うか否かの検討が重要である。仮に取り扱う場合には、これが個人情報に該当するか否かを判断し、もしも、個人情報を取り扱うならば、その②取得、③利用、④第

---

1)　令和3年改正では、国の行政機関、独立行政法人等、地方公共団体、地方独立行政法人についてそれぞれ分かれていた規律を、個人情報保護法に一覧的に規定し、かつ、個人情報保護委員会が一元的に当該規律を解釈運用することになったが、本書の性質上、その説明は割愛する（学術研究目的に関する規律は後述する）。
2)　総務省「通信の秘密の確保に支障があるときの業務の改善命令の発動に係る指針」および同省「同意取得の在り方に関する参照文書」なども参照されたい。
3)　たとえば、「金融分野における個人情報保護に関するガイドライン」では、個人情報保護法の要配慮個人情報よりも幅広い情報が「機微（センシティブ）情報」として整理されている。また、第三者提供のみならず取得・利用は本人の同意があっても許されない場合があり、かつ、第三者提供の際にも、提供先の利用目的を開示の上で同意を取得するものとされており、個人情報保護法よりも規制が厳しい。

三者提供の各場面における取扱いをさらに検討する必要が生じる。その他にも、⑤匿名加工情報および令和2年改正法で新設された仮名加工情報・個人関連情報の取扱いについては別途対応が必要になることがあるため、留意が必要である。加えて、⑥令和2年改正で対応事項が増えた外国事業者へのデータ提供にも目を配ることが重要だろう。

2　個人情報保護法の適用対象

(1)　個人情報取扱事業者

　個人情報保護法は、「個人情報取扱事業者」（同法16条2項）を対象にしている。平成27年（2015年）改正前の個人情報保護法では、個人情報の取扱件数が5,000件を超える事業者のみを対象にしていたが、現行法では、同要件は撤廃されている。そのため、個人情報を取り扱う企業は、原則として個人情報取扱事業者に該当するため留意が必要である。

(2)　個人情報保護法が適用される情報

　個人情報保護法は、個人情報取扱事業者による「個人に関する情報」の取扱いを規律対象とする。大きく分けると、①特定の個人を識別可能な「個人情報」（同法2条1項）に関する規律と、②特定の個人を識別できない「匿名加工情報」（同法2条6項）や、③識別が困難な「仮名加工情報」（個人情報に該当する場合と該当しない場合がある。同法2条5項）に関する規律がある。また、④「個人関連情報」（上記①から③に該当しない生存する個人に関する情報。同法2条7項）の取扱いも問題になりうる。

　このうち、①「個人情報」に関する規律内容は、さらに、次の3つに分かれる。

(i)　「個人情報」の取得・利用・管理一般に広く適用される規律
(ii)　個人の人種、信条、社会的身分、病歴などのセンシティブな個人情報である「要配慮個人情報」（同法2条3項）について、通常の個人情報と比して、本人による情報の流通のコントロールを強化する規律
(iii)　個人情報をコンピュータなどで体系的に取り扱う場合に、その流通容易性を考慮して、個人情報取扱事業者の義務を加重する「個人データ」（同法16条3項）、「保有個人データ」（同法16条4項）に関する規律

　このうち、「保有個人データ」については、改正前個人情報保護法では、6か月以内に消去することとなる、いわゆる短期保存データは除外されていたが、現行法のもとでは、短期保存データも対象となっているため留意が必要である。また、仮名加工情報、匿名加工情報および個人関連情報に関する各義務もデータベース等を構成する情報を対象にする。これら規制の概要は**図表6-1**のとおりである。

(3)　学術研究機関等への適用

　令和3年改正により学術研究機関等への個人情報保護法の適用範囲が整理された[4]。具体的には、「学術研究機関等」（個人情報保護法16条8項）が、個人情報を「学術研究目的」（同法18条3項5号）に用いる場合には、個人情報保護法の次の各規定は適用されない（ただし、具体的な適用範囲は各場面による[5]）。

- ・　個人情報保護法18条1項および2項の利用目的制限（同法18条3項5号および6号）
- ・　同法20条2項柱書の要配慮個人情報取得の際の同意取得義務（同法20条2項5号および6号）
- ・　同法27条1項の第三者提供の際の同意取得義務（同法27条1項5号ないし7号）。なお、記録・確認義務の適用もなく（同法29条1項および30条1項）、外国移転規制の適用もない（同法28条1項）。

　ここで、「学術研究機関等」とは「大学その他の学術研究を目的とする機関若しくはそれらに属する者」（個人情報保護法16条8項）であるから、結局のところ、個人情報取扱事業者の①属性（「目的とする機関」該当性）と②具体的な

4）解説は割愛するが、個人情報取扱事業者である学術研究機関等は、学術研究目的で行う個人情報の取扱いについて、その適正を確保するために必要な措置を自ら講じ、かつ、当該措置の内容を公表するよう努めなければならない（個人情報保護法59条）。
5）学術研究機関等から第三者に対して要配慮個人情報または個人データを提供する場面では、学術研究機関等と提供先が共同して学術研究を行う場合に限られている（同法20条2項6号および同法27条1項6号）。

図表6-1：個人情報保護法による規制の概要

生存する個人に関する情報

個人情報

利用目的の特定・変更（17条）	利用目的による制限（18条）
不適正利用禁止（19条）	利用目的の通知・公表（21条）
適正取得（20条）	苦情処理（40条）

※ 学術研究機関等による学術研究目的の取扱いには利用目的規制、要配慮個人情報の同意取得規制、第三者提供規制等の適用なし

個人データ

第三者提供制限（27条）	外国第三者提供制限（28条）
第三者提供の記録作成等（29条）	第三者提供の際の確認等（30条）
正確性確保削除義務（22条）	安全管理措置（23条）
従業者監督（24条）	委託先監督（25条）

保有個人データ

公表（32条）	開示（33条）
訂正等（34条）	利用停止等（35条）
理由の説明（36条）	開示の請求等の手続（37条）
漏えい等報告（26条）	手数料（38条）

要配慮個人情報（個人情報）

人種、信条、社会的身分、病歴、犯罪経歴、犯罪の被害事実その他政令で定める記述等が含まれる個人情報

取得時同意取得義務（21条2項）

※ 個人データ・保有個人データに該当する場合あり
※ オプトアウト規定適用なし

仮名加工情報（個人情報）

適切な加工（41条1項）	利用目的による制限（41条3項）	利用目的の公表（41条4項）	第三者提供禁止（41条6項）
削除情報等の安全管理措置（41条2項）	削除情報等の削除義務（41条5項）	照合禁止（41条7項）	連絡利用禁止（41条8項）

※ 個人データ・保有個人データに該当する場合あり
※ 利用目的変更制限、情報漏えい、保有個人データに関する規律は適用なし

個人関連情報（非個人情報）

個人情報、仮名加工情報及び匿名加工情報のいずれにも該当しない生存する個人に関する情報

第三者提供規制（29条1項）	第三者提供の記録作成等（29条2項）
第三者提供の際の確認等（29条3項）	

※ 第三者提供規制に委託・事業承継・共同利用の例外の適用なし

仮名加工情報（非個人情報）

第三者提供禁止（42条1項）	安全管理措置（42条3項）（23条）	従業者監督（42条3項）（24条）	委託先監督（42条3項）（25条）
苦情処理（42条3項）（40条）	照合禁止（42条3項）（41条7項）	連絡利用禁止（42条3項）（41条8項）	

匿名加工情報（非個人情報）

適切な加工（43条1項）	安全管理措置（43条2項）（46条）	公表義務（43条3項）（43条4項）	識別禁止（45条）

「生存する個人に関する情報」でない情報
（統計情報・死者に関する情報・法人に関する情報など）

取扱いのそれぞれについて、「学術研究目的」の観点からの検討が必要になる。

①について、民間企業であっても、学術研究目的が主たる目的である場合は、学術研究機関に該当しうるものの（個人情報保護法ガイドライン（通則編）2-18）、その一部門として存在する研究機関は、通常「学術研究機関等」には該当しない（2021年10月29日付け通則編パブリックコメントNo.7）。学術研究機関等に該当するのは、独立性の高い専門の研究機関の場合だけであろう。

②について、製品開発目的は学術研究目的に含まれないため、もっぱら製品開発目的の場合（すなわち、学術研究目的が皆無の場合）には、たとえ、学術研究機関等が実施する場合であっても、適用除外は受けられないと考える。

3　個人情報該当性の判断

個人情報該当性を判断するためには、①個人情報の定義を確認のうえ、その定義にしたがい、取り扱う情報が②「生存する個人に関する情報」か、③個人識別性があるか、そして、④容易照合性があるか、を順に検討するとよい。

⑴　「個人情報」とは

「個人情報」とは「生存する個人に関する情報」のうち、その情報に含まれる「氏名、生年月日その他の記述等……により特定の個人を識別することができるもの」または「個人識別符号が含まれるもの」を意味する（個人情報保護法2条1項）。

「個人情報」は、特定の「個人」（日本国民のみならず外国人を含む。以下同じ。個人情報保護法ガイドライン（通則編）2-1・注3）を識別可能な情報の全体を意味するのであって、氏名、生年月日その他の記述など（以下「識別情報[6]」という。）のみが、個人情報に該当するのではない。

また、個人情報の識別情報を削除したり、識別情報を含まない部分のみを抽出した情報を作出しても、「他の情報と容易に照合することができ、それにより特定の個人を識別することができることとなるもの」である場合（いわゆる「容易照合性」が肯定される場合）には、その情報もまた、個人情報に含まれる（個人情報保護法2条1項1号）。

---

6) 経済産業省「匿名加工情報作成マニュアル」（平成28年8月）では、識別子、属性、履歴などの概念が整理されており参考になる。

　個人情報該当性は、取得時のみならず、個人情報取扱事業者による取扱いのたびに判断される（その判断基準としては、個人識別性に関する一般人基準、容易照合性に関する事業者基準、第三者提供時の提供元基準などがある）。したがって、「個人情報を取得後に当該情報に付加された個人に関する情報（取得時に生存する特定の個人を識別することができなかったとしても、取得後、新たな情報が付加され、又は照合された結果、生存する特定の個人を識別できる場合は、その時点で個人情報に該当する。）」（個人情報保護法ガイドライン（通則編）2-1・事例6）も個人情報に含まれるため留意が必要である。

⑵　「生存する個人に関する情報」であるか

　「個人情報」は生存する「個人に関する情報」（「パーソナルデータ」と呼ばれることもある）、すなわち、生存するある個人1人ひとりを区別して識別可能な情報の部分集合である。個人に関する情報は「氏名、住所、性別、生年月日、顔画像等個人を識別する情報に限られず、ある[7]個人の身体、財産、職種、肩書等の属性に関して、事実、判断、評価を表す全ての情報であり、評価情報、公刊物等によって公にされている情報や、映像、音声による情報も含まれ、暗号化等によって秘匿化されているかどうかを問わない」（個人情報保護法ガイドライン（通則編）2-1）。

　個人に関する情報でなければ、「個人情報」ひいては「要配慮個人情報」、「個人データ」および「保有個人データ」ならびに「個人関連情報」にも該当しない。

　たとえば、個人との紐づきを観念できない統計情報（「複数人の情報から共通要素に係る項目を抽出して同じ分類ごとに集計して得られる情報」をいう。個人情報保護法ガイドラインQ&A・A1-7など）や、企業情報は「個人に関する情報」ではなく、個人情報保護法による規律の対象ではない。また、ある故人に関する情報は、その故人との関係では「生存する」個人に関する情報ではないので、個人情報に該当しない。

---

7)　個人に関する情報は、実在する個人（ある個人）に関する情報である点は留意が必要である（2021年8月2日付通則編パブリックコメントNo.305）。

(3)　個人識別性があるか

　「特定の個人を識別することができる」（個人情報保護法2条1項。以下「個人識別性」という。）とは、「情報単体又は複数の情報を組み合わせて保存されているものから社会通念上そのように判断できるものをいい、一般人の判断力又は理解力をもって生存する具体的な人物と情報の間に同一性を認めるに至ることができるかどうかによる」（個人情報保護法ガイドライン（仮名加工情報・匿名加工情報編）2-1-1など）ことを意味し、一般人を基準に判断する（いわゆる「一般人基準」）。

　具体的にいかなる情報に個人識別性があるかはケースバイケースであるが、一般的には、本人の氏名や、顔画像などは、それ自体で本人を識別可能な情報であり、それに生年月日、住所・居所・電話番号・メールアドレスなどが加わることにより、特定の個人の識別がより容易になるといえるだろう（個人情報保護法ガイドライン Q&A・A1-3 および A1-4 も参照）。

　昨今のデータビジネスでは、顧客や従業員などの位置情報を取り扱うサービスも増えてきているが、その個人情報該当性が問題になることも少なくない。位置情報は、一般的には、単なる座標情報であるため、これのみでは、個人情報に該当しないものの、特定の日時と組み合わせたうえで、反復継続的に収集することで、個人を識別可能になると思われる。この点、個人関連情報との関連ではあるが、個人情報保護委員会は「一般的に、ある個人の位置情報それ自体のみでは個人情報には該当しないものではあるが、個人に関する位置情報が連続的に蓄積される等して特定の個人を識別することができる場合には、個人情報に該当」する（個人情報保護法ガイドライン（通則編）2-8（注））としている[8]。なお、企業が位置情報を収集する際には、通常、何らかの契約関係を前提にして、本人と紐づく契約者情報を保有しているのが一般的であるため、（それ自体に個人識別性がなくとも）これら契約者情報と容易照合できるのであれば、位置情報も、契約者情報とあわせて、全体として、個人情報を構成するだろう。

---

8)　総務省「パーソナルデータの利用・流通に関する研究会報告書——パーソナルデータの適正な利用・流通の促進に向けた方策」（2013年6月）25頁では「継続的に収集される……位置情報等については、仮に氏名等の他の実質的個人識別性の要件を満たす情報と連結しない形で取得・利用される場合であったとしても、特定の個人を識別することができるようになる蓋然性が高〔い〕」との指摘もある。

コラム：クッキーやIPアドレスの取扱い

クッキー（Cookie）やIPアドレスは、それ自体は個人識別性を欠くため、容易照合性が肯定されない場合には、個人情報保護法における個人情報として取り扱われないことが多い。

　もっとも、2018年5月25日に施行されたGDPRでは、クッキー（Cookie）やIPアドレスはオンライン識別子として個人データになりうるとされており（前文30）、また、2002年のeプライバシー指令（ePrivacy Directive）に置き換わるものとして現在審議されているeプライバシー規則（ePrivacy Regulation）案による規制強化の可能性もある。

　また、クッキー（Cookie）やIPアドレスは仮に個人情報に該当せずとも、ウェブの閲覧履歴などが明らかになりうることから、本人がプライバシー侵害に関する危惧を抱きやすい情報であるといえる。この点、令和2年改正により、個人関連情報に関する規律が導入されたものの、第三者提供時の取扱いにその範囲は限定されている。

　これらのように個人情報保護法における個人情報にただちに該当しない情報であっても、国際的な潮流に照らせば、将来的には個人情報に該当する可能性もあり、また、サービス利用者の納得感を得るとの観点からも、ある程度、積極的にその利用目的などを開示する対応が望ましいといえるだろう。

　この点、一般社団法人日本インタラクティブ広告協会（JIAA）「プライバシーポリシーガイドライン」（2004年11月（最終改定：2017年5月））1条は、「個人情報」に該当しないものの、事業者が取り扱う「個人に関する情報」（クッキーなどを含む）について、「インフォマティブデータ」として取り扱うことを提案しており参考になる。

(4)　容易照合性があるか

　個人情報保護委員会は、「容易照合性」すなわち「他の情報と容易に照合することができ〔る〕」（個人情報保護法2条1項）の意義について、次のとおり、個人情報取扱事業者を基準にして判断している（いわゆる「事業者基準」）（個人情報保護法ガイドライン（通則編）2-1注4）。

　……事業者の実態に即して個々の事例ごとに判断されるべきであるが、通常の業務における一般的な方法で、他の情報と容易に照合することができる状態をいい、例えば、他の事業者への照会を要する場合等であって照合が困難な状態は、一般に、容易に照合することができない状態である……

　容易照合性が肯定される例と否定される例は次のとおりである。

図表6-2：容易照合性の肯定例と否定例

容易照合性が肯定される例	容易照合性が否定される例
特定の個人を識別することができる情報に割り当てられている識別子（例：顧客ID等）と共通のものが割り当てられていることにより、事業者内部において、特定の個人を識別することができる情報とともに参照することが可能な場合（個人情報保護法ガイドライン等Q&A・A1-19）	事業者の各取扱部門が独自に取得した個人情報を取扱部門ごとに設置されているデータベースにそれぞれ別々に保管している場合において、双方の取扱部門やこれらを統括すべき立場の者等が、規程上・運用上、双方のデータベースを取り扱うことが厳格に禁止されていて、特別の費用や手間をかけることなく、通常の業務における一般的な方法で双方のデータベース上の情報を照合することができない状態である場合（個人情報保護法ガイドラインQ&A・A1-18）

　なお、個人情報取扱事業者が、元データである個人情報を保持したうえで、個人情報の一部を仮名化したり、あるいは、識別情報を含まない部分を分離するなど、個人の識別がただちにできない場合にも、容易照合性の問題が生じる。この際、これらの処理に用いた元データとの対応表が残されているのであれば、容易照合性はある。また、仮に対応表を破棄しても、データセットによる照合[9]が可能である場合には、容易照合性、ひいては、個人情報該当性が認められる場合があることには、留意が必要である。

コラム：個人識別性と容易照合性
　実務上、個人情報該当性が問題になる場合に、「個人に関する情報」への該当性や、個人識別性の検討なく、容易照合性が検討される事例に接することは少なくない。
　もっとも、容易照合性は、あくまでも、照合先、すなわち、それ単体で個人情報に該当する情報の存在を前提にする補充的な概念であることに留意が必要である。そのため、照合先となる個人情報を特定せずに、容易照合性の議論は

できない。換言すれば、容易照合性は個人識別性を創出するための概念ではない。たとえば、個人情報と、個人識別性がない情報とが、共通のIDで連結される場合には連結された情報全体が個人情報となるが、これは当該情報に含まれる識別情報により特定の個人を識別可能となっている状態、すなわち個人識別性が認められる状況になっているからであって、容易照合性が認められるからではないだろう[10]。

　これは、結局は情報の単位あるいはその性質をどのように考えるかの問題とも密接に関連する。いずれにせよ、個人識別性が、ある情報について、一般人を基準としてその識別性を判断するものであるのに対し、容易照合性は別々の情報の照合（マッチング）の容易性を事業者基準で判断するものであるから、その判断対象や性質も異なる。そのため、個人情報該当性の議論をする際には、両者を混在させないことが重要と思われる。

4　個人情報・データの取得

(1)　取得に関する規律

　データビジネスで、個人情報を取り扱う場合には、まず「取得」の適法性の確保が重要であるが、どのような方法をとるにせよ、偽りその他不正の手段（個人情報保護法20条1項）によることはできない。

　取得の経路としては、①本人から直接取得する場合と、②第三者から間接取得する場合の2通りが考えられる。

　①直接取得との関係では、要配慮個人情報の取扱い（同法20条2項柱書）が、また、②間接取得との関係では、受領者としてのトレーサビリティ規制（同法30条）が、それぞれ特に問題になる。

(2)　要配慮個人情報の取扱い

　個人情報を取得する際には、本人からの同意取得は原則不要である。

　もっとも、本人の人種、信条、病歴など本人に対する不当な差別または偏見が生じる可能性のある個人情報である「要配慮個人情報」（個人情報保護法2条3項）は、原則として、本人の同意なく取得できない（同法20条2項柱書）。

---

10) たとえば、個人情報保護法ガイドライン（仮名加工情報・匿名加工情報編）2-1-1 には、個人識別性に関して「情報単体又は複数の情報を組み合わせて保存されているものから社会通念上そのように判断できるもの」との説明がある。

　実務では、要配慮個人情報に関する規律は医療データの取扱いに際し問題になることが多いが、医療データを取り扱うデータビジネスにおいて、その具体的な運用に先立ち、本人から明確な同意を得ておくことが一般論としては、重要だろう（ただし、**コラム：同意のとり方**を参照されたい）。

　要配慮個人情報の第三者提供が想定される場合[11]に、提供先による要配慮個人情報の取得が観念されることから、提供元がその取得の際に本人から同意を得ていたとしても、さらに、提供先が、本人からその情報の取得に関する同意を得る必要があるのかが問題になることがある。個人情報保護委員会は次のとおり、不要との立場を採用している（個人情報保護法ガイドライン（通則編）3-3-2）。

　個人情報取扱事業者が要配慮個人情報を第三者提供の方法により取得した場合、提供元が法第20条第2項及び法第27条第1項に基づいて本人から必要な同意（要配慮個人情報の取得及び第三者提供に関する同意）を取得していることが前提となるため、提供を受けた当該個人情報取扱事業者が、改めて本人から法第20条第2項に基づく同意を得る必要はない……

　しかし、提供元と提供先による要配慮個人情報の利用目的が異なる場合には、提供元による同意取得が、提供先による要配慮個人情報の同意取得を包含するとみなせるか否かは、提供元による同意取得の具体的な態様によるだろう。そのため、いかなる場合であっても、提供先による取得の適法性が担保されることにはならないことを前提に、可能であれば、提供元が別個に要配慮個人情報の取得について、本人から同意を取得することが無難だろう。

コラム：同意のとり方
　個人情報保護委員会は、「本人の同意を得〔る〕」とは、「本人の承諾する旨の意思表示を当該個人情報取扱事業者が認識することをいい、事業の性質及び個人情報の取扱状況に応じ、本人が同意に係る判断を行うために必要と考えられる合理的かつ適切な方法によらなければならない」（個人情報保護法ガイドライ

ン（通則編）2-16）としている。具体例としてあげられているのは次の各事例
である。

> 事例1）本人からの同意する旨の口頭による意思表示
> 事例2）本人からの同意する旨の書面（電磁的記録を含む。）の受領
> 事例3）本人からの同意する旨のメールの受信
> 事例4）本人による同意する旨の確認欄へのチェック
> 事例5）本人による同意する旨のホームページ上のボタンのクリック
> 事例6）本人による同意する旨の音声入力、タッチパネルへのタッチ、ボ
> タンやスイッチ等による入力

　実務では、たとえば、利用規約の利用目的に記載しておけば、同規約の適用
への明示の同意や、サービス利用の事実（黙示の同意）により、個人情報保護
法の定める「同意」があったとみなす余地がないか問題になることがある。し
かし、個人情報保護法の「同意」は、公法上の同意であるから、私法上の契約
の成立に関する意思表示とは一般に連動しない。そのため、私法上の契約が、
利用者の明示または黙示の意思表示により有効に成立する場合でも、同法の
「同意」を得たことには、ただちにはならない[12]。

　したがって、たとえば、「プライバシーポリシーによる個人情報等の取扱いに
同意する」旨表示のうえで、ボタンをクリックさせるなど、上記の個人情報保
護委員会の見解も前提に、個別に同意を得ておくことが無難である。

　なお、「個人情報の取扱いに関して同意したことによって生ずる結果について、
未成年者、成年被後見人、被保佐人及び被補助人が判断できる能力を有してい
ないなどの場合は、親権者や法定代理人等から同意を得る必要がある」が（個
人情報保護法ガイドライン通則編2-16）、一般論としては、12歳から15歳以
下の子供には法定代理人等から同意を得る必要があるため（個人情報保護法ガ
イドラインQ&A・A1-62）、該当する場合には、本人からの有効な同意が取れ
ない可能性を前提に対応を検討する必要がある[13]。

---

12) ただし、医療分野においては、「医療機関等については、患者に適切な医療サービスを提
　供する目的のために、当該医療機関等において、通常必要と考えられる個人情報の利用範
　囲を施設内への掲示（院内掲示）により明らかにしておき、患者側から特段明確な反対・
　留保の意思表示がない場合には、これらの範囲内での個人情報の利用について同意が得ら
　れているものと考えられる」とされており、同意が認められる範囲は広く解されている
　（個人情報保護委員会・厚生労働省「医療・介護関係事業者における個人情報の適切な取扱
　いのためのガイダンス」（平成29年4月14日、令和4年3月一部改正）22頁）。
13) 日本医師会「診療情報の提供に関する指針［第2版］」（平成14年10月）では、診療記
　録等の開示については、病状によっては15歳「以上」の未成年による単独の開示請求が可
　能とされており（3-4-(2)）、個人情報保護以外の規制や指針等との調整が必要になること
　もある。

(3)　第三者提供規制（受領者）

　個人情報を、コンピュータにより体系的に構成し、検索可能なかたちで取り扱う場合、その集合物は「個人情報データベース等」（個人情報保護法16条1項）に該当し、その構成要素たる個人情報は「個人データ」となる（同条3項）[14]。

　個人情報保護法は、個人情報取扱事業者が、第三者に対し、個人データを提供する場合、①原則として本人の同意を必要とし（個人情報保護法27条1項）、かつ、②トレーサビリティの確保に関する規制を及ぼしている（同法29条、30条）。このうち①については、その取得義務者は提供者であるため、下記6で後述する。

　②トレーサビリティ規制との関係では、「第三者提供」を受けるに際し、受領者は、提供者の代表者の氏名や、提供者による個人データ取得の経緯を規則で定める方法により確認し（個人情報保護法30条1項2号、個人情報保護法施行規則22条2項）、個人情報保護法施行規則で定める事項を記録しなければならない（個人情報保護法30条3項、個人情報保護法施行規則24条1項）。このうち、受領者側で、実務上注意すべき点は2つある。

　第1に、受領者の記録作成義務は、「第三者提供」を受けた情報が、受領者にとって、個人データである場合に生じる。したがって、「提供者にとって個人データに該当するが受領者にとって個人データに該当しない情報を受領した場合は、同条〔筆者ら注：個人情報保護法30条〕の確認・記録義務は適用されない。」（個人情報保護法ガイドライン（確認・記録義務編）2-2-2-1-(1)-①）。そのため、提供者が管理するデータベースから、1つのレコードを抽出し、これを受領者が受領する場合には、個人情報保護法30条の「個人データ」の提供には該当しない。ただし、この場合であっても、個人情報保護法17条から21条および40条などの個人情報に関する各規定の適用を受けることには留意が必要である（個人情報保護法ガイドラインQ&A・A13-17）。

　また、解釈により、記録作成義務が生じない場合もあるため留意が必要である。実務では、「本人に代わって提供」（個人情報保護法ガイドライン（確認・記録義務編）2-2-1-1-(2)）する場合であるとして記録作成義務の適用がないと整理

14）利用方法からみて、個人の権利利益を害するおそれが少ないものが、個人情報保護法施行令4条1項に「個人情報データベース等」に該当しない場合（ひいては、個人データに該当せず、各種規制の適用を免れる場合）としてあげられている。

できることは少なくない（特にプラットフォームを組成する場合に、個人データを取り扱う際に、このような解釈をすることがある。個人情報保護法ガイドラインQ&A・A13-7も参照されたい）。

　第2に、個人情報保護委員会は「提供者による取得の経緯が明示的又は黙示的に示されている、提供者と受領者間の契約書面を確認する方法」あるいは「提供者が本人の同意を得ていることを誓約する書面を受け入れる方法」を取得の経緯の確認の適切な方法としてあげている（個人情報保護法ガイドライン（確認・記録義務編）3-1-2）ことに照らせば、取得の経緯について、本人の同意を得ていることや、個人情報保護法上の手続を適正に履践している旨定めた表明保証条項を設けることで、受領者側の確認・記録義務を履行したと判断されるものと考える。この観点からは、取得経緯に関する保証条項を設けることにより、トレーサビリティの履践を一部簡略化することができるといえる。

5　個人情報・データの利用

　個人情報の利用に関しては、概要、次の各規制が課せられているが、①利用目的の設定、②利用目的の遵守、③利用目的の通知公表などに分けることができる。

図表6-3：個人情報の利用に関する規制

①利用目的の設定	
利用目的はできる限り特定しなければならない。	個人情報保護法17条1項
「変更前の利用目的と関連性を有すると合理的に認められる範囲」では、利用目的の変更が可能。この場合には通知または公表義務がある。	個人情報保護法17条2項・21条3項
②利用目的の遵守	
個人情報は、本人の同意がある場合を除いて「利用目的の達成に必要な範囲」を超えて取り扱うことができない。	個人情報保護法18条1項
③利用目的の通知公表	

個人情報の取得に際しては、あらかじめ公表している場合など を除き、原則として、利用目的を事後的に本人に通知または公 表しなければならない。	個人情報保護法 21条1項
申込書等の書面（ウェブサイト上の入力画面を含む）により本 人から個人情報を直接取得する場合、原則として、あらかじめ 本人に対し、その利用目的を明示しなければならない。	個人情報保護法 21条2項

　このうち、②利用目的の遵守は、これを履践するか否かの事実の問題であり[15]、また、③利用目的の通知公表はプライバシーポリシーの提示などにより適時に行われることを前提とすれば（なお、貼紙、ポリシーを掲載したウェブサイトの URL や QR コードの提示等の方法も可能である。個人情報保護法ガイドライン等 Q&A・A1-12）、①利用目的の設定、さらには、その変更の実務上の重要性がより高い（その内容は Ⅲ・11 で後述する）。

　実務では、過去に収集した個人情報を、その当時の利用目的には明示的に記載されていない目的に利用したい場合（たとえば、機械学習用のデータとして用いたい場合）に、利用目的規制の適用が特に問題になりうる。この場面では、一般的に、次のステップでその利用の可否を判断することが少なくない。

> ①　想定する利用態様が、特定された利用目的に含まれると解釈しうるかを検討する
> ②　①が難しい場合には、（同意なく）利用目的の変更が可能かを検討する
> ③　②によっても対応が難しい場合には、同意取得を試みる

　もっとも、対象となる個人情報が大量にある場合には、同意取得も難しく、その結果、個人情報の利用に支障が生じる場面も少なからずあった。このような場合には、利用目的規制がかからない匿名加工情報としての利用が取りうる対応策であったが令和2年改正により、仮名加工情報による対応も可能になったため、その利用は検討に値するだろう。

15）利用目的の範囲を超える利用への同意を得るための個人情報の利用は目的外利用に該当しない。個人情報保護法ガイドライン（通則編）3-1-3。

6　個人情報・データの管理

⑴　個人データに関する規律
ア　消去義務（努力義務）

　個人データについては、その利用目的の達成に必要な範囲で、当該データを正確かつ最新の内容とし、不要となった場合には遅滞なく消去する努力義務が課せられている（個人情報保護法22条）。「消去」とは、個人データを削除することのほか、「当該データから特定の個人を識別できないようにすること等を含む」（個人情報保護法ガイドライン（通則編）3-4-1）ため、たとえば、論理削除およびマスキングの組み合わせなどの物理的な削除以外の対応も含まれるだろう。

イ　安全管理措置

　個人情報取扱事業者には、「個人データの漏えい、滅失又は毀損の防止その他の個人データの安全管理のために必要かつ適切な措置」をとる義務（個人情報保護法23条）がある。個人情報保護法ガイドライン（通則編）10「（別添）講ずべき安全管理措置の内容」に具体的な手法例が記載されているため、これを参考に、組織的安全管理、人的安全管理、物理的安全管理、技術的安全管理、外的環境の把握などの観点から管理措置をとることが望ましいが、留意点がいくつかある。

　第1に、安全管理措置の一環として、個人データを匿名化することは少なくないが、下記**8のコラム：匿名加工情報と匿名化**で後述するとおり、その措置は匿名加工情報の作成にあたらないため、公表措置などは不要である。また、同様に安全管理措置の一環として、個人データを仮名化するにとどまる場合にも、第三者提供禁止などの制限はかからない。

　第2に、令和2年改正により、国外のサーバでデータを保存する場合には、外国法制の調査および本人への情報提供が必要不可欠になった。同改正に伴い、安全管理措置（個人情報保護法23条）の内容として「外的環境の把握」が追加されたからである（個人情報保護法ガイドライン（通則編）10-7）。詳細は下記**9**のとおりである。

ウ　漏えい時の報告義務

　令和2年改正により、個人情報取扱事業者[16]はその取り扱う個人データの漏えい、滅失、毀損（以下「漏えい等」という。）その他の個人データの安全の

確保にかかる事態のうち、①要配慮個人情報の漏えい等、②不正アクセス等による漏えい等、③財産的被害のおそれがある漏えい等、④1,000件を超える漏えい等が生じたときは、個人情報保護法施行規則所定の方法により、当該事態が生じた旨を個人情報保護委員会に報告しなければならないことになった（個人情報保護法26条1項、個人情報保護法施行規則7条および8条ならびに個人情報保護法ガイドライン（通則編）3-5-1）。

　報告の主体は、原則として、漏えい等が発生し、または発生したおそれがある個人データを取り扱う個人情報取扱事業者である。報告義務者は、上記表に記載の報告対象事態が発生したことを知った時から、速やかに「速報」（個人情報保護法施行規則8条1項）を、また、報告対象事態を知った日から30日以内または60日以内に「確報」（個人情報保護法施行規則8条2項）を、それぞれ行うことが必要であるため、あらかじめその対応体制を検討しておくことが重要になるだろう。また、あわせて、上記の場合には、本人への漏えい等の通知が必要である（個人情報保護法26条2項）。

(2)　保有個人データに関する規律

　個人データのうち、個人情報取扱業者が、本人またはその代理人から請求される開示、内容の訂正、追加または削除、利用の停止、消去および第三者への提供の停止に応じる権限を有するものは「保有個人データ」に該当する（個人情報保護法16条4項）。保有個人データには、これに関する事項の公表（個人情報保護法32条）や、本人が識別されるものについては、開示請求などへの対応義務などが課せられている（同法33条～39条）。

　なお、令和2年改正により、保有個人データに関しては、①保有個人データの範囲拡張（個人情報保護法16条4項）、②開示のデジタル化（同法33条1項、同法施行規則30条）、③第三者提供記録の開示（同法33条5項）、④保有個人データ関連の請求権の範囲拡張（同法35条1項など）、⑤本人の知り得る状態に置くべき対象への安全管理措置の内容の追加（同法32条1項4号、同法施行令10条1号）などの変更がされている。

16）委託の場合には、委託先は委託元に対する報告をすることで足りる（個人情報保護法26条2項）。

7　個人に関する情報の第三者提供

⑴　個人データの第三者提供
ア　第三者提供規制（提供者）

　個人情報保護法は、個人情報取扱事業者が、第三者に対し、個人データを提供する場合、①原則として本人の同意を必要とし（個人情報保護法27条1項）、②トレーサビリティの確保に関する規制を及ぼしている（同法29条、30条）。

　ここで「提供」とは、「個人データ……を自己以外の者が利用可能な状態に置くこと」をいい、ネットワーク等を利用する場合にも利用権限が与えられていればこれに該当する（個人情報保護法ガイドライン（通則編）2-17）。

　なお、①同意取得規制と②トレーサビリティ規制は別個独立の規制である。そのため、本人から第三者提供の同意を取得したからといって、②トレーサビリティ規制の適用を免れるわけではないことに留意が必要である。

> **コラム：提供元基準 vs. 提供先基準**
> 　「第三者提供」されるデータが、識別情報を含むのであれば、そのデータは提供者にとっても、受領者にとっても、「個人データ」に該当することに問題はない。
> 　もっとも、識別情報を含まないかたちで、データが提供される場合には、提供者にとっては、容易照合性が認められ個人データに該当するものの、受領者にとっては、容易照合性がなく個人データに該当しない場合や、その逆の場合も想定される。そこで、（容易照合性による）個人データ該当性を、提供元を基準に判断するのか、それとも、提供先を基準に判断するのかには、争いがあった。
> 　現在の通説的見解は提供元基準であり、個人情報保護委員会も同様の立場を採用している（「『個人情報の保護に関する法律についてのガイドライン（通則編）（案）』に関する意見募集結果」（2016年11月30日）19番（「ある情報を第三者に提供する場合、当該情報が〔個人情報の定義の1つである〕『他の情報と容易に照合することができ、それにより特定の個人を識別することができることとなる』かどうかは、当該情報の提供元である事業者において『他の情報と容易に照合することができ、それにより特定の個人を識別することができることとなる』かどうかで判断します。」））。
> 　そして、提供元では、通常、識別情報を削除したデータを第三者に提供する際にも、そのデータの元データなどが残されていることが一般的であるため、容易照合性が否定される場面は例外的である。そのため、個人データの第三者への提供は、個人情報保護法上の「第三者提供」に該当することを前提とする

のが無難だろう。

　①については、あらかじめ（個人情報保護法27条1項柱書）、すなわち、第三者提供される前の時点で同意を取得する必要があるが（個人情報保護法ガイドライン Q&A・A7-6）、本人から個人情報を取得する際にあわせて同意を得ることができ（個人情報保護法ガイドライン Q&A・A7-7）、かつ、将来の提供について包括的に同意を得ることも可能である（個人情報保護法ガイドライン Q&A・A7-8）。また、提供先の氏名または名称の明示がなくとも同意は有効である（個人情報保護法ガイドライン Q&A・A7-9 参照）。

コラム：「同意」の内容

　上記4(2)のとおり、個人情報保護法ガイドライン（通則編）では「同意」の有無について総合的に判断する旨を開示するにとどまるが、その前提として、いかなる情報が提供されていればよいか、行為指針を十分に示しておらず、実務上の混乱の一因と思われる。

　この点、同意のない第三者提供が許容されるオプトアウトや、共同利用の場合との平仄をあわせるとすれば、少なくとも、提供される個人データの項目、提供方法、および提供される者については、これらの特定または特定可能な事項の開示は少なくとも望ましいだろう。

　それでは、①提供元の利用目的（提供目的）および②提供先の利用目的はどうか。

　①提供元の提供目的は、まさに、提供元による個人データの利用目的に他ならないため、それをできるだけ特定する義務を提供元が負っていることや、その目的次第では、本人が同意しないことも十分に考えられるところであるから、やはり、その開示は必要だろう（たとえば、有償提供ならば同意しない、との意思決定をする場合はありうる）。

　他方、②提供先の利用目的は、本人による同意判断には重要な要素である一方、提供先の利用目的を提供元が十分に把握できるかは疑問である。そもそも、個人データに関しては、提供先がその利用目的の特定・開示義務を負っていることに照らせば、現行法上の建付けのもとでは、提供先の利用目的の開示を、同意の必須の条件にせずともよいと考える。個人情報保護法19条との関係ではあるものの、個人情報保護委員会は「本人の事前の同意を得て個人情報を第三者に提供する場面において、提供元の事業者に対して、提供先の第三者による個人情報の利用目的や、当該第三者に個人情報を違法又は不当な目的で利用する意図がないことの確認を義務付ける趣旨ではありません」（個人情報保護法

ガイドライン Q&A・A3-4）としている。

　なお、この問題は、結局のところ、個人データの第三者提供による本人への影響の評価を、誰が、どのタイミングで行うべきか（提供元が提供時に行うべきなのか、それとも本人が提供先への提供後に行うべきか）についての価値判断・政策判断に帰着する。たとえば、GDPR 35 条および 36 条では、新たな技術を用いるなどのある種の処理が自然人の権利や自由に高リスクを生じさせる可能性がある一定の場合には、データ保護影響評価の実施が求められている。わが国においても、将来的な検討課題である。

　なお、個人データを第三者提供する場合、同意の取得に変えて、オプトアウトによることができる。もっとも、令和2年改正により、オプトアウトによる個人データの第三者提供（以下、単に「オプトアウト」という。）への規制が強化されたため、注意が必要である。

　具体的には、まず、オプトアウトを利用できない範囲が拡大された。令和2年改正前は、(i)要配慮個人情報の第三者提供にオプトアウトが利用できなかったが、令和2年改正により、さらに、(ii)不正取得された個人データおよび(iii)オプトアウトにより第三者提供された個人データには、オプトアウトの利用ができなくなった（個人情報保護法27条2項ただし書）。この規律は、個人データの取得時期にかかわらず適用される（個人情報保護法ガイドライン等 Q&A・A7-32）。そのため、(iii)については、本文で述べたように同意を取得するか、データ移転に関し、委託・共同利用等を含む同意が不要な場面と整理する等の対応が必要になる。なお、第三者提供が禁止されるにとどまり、自己利用までが禁止されるわけではない（個人情報保護法ガイドライン Q&A・A7-33）。また、オプトアウトを利用する際の個人情報保護委員会への届出対象事項に、事業者の名称・住所、個人データの取得方法等が追加されているため留意が必要である。

　②トレーサビリティ規制との関係では、提供者には、第三者の氏名などの記録作成義務があり（同法29条。受領者については、上記4(3)のとおりである）、また、原則3年の記録保存義務が課されている（個人情報保護法施行規則21条、25条）。

イ　第三者提供規制への対応の検討

　第三者提供に関する規律、特にトレーサビリティ規制への対応は、ときにシステムの改修が必要となり、多大なコストが生じることもある。そこで、デー

タビジネスに関するスキームで個人データを取り扱う場合には、まず、これら
の規制の適用を免れることが可能かどうかの検討が重要である。

　その検討の際には、データの物理的なフローと、法的なフローを峻別するこ
とが重要である。下記②解釈による適用免除における取扱いからもみてとれる
とおり、個人データの「提供」の概念は事実状態ではなく、規範的にとらえら
れているからである。

　そのうえで、第三者適用規制の適用を受けない場合としては、①個人情報保
護法に明文で定められた例外事由への該当、②解釈による適用免除の２つが
考えられる。

　このうち、①としては、第三者提供に該当するものの同意取得義務が課せら
れない場合（個人情報保護法27条１項各号）や、オプトアウト手続（同条２項）
あるいは第三者提供に該当しない場合（委託、包括承継、共同利用。同条５項各
号）などがある。後述する②解釈による適用免除は、その適用の成否が具体的
な事案によらざるをえず、予測可能性が必ずしも高くない。そのため、通常は、
①に依拠することになるだろうが、実務で特に重要であるのは、委託と共同利
用による処理であり、その詳細は、下記Ⅲ７および８で解説する。

　②解釈により、第三者提供に関する規制の全部または一部の適用を免れる場
合としては、個人情報取扱事業者による提供がない、受領者による個人データ
の受領がない、提供行為そのものがないなどのケースが考えられる。

　このうち、実務上重要なのは、クラウドサービスに関する解釈論である（以
下「クラウドサービスの例外」ということがある。）。個人情報保護委員会は、ク
ラウドサービス事業者が保存する電子データに個人データが事実上含まれる場
合であっても、(ⅰ)「契約条項によって当該外部事業者がサーバに保存された
個人データを取り扱わない旨が定められており」、(ⅱ)「適切にアクセス制御を
行っている場合等」（個人情報保護法ガイドラインQ&A・A7-53）には、提供行為
の存在そのものを法的に否定している。

　もっとも、(ⅱ)のアクセス制御をどこまで実施すれば十分かには不確実性が残
らざるをえないし、実務上は、サービス事業者によるデータの処理が必要にな
る場合もあるため、結局、委託などと構成する場合も少なくない。

　なお、クラウドサービスによる例外による場合であっても、上記のとおり、
安全管理措置の適用は免れないため、外国のサーバにおいてデータを管理する
場合は留意が必要である。

(2)　個人関連情報の第三者提供

　「個人関連情報」は生存する個人に関する情報であって、個人情報、仮名加工情報および匿名加工情報のいずれにも該当しないものを指す（個人情報保護法2条7項）。その例としては、①Cookie等により収集されたウェブサイトの閲覧履歴、②メールアドレスに結びついた個人の年齢・性別・家族構成等、③個人の商品購買履歴・サービス利用履歴、④個人の位置情報、⑤個人の興味・関心を示す情報等が挙げられている（個人情報保護法ガイドライン（通則編）2-8）。

　ただし、上記①から⑤に該当する場合でも、反復継続的に収集されることにより個人識別性を有する場合や、容易照合性がある場合等の個人情報に該当するときには、個人関連情報に該当しないため注意が必要である[17]。

　個人関連情報（ただし、いわゆる散在情報を除く）については、その取扱事業者たる個人関連情報取扱事業者は、その提供先が個人データとして取得することが想定されるときは、個人情報保護法27条1項各号に掲げる場合を除き、あらかじめ当該個人関連情報に係る本人の同意が得られていること等を確認しないで、当該個人関連情報を提供することはできない（個人情報保護法31条）。そして、この方法は個人関連情報の提供を受ける第三者から申告を受ける方法その他の適切な方法とされている（個人情報保護法施行規則26条1項）。

　もっとも、この規律にはいくつか留意点がある。

　第1に、同意の取得主体は、提供先であるものの、提供元による代行取得が可能である（個人情報保護法ガイドライン（通則編）3-7-2-2）。ただし、代行取得の際には「提供先の第三者を個別に明示」する必要があり、単に提供先の範囲や属性を示すだけでは足りない（2021月8月2日付通則編パブリックコメントNo.394）。

　第2に、提供先による同意取得の有無の確認は、複数の「本人」につき一括して確認することが可能であるため、たとえば提供先から同意を確認した複数

17）その意味で、（個人関連情報の定義からは論理必然ではあるものの）個人情報該当性の判断が個人関連情報該当性の判断に先行するのであって、抽象的にある情報が個人関連情報に該当するか否かを検討することはできない。また、個人情報取扱事業者が（客観的に個人関連情報に該当するか否かを問わず）個人情報として取り扱う旨の判断をした場合には、個人関連情報として取り扱う必要はない（2021月8月2日付通則編パブリックコメントNo.295）。

の本人の ID のリストの提供を受け、当該リストを基に提供元から個人関連情報の提供をするとの対応も可能である（個人情報保護法ガイドライン Q&A・A8-11）。

　第 3 に、すでに取得を確認した本人の同意について、再度確認は不要であるが、過去の同意の範疇を超える情報取得がある場合には、再度確認が必要になる。たとえば、ウェブサイト閲覧履歴の取得について本人から包括的に同意を得ており、かつその取得を提供元が確認している場合であっても、これに含まれない商品購買履歴の取得については、本人同意が得られていることの確認が必要になる（個人情報保護法ガイドライン Q&A・A8-12）。

　第 4 に、提供先による提供元の同意取得の有無の確認義務は、常に課されるものではなく、提供先が個人関連情報を「個人データとして取得することが想定される」場合に限り適用される（個人情報保護法ガイドライン Q&A・A8-3）。なお、個人データを取得することと「個人データとして取得すること」は異なることに注意が必要である。また、提供先が提供元から受領したデータを個人データとして取得することが現実にない場合には、契約上その旨を明記しておくことにより、個人関連情報に関する規定の適用を免れるとの対応も考えられる。個人情報保護委員会は次のとおり説明している（個人情報保護法ガイドライン（通則編）3-7-1-3）。

　提供元の個人関連情報取扱事業者及び提供先の第三者間の契約等において、提供先の第三者において、提供を受けた個人関連情報を個人データとして利用しない旨が定められている場合には、通常、「個人データとして取得する」ことが想定されず、法第 31 条は適用されない。この場合、提供元の個人関連情報取扱事業者は、提供先の第三者における個人関連情報の取扱いの確認まで行わなくとも、通常、「個人データとして取得する」ことが想定されない。もっとも、提供先の第三者が実際には個人関連情報を個人データとして利用することが窺われる事情がある場合には、当該事情に応じ、別途、提供先の第三者における個人関連情報の取扱いも確認した上で「個人データとして取得する」ことが想定されるかどうか判断する必要がある。

　第 5 に、個人関連情報の第三者提供には、個人データの第三者提供における委託、事業承継および共同利用の例外の定めはない（確認的記載であるが、個人情報保護法ガイドライン Q&A・A8-8）。そのため、提供先が個人データとして

取得する場合には、提供先に対する委託に基づくデータ移転であったとしても、提供元による同意取得が必要になることに留意が必要である。

　最後に、個人関連情報の第三者提供にも、提供元において、記録義務が課せられるため（個人情報保護法31条3項）、注意が必要である。

8　匿名加工情報・仮名加工情報

(1)　匿名加工情報

　「匿名加工情報」とは、①個人情報をその区分に応じて定められた措置（置換や削除など）を講じて特定の個人を識別することができないように加工して得られる個人に関する情報であって、②その個人情報を復元して特定の個人を再識別することができないようにしたものである（個人情報保護法2条6項）。いかなる加工を行えば匿名加工情報となるかは個人情報保護委員会規則による（同法43条1項、個人情報保護法施行規則34条）が、識別性を失わせるための措置（同施行規則34条1号・2号）と、復元可能性を排除するための措置（同条3号～5号）が必要とされている。

> **コラム：対応表の取扱い**
> 　個人情報保護法ガイドラインQ&A（令和3年6月30日更新版）では、匿名加工情報作成の際の対応表（仮ID表）の取扱いについて、同A11-10において、個人情報保護委員会は「氏名と仮ID等の対応表は加工方法等情報に該当すると考えられます。したがって、当該対応表の破棄までは求められませんが、加工方法等情報として施行規則第20条各号の基準に従って安全管理措置を講ずる必要があります」としていた。
> 　しかし、個人情報保護法ガイドライン（仮名加工情報・匿名加工情報編）（令和3年10月一部改正）以降、以下のとおり対応表あるいはハッシュ関数のハッシュアルゴリズムと鍵情報などの組み合わせなどの破棄が必要になったため、留意が必要である（たとえば、個人情報保護法ガイドラインQ&A・A15-14）。
>
> > 　匿名加工情報の作成の過程において、氏名等を仮IDに置き換えた場合における氏名と仮IDの対応表は、匿名加工情報と容易に照合することができ、それにより匿名加工情報の作成の元となった個人情報の本人を識別することができるものであることから、匿名加工情報の作成後は破棄する必要があります。また、匿名加工情報を作成した個人情報取扱事業者が、氏名等を仮IDに

置き換えるために用いた置き換えアルゴリズムと乱数等のパラメータの組み合わせを保有している場合には、当該置き換えアルゴリズムおよび当該乱数等のパラメータを用いて再度同じ置き換えを行うことによって、匿名加工情報とその作成の元となった個人情報とを容易に照合でき、それにより匿名加工情報の作成の元となった個人情報の本人を識別することができることから、匿名加工情報の作成後は、当該パラメータを破棄する必要があります。

　匿名加工情報は個人情報ではないため、利用目的制限および第三者提供に関する各種規制の適用を受けないものの、代わりに、独自の規制の対象となる。
　具体的には、個人情報取扱事業者または匿名加工情報取扱事業者は、次の各義務を負う（ただし、いわゆる散在情報は義務の対象外である）。

図表 6-4：匿名加工情報の取扱いに関する義務

匿名加工情報の作成時		それ以外の取扱い時	
削除した記述などおよび個人識別符号ならびに加工の方法に関する情報の安全管理措置	個人情報保護法43条2項		
匿名加工情報に含まれる個人情報の項目の公表	個人情報保護法43条3項		
第三者提供の情報項目および提供方法の開示ならびに匿名加工情報であることの明示	個人情報保護法43条4項	第三者提供の際の公表および明示義務	個人情報保護法44条
識別行為の禁止	個人情報保護法43条5項	識別行為の禁止	個人情報保護法45条
安全管理措置・苦情処理などの努力義務	個人情報保護法43条6項	安全管理措置・苦情処理などの努力義務	個人情報保護法46条

　なお、個人情報取扱事業者が、他の個人情報取扱事業者の委託を受けて匿名加工情報を作成した場合には、委託先ではなく、委託元が匿名加工情報に含まれる個人情報の項目を公表することが求められているため（個人情報保護法43

条3項、個人情報保護法施行規則36条）、注意が必要である。

　また、匿名加工情報の提供を受ける側としては、適切な匿名加工が行われているかは心配の種の1つである。匿名加工が不十分であり、結果、個人が特定可能であれば、個人情報に該当する（個人情報保護法ガイドラインQ&A・A15-4）。このような場合、受領者としては思わぬ不測の事態に陥るが、行政法規である個人情報保護法の違反が、提供者の民事責任をただちに基礎づけるわけではない。そのため、当事者間でどのようにリスクを分配するか、やはり契約上明記しておくことが望ましい。

コラム：匿名加工情報と匿名化

　個人情報取扱事業者には、法律上、安全管理措置をとる義務が課せられており、その一環として、個人情報から、個人を識別可能な情報を削除した匿名化がされることがあるが、匿名化された情報と、匿名加工情報は、まったくの別物である点に留意が必要である。

　個人情報該当性の基準の1つとして容易照合性があるが、上記**7(1)ア**の**コラム：提供元基準 vs. 提供先基準**のとおり、個人情報取扱事業者は匿名化された情報からその元となった情報を復元可能であるから、原則として、匿名化された情報には、容易照合性が認められ、依然として、個人情報に該当する場合が多いだろう（「事業者の各取得部門が独自に取得した個人情報を取扱部門ごとに設置されているデータベースにそれぞれ別々に保管している場合」（個人情報保護法ガイドラインQ&A・A1-18）などの例外的な場合には、非個人情報になりうるだろう）。

　それでは、匿名化された情報と、匿名加工情報は、どのように区別するのだろうか。安全管理措置として匿名化をした場合に、匿名加工情報に該当してしまい、公表義務が課せられるか、との観点から問題になる。

　この点、トートロジカルであるものの、個人情報保護委員会は次のとおり、匿名加工情報として作成する意思の有無により、その区別をしている（個人情報保護法ガイドライン（匿名加工情報・仮名加工情報編）3-2-4）。

　「匿名加工情報を作成したとき」とは、匿名加工情報として取り扱うために、個人情報を加工する作業が完了した場合のことを意味する。すなわち、あくまで個人情報の安全管理措置の一環として一部の情報を削除しあるいは分割して保存・管理する等の加工をする場合又は個人情報から統計情報を作成するために個人情報を加工する場合等を含むものではない。

　匿名加工情報としての取扱いの意思が確定的に判明するのは、その公表時であることに照らせば、実務上は、公表の有無がメルクマールになるだろう（ただし、前提として適切な加工が行われている必要がある）。

(2)　仮名加工情報

　「仮名加工情報」とは、個人情報にその区分に応じて個人情報保護法2条5項所定の措置を講じて、他の情報と照合しない限り特定の個人を識別することができないように加工した情報を意味する（同法2条5項）。つまり、おおまかには、匿名加工情報が、個人情報から①個人識別性および②容易照合性を排除した情報であるのに対して、仮名加工情報は①個人識別性のみを排した情報であるともいえる[18]。

　いかなる加工を行えば仮名加工情報となるかは個人情報保護委員会規則による（個人情報保護法41条1項、個人情報保護法施行規則31条）が、個人識別性を失わせるための措置（個人情報保護法施行規則31条1号・2号）と、不正に利用されることにより財産的被害が生じるおそれのある記述等の削除（同条3号）の実施が必要である。個人情報取扱事業者または仮名加工情報取扱事業者による仮名加工情報の取扱いには、①利用目的の変更制限（個人情報保護法17条2項）、②漏えい等の報告および③本人通知（個人情報保護法26条）ならびに④保有個人データに関する各規律（個人情報保護法32条から同39条）が適用されない（個人情報保護法41条9項）。特に、①に関して、変更の際の利用目的の関連性が要求されないため（個人情報保護法17条2項）、たとえば、収集の際には機械学習への利用を想定していなかった個人情報についても、仮名加工情報へと加工したうえで、機械学習を利用目的に含めるように変更すれば（この際には変更後の利用目的の公表が必要である）、適法に機械学習用の学習用データセットとして用いることができるようになる。

　ただし、仮名加工情報には、個人情報に該当するか否かを問わず、たとえば、第三者への提供禁止義務（個人情報保護法41条6項、同法43条1項）、本人の識別行為禁止義務（個人情報保護法41条7項、同法42条3項）、連絡先その他の情報を用いた本人への接触等禁止義務（個人情報保護法41条8項、同法42条3項）等が課せられている。

　特に、第三者提供については、本人の同意がある場合であっても許されないことには留意が必要である（個人情報保護法ガイドラインQ&A・A14-17）。ただし、委託や共同利用は可能である。

18）匿名加工情報と仮名加工情報の違いの把握には、個人情報保護法ガイドライン（仮名加工情報・匿名加工情報編）付録なども参考になる。

　非仮名加工情報と仮名加工情報に関する規律の違いの概要は、以下の表（6-5）に記載のとおりである（なお、いわゆる散在情報は義務の対象外である）。

図表6-5：非仮名加工情報と仮名加工情報に関する規律の違い

		個人情報 （非仮名加工情報）	仮名加工情報	
			個人情報	非個人情報
利用目的制限	目的の特定	あり（17条1項）		なし
	目的変更	当初の利用目的と関連性を有すると合理的に認められる範囲で変更可（17条2項）	変更可能範囲に制限なし（41条9項）	
	目的外利用	本人同意または法令に基づく場合を除き目的外利用できない（18条）	法令に基づく場合を除き目的外利用できない（41条3項）	
	目的の公表等	取得後利用目的の通知または公表（21条）	取得後利用目的の公表（41条4項）	
正確性担保（努力義務）		あり（22条）（個人データ）	なし	
削除・消去（努力義務）		あり（22条）（個人データ）	あり（41条5項）※削除情報等も対象だが、処理の内容異なる	
安全管理	情報本体	あり（23条）（個人データ）	あり（23条）	あり（42条3項・23条）
	削除情報等	―	あり（41条5項）	―
従業者の監督		あり（24条）（個人データ）		あり（42条3項・24条）
委託先の監督		あり（25条）（個人データ）		あり（42条3項・25条）

漏えい等の報告	あり（26条）（個人データ）	なし（41条9項）	なし
第三者提供　提供可否	同意・法令に基づく場合を除き不可（27条・28条）（個人データ）	法令に基づく場合を除き不可（41条6項）※委託・共同利用等は可能	法令に基づく場合を除き不可（42条1項）※委託・共同利用等に関する規律あり
第三者提供　トレーサビリティ	あり（29条・30条）（個人データ）	あり（41条6項）	なし
保有個人データに関する義務	あり（32条から39条まで）（保有個人データ）	なし（41条9項）	なし
苦情処理（努力義務）	あり（40条）		あり（42条3項・40条）
本人識別のための照合禁止	―	あり（41条7項）	あり（42条3項・41条7項）
マーケティング利用禁止	―	あり（41条8項）	あり（42条3項・41条8項）

　なお、匿名加工情報と同様に、安全管理措置としての仮名加工と、仮名加工情報作成の違いは、仮名加工情報作成の意図の有無による（個人情報保護法ガイドラインQ&A・A14-4）。もっとも、匿名加工情報と異なり、仮名加工情報を作成した際には、特有の情報の開示が求められていないことから（**コラム：匿名加工情報と匿名化**）、その区分は必ずしも容易ではないとは思われる。悩ましいところではあるが、たとえば、仮名加工情報利用のために合理的な関連性を欠く利用目的の変更をする場合には、その利用目的の公表時に、仮名加工情報作成の意図があったものとして整理することが現実的な対応だろう。

> **コラム：個人情報である仮名加工情報と個人情報でない仮名加工情報**
>
> 　個人情報保護法は、仮名加工情報について、個人情報に該当する場合（同法41条）と個人情報に該当しない場合（同法42条）で異なる規律を採用している。換言すれば、仮名加工情報には個人情報に該当するものと該当しないものの両方が含まれる。後者の例として、たとえば、委託元においては、仮名加工情報に関する削除情報を保有している等の理由により特定の個人を識別できるのに対して、委託により仮名加工情報の提供を受けた委託先においては、これら情報を保持していないため、個人を識別できない場合などが考えられるだろう。
>
> 　（教室事例の範疇を超えないものの）理論上生じうる問題点として、ある個人情報をひとたび仮名加工情報として取り扱った場合、事後的にこれを非個人情報に加工したとしても、仮名加工情報が非個人情報を含む以上、第三者提供が依然として禁止されうる余地がある。元データが手元にあるならば（仮名加工情報を用いる実務上の意義がこの点にあることに照らせば、大半の場合には当てはまると思われる）、元データから直接、非個人情報を作成すれば足りるものの、仮に何らかの理由により元データを削除している場合には、個人情報である仮名加工情報を非個人情報化することにより想定外の制約がかかるおそれがあるため、留意が必要である。

9　外国へのデータ移転

(1)　域外適用

　個人情報取扱事業者等（以下、(1)と(2)との関係で域外適用を受ける事業者を「外国事業者」という。）が、国内にある者に対する物品または役務の提供に関連して、国内にある者を本人とする個人情報、当該個人情報として取得されることとなる個人関連情報または当該個人情報を用いて作成された仮名加工情報もしくは匿名加工情報を、外国において取り扱う場合、個人情報保護法が適用される（個人情報保護法166条。いわゆる「域外適用」）。外国事業者が、個人情報あるいは個人データを直接取得するか、外国移転（後記(2)）により取得するかは関係がなく（個人情報保護法ガイドライン通則編8）、委託により取得する場合も域外適用される（個人情報保護法ガイドラインQ&A・A11-4）。

　外国事業者には、「外国にのみ活動拠点を有する個人情報取扱事業者等（日本から海外に活動拠点を移転した個人情報取扱事業者等を含む。）に限られず、例えば、日本に支店や営業所等を有する個人情報取扱事業者等の外国にある本店、日本に本店を有する個人情報取扱事業者等の外国にある支店や営業所等も

含まれる」（個人情報保護法ガイドライン通則編 8）。

　たとえば、外国のクラウドサービス提供事業者が、日本の消費者に対するクラウドサービスの提供に関連して、日本の消費者の個人情報を取り扱う場合などが該当するだろう。他方、「外国にある親会社が、グループ会社の従業員情報の管理のため、日本にある子会社の従業員の個人情報を取り扱う場合」（個人情報保護法ガイドライン通則編 8）には、物品または役務提供に関しないため、適用はない。

　なお、外国事業者は、上記 **6**(1)**イ**で述べた安全管理措置の履践が必要であるため、留意されたい。

(2)　実務対応が必要な場面

　個人情報保護法上、外国への個人に関する情報の移転が想定される場合として、外国にある個人情報取扱事業者（上記(1)の外国事業者とは限らない）が、①本人から直接取得する場合（以下「直接取得」という。）と、②国内の個人情報取扱事業者から受領する場合（以下「外国移転」という。）の 2 つがある。

ア　直接取得

　外国にある個人情報取扱事業者が本人から個人情報を直接取得する場合には、第三者が介在しないから、外国移転に関する個人情報保護法の規律（個人情報保護法 28 条）は適用されない。そのため、域外適用の有無のみが問題となる。

イ　外国移転

　外国にある個人情報取扱事業者が日本国内の事業者から個人データを受領する場合には、個人情報保護法 27 条 1 項各号に該当するなどの例外的な場合を除き（学術研究機関等への適用の例外も含まれる）、外国移転に関する個人情報保護法の規律（個人情報保護法 28 条）が適用される。また、上記(1)で述べた条件を満たす場合には、外国にある個人情報取扱事業者に対し個人情報保護法が域外適用される場合もある（個人情報保護法 166 条および個人情報保護法ガイドライン通則編 8）。

　外国移転が問題になる場合としては、国内事業者が、外国にある支店・営業所に個人データを取り扱わせる場合（個人情報保護法ガイドライン Q&A・A10-23 参照）や、（国内）事業者が、外国にある第三者に個人データの取扱いを委託する場合（個人情報保護法ガイドライン Q&A・A10-24 参照）などがある。

　外国移転については、第三者提供規制（個人情報保護法 27 条など）の遵守

に加えて、外国移転を正当化する事由が必要であるが（個人情報保護法28条）、下表 6-6 のとおり、令和2年改正により個人情報取扱事業者（移転元事業者）の義務が加重された（詳細は、個人情報保護法ガイドライン（外国にある第三者への提供編）5 および 6 参照）。実務上は同意による場合の事前の情報提供が必ずしも容易ではないことを踏まえて、相当措置による移転を選択することも少なくない。

図表 6-6：外国移転の正当化事由

外国移転の正当化事由	令和2年改正による影響
(i)日本と同等の水準にあると認められる個人情報保護制度を有している国に移転すること	特になし
(ii)日本の個人情報取扱事業者が講ずべき措置に相当する措置を継続的に講ずるために必要な体制を構築すること	次の各義務が追加 ・移転先事業者による相当措置の実施状況ならびに相当措置の実施に影響を及ぼすおそれのある当該外国の制度の有無およびその内容を、適切かつ合理的な方法により、定期的に確認すること ・移転先事業者による相当措置の実施に支障が生じたときは、必要かつ適切な措置を講ずるとともに、相当措置の継続的な実施の確保が困難となったときは、個人データ・個人関連情報の移転先事業者への提供を停止すること ・本人の求めに応じて相当措置の関連情報を提供すること
(iii)本人の同意を得ていること	同意取得時に、①移転先国の名称、②適切かつ合理的な方法により得られた移転先国における個人情報の保護に関する制度の有無、③移転先事業者が講ずる個人情報の保護のための措置に関する情報を本人に情報提供する義務が追加

なお、外国にある第三者に該当するか否かは法人格の有無により判断される（個人情報保護法ガイドライン（外国にある第三者への提供編）2-2）。そのため、物理的にデータが日本国外に移転するからといって、直ちに外国移転に該当するわけではなく、たとえば、外国にある（自社が管理・運営する）サーバに

個人データを保存しても外国移転には該当しない（個人情報保護法ガイドライン
Q&A・A12-3）。ただし、この場合であっても、安全配慮措置として外国の法制
度などの情報提供義務は適用されるため、留意が必要である。

Ⅲ　各条項の解説

1　仮想事例の検討

　冒頭で述べたとおり、本章では、データ利活用に強い関心を抱く全国的に著
名なスーパーマーケットがそのデータ利活用戦略の一環として、店舗内の利用
客の位置情報ならびに利用客の年齢および性別などの属性情報から、利用者
の所在位置近くに設置されたおすすめ商品情報をアプリ上で自動的に通知する
サービスを展開することを希望しているケースを想定している。

　もっとも、このようなサービスのリリースに先立っては、実店舗を用いた実
証実験を行うことにより、必要な情報を収集することが少なくない。そこで、
プライバシーポリシー作成の前提として、このような情報収集の場面における
個人情報保護法上の留意点を説明する。

　具体的には、サービス開発・展開を希望するスーパーマーケット事業者（以
下「依頼事業者」という）が、外部事業者を起用して、自らの店舗内にカメラ
を設置し、その利用客の動線情報や年齢・性別などの属性情報を抽出し、自社
分析することを希望している場面を想定している[19]。以下、議論を単純化する
ために次の各前提を置く。

・前提１：取り扱われるデータは、①個人の容貌を含む画像データと、画像
　データを分析して得られた動線情報や、年齢・性別などの属性情報などから
　構成される②分析データの２つしかない。
・前提２：①画像データからは特定の個人は識別可能であるが、②分析データ
　それ自体は単なるパラメータにすぎず特定の個人を識別できるものではない
　（たとえば、個人情報保護法ガイドライン Q&A・A1-14）。

19）カメラ画像の取扱いについては、総務省「カメラ画像利活用ガイドブック ver.3.0」（2022
　年３月）が参考になる。

- 前提3：①画像データと②分析データの取得は外部事業者によって行われる。具体的には、外部事業者は、①画像データを取得後、②分析データを創出し、その後、①画像データは一定期間経過後に削除するものとする。
- 前提4：依頼事業者は、②分析データのみを外部事業者から取得し、さらにこれを AI 技術により分析することを想定しているが、特定の個人を識別可能な態様で②分析データを用いることはない。
- 前提5：外部事業者は依頼事業者との契約上、委託業務遂行以外の目的のために②分析データを利用することはできない。

この場合、まず、検討するべきは、個人情報の取扱いがあるか否かであるが、①画像データが少なくとも個人情報に該当することに問題はない。また、②分析データも、それ単体では個人を識別できない場合もあるものの、仮に、固有ID により①画像データと結びつく形で管理されていれば、容易照合性が認められ、個人情報に該当する場合があるだろう。

次に、誰が個人情報取扱事業者になるかは問題である。最終的に依頼事業者に対し②分析データが提供されることを前提にする場合、理論上は、次の選択肢がありうるだろう。

- 選択肢1：外部事業者が、依頼事業者に対し、②分析データを第三者提供。②分析データの提供時に①画像データがすでに消去されている場合には、非個人情報の第三者提供とする余地もある。なお、前提4から個人関連情報の取扱いはない。
- 選択肢2：依頼事業者が外部事業者に対して、個人情報の収集および分析業務を委託。

本件では、外部事業者による分析データの利用には制約が課せられていることに照らせば、選択肢2として整理することになるだろう（個人データの委託に関するものであるが、個人情報保護法ガイドライン Q&A・A7-36）。なお、外部事業者によるデータ利用に制約がなければ、①画像データの消去のタイミング次第では、非個人情報の第三者提供として構成することも、もちろん可能である。しかし、現実には依頼事業者の店舗において、まったくの第三者である外部事業者がカメラを設置し、独自に分析をしたうえで、依頼事業者に対して②

分析データを提供するとの説明が、利用客に納得できるものであるかは問題になりうる。

　想定事例について、選択肢２による場合には、事実としては、依頼事業者は①画像データを取得しないものの、規範的に見れば、外部事業者を介して取得しているため、プライバシーポリシーには、利用目的規制の観点から①画像データから②分析データを作成することや分析データの利用目的を明記することが重要である。この点、個人情報保護委員会の次の回答が参考になる（個人情報保護法ガイドライン Q&A・A1-16）。

　Ａ１－１６　個人情報取扱事業者は、カメラにより特定の個人を識別できる顔画像を取得する場合、個人情報を取得することとなるため、偽りその他不正の手段による取得とならないよう、カメラが作動中であることを掲示する等、カメラにより自らの個人情報が取得されていることを本人において容易に認識可能とするための措置を講ずる必要があります。また、個人情報取扱事業者が、一連の取扱いにおいて、顔画像を取得した後、顔画像から属性情報を抽出した上で、当該属性情報に基づき当該本人向けに直接カスタマイズした広告を配信する場合、当該顔画像を直ちに廃棄したとしても、当該顔画像について、特定の個人を識別した上で、広告配信を行っていると解されます。このため、個人情報取扱事業者は、顔画像から抽出した属性情報に基づき広告配信が行われることを本人が予測・想定できるように利用目的を特定し、これを通知・公表するとともに、当該利用目的の範囲内で顔画像を利用しなければなりません。

　利用目的の開示は店舗への貼紙またはプライバシーポリシーへのリンクもしくは QR コードの提示などによることになる（個人情報保護法ガイドライン Q&A・A1-12）。

　以上の背景事情を前提のうえで、依頼事業者がサービス展開をする際のプライバシーポリシー、ひな型の各条項を解説する。ただし、プライバシーポリシーそれ自体は、説明の便宜のため、オーソドックスなものを利用する。

２　前文

　本ポリシーは、個人情報取扱事業者である○○（以下「当社」といいます）が、提供する○○の名称で提供する○○に関するサービス（以下「本サービス」といいます）を利用するまたは同サービスに関連して当社が取得するお客様の

個人に関する情報（以下「プライバシー情報」といいます）の取扱いを定めます。なお、特段の断りがない限り、本ポリシーにおける用語は、本サービスの利用規約および個人情報の保護に関する法律（以下「個人情報保護法」といいます）と同じ意味を有するものとします。

　個人情報は、生存する「個人に関する情報」のうち「特定の個人を識別可能なもの」を意味する。

　しかし、個人情報に該当しないからといって、本人がプライバシーや肖像権その他人格的利益の侵害を危惧する情報を何ら制限なく、無造作に取り扱うと炎上リスクの温床になりかねない。そのため、個人情報に該当するか否かにとらわれることなく、事業上支障がない範囲では、むしろ、積極的に個人に関する情報の利用態様を開示し、利用者の納得を得たうえでのサービス提供が望ましい。

　そこで、本条項例では、プライバシーポリシーの対象を、個人情報保護法の定める「個人情報」に該当するか否かを問わず、個人に関する情報（プライバシー情報）としている[20]。もっとも、たとえば、保有個人データの開示などに対応する義務については、プライバシー情報一般を対象にすることにより対応負荷の増加が懸念されるため、必要に応じて、プライバシー情報と個人情報（あるいは個人データまたは保有個人データ）を使い分けている。

　また、個人情報保護法は、保有個人データについて、個人情報取扱事業者の氏名または名称を本人の知りうる状態に置くことを求めている（同法32条1項1号）。そのため、自明であるが、念のため、ポリシーの制定主体（当社）について「個人情報取扱事業者である」と修飾している。

　加えて、本プライバシーポリシーでは、各用語の定義を個人情報保護法の定めによる旨記載するに留めている。これは、たとえば、令和3年改正では、条文番号が大幅に変更されたことなどを踏まえて、具体的な条文番号を明記するよりは、より抽象的な引用に留めるなどの対応をとる方が、法令改正などの場合の対応負荷を低減できるとの考慮によるものである。

20）初版では、一般社団法人日本インタラクティブ広告協会（JIAA）「プライバシーポリシーガイドライン」（2004年11月（最終改訂：2017年5月））の「インフォマティブデータ」を参考に「私的情報」との概念を設けていたが、令和2年改正で導入された「個人関連情報」との関係が問題になりうるため、第2版では削除した。

3　適用関係

第１条（適用関係）
1　本ポリシーと、本サービスの利用規約その他の書面におけるプライバシー
情報の取扱いに矛盾または抵触がある場合には、本ポリシーの定めが優先す
るものとします。
2　本ポリシーは、連携サービスには適用されません。連携サービスにおける
プライバシー情報の取扱いは、当該サービスの提供事業者が定めるプライバ
シーポリシーなどを参照ください。

　本条項例は、利用規約とプライバシーポリシーの適用関係を整理するものである。具体的な書きぶりにもよるが、利用規約は、主として、事業者と利用者間の私法上の契約関係を規律するのに対して、プライバシーポリシーは、個人情報保護法などの公法上の各種義務の履践や事業的観点からの取扱方法の宣言を主たる目的としており、その意図する効果は異なる。

　そのため、実務では、利用規約において、個人データの取得や利用などに関する保証を定めるにとどめ、その他の個人情報の取扱いの大部分は、プライバシーポリシーにゆだねることが少なくない。

　なお、本条項例では、本サービスにおいて、自社が提供するサービスのみならず、他社が提供するサービス（連携サービス）を提供することを想定している。他社が取得するプライバシー情報の取扱いは、自社による管理の埒外であることから、他社のプライバシーポリシーの参照を求める内容としてある。

4　法令遵守

第２条（法令遵守）
　当社は、個人情報保護法その他法律、条例、政令、規則、基準およびガイド
ラインなど（以下「法令」といいます）を遵守し、個人に関する情報を適法か
つ適切に取り扱います。

　サービス事業者が、個人情報保護法を含む法令を遵守することは当然であるものの、本条は、このことを確認的に規定するものである。

5　利用目的

> 第３条（利用目的）
> 　当社は、次のプライバシー情報を取得し、次の利用目的の達成に必要な限りにおいて、プライバシー情報を取り扱います。
>
> | 取得する情報 | 利用目的 |
> |---|---|
> | | |
> | | |
> | | |
> | | |

(1)　利用目的の特定

　個人情報を取り扱う際には、利用目的の特定が必要である（個人情報保護法17条1項）。個人情報保護委員会は「利用目的の特定に当たっては、利用目的を単に抽象的、一般的に特定するのではなく、個人情報が個人情報取扱事業者において、最終的にどのような事業の用に供され、どのような目的で個人情報を利用されるのかが、本人にとって一般的かつ合理的に想定できる程度に具体的に特定することが望ましい」（個人情報保護法ガイドライン（通則編）3-1-1）としたうえで、次の各事例に言及している（ただし、その判断はケースバイケースである）。

図表6-7：利用目的の特定

具体的に利用目的を特定している事例	具体的に利用目的を特定していない事例
事例）事業者が商品の販売に伴い、個人から氏名・住所・メールアドレス等を取得するに当たり、「○○事業における商品の発送、関連するアフターサービス、新商品・サービスに関する情報のお知らせのために利用いたします。」等の利用目的を明示している場合	事例1）「事業活動に用いるため」 事例2）「マーケティング活動に用いるため」

また、「一連の個人情報の取扱いの中で、本人が合理的に予測・想定できないような個人情報の取扱いを行う場合には、かかる取扱いを行うことを含めて、利用目的を特定する必要」があり、たとえば、「いわゆる『プロファイリング』といった、本人に関する行動・関心等の情報を分析する処理を行う場合には、分析結果をどのような目的で利用するかのみならず、前提として、かかる分析処理を行うことを含めて、利用目的を特定する必要」がある（個人情報保護法ガイドライン Q&A・A2-1）。

　もっとも、実務では、クラウドサービスの立上げ当初は、利用目的が必ずしも十分に特定できないことを理由に概括的な利用目的を記載するにとどめる例は少なくない。しかし、そのような利用目的の記載は、個人情報保護法上の特定義務の履践に関し疑義が生じる。また、このような概括的な目的の設定が、個人情報保護法上、問題がないとしても、ビジネス上問題がないことにはならない。概括的な利用目的を掲げた結果、その利用者から、真の利用目的を「隠している」との評価を受けてしまえば、最悪、事業を廃止しなければならない事態に陥るおそれもある。そのため、少なくとも、想定するビジネスの根幹となる利用目的については、利用者が納得のうえで、サービスを利用できる程度に、具体性をもって記述をすることが望ましいといえる（概括的な目的と併記する方法もありうるだろう）。

　それでは、個人情報保護法上、利用目的の特定の対象は何か。利用目的には、想定される個人情報の利用、すなわち、「取得及び廃棄を除く取扱い全般」を記載する必要があるが、これには、「保管」も含まれる（個人情報保護法ガイドライン Q&A・A2-3）。他方、利用目的の特定は「個人情報」の取扱いが対象であるため、次の加工のいずれも利用目的とする必要はない。

・統計データへの加工（個人情報保護法ガイドライン Q&A・A2-5）
・匿名加工情報への加工（個人情報保護法ガイドライン Q&A・A15-7）
・仮名加工情報への加工（個人情報保護法ガイドライン Q&A・A14-9）

　なお、第三者提供規制との関連では、「第三者提供」をする場合には、その旨が「明確に分かるよう特定」して、利用目的に含める必要がある（個人情報保護法ガイドライン（通則編）3-1-1）。ただし、確認・記録義務の履行のために個人データを保存することの特定は不要である（個人情報保護法ガイドライン

Q&A・A13-32)。

(2)　利用目的の通知・公表

　個人情報取扱事業者は、個人情報を取得した際は、あらかじめその利用目的を公表している場合を除き、速やかに、その利用目的を、本人に通知し、または公表しなければならないが（個人情報保護法21条1項）、これら通知・公表は事後的でも足りる。ただし、書面などにより本人から直接取得する際には事前に利用目的を明示することが必要である（同条2項）。また、利用目的の変更の際にも、変更後の利用目的の通知・公表が必要である（同条3項）。

(3)　仮名加工情報の取扱い

　個人情報取扱事業者である仮名加工情報取扱事業者は、個人情報である仮名加工情報を「取得」した場合には、あらかじめその利用目的を公表している場合を除き、速やかに、その利用目的を公表しなければならない（個人情報保護法41条4項、同法21条1項）。利用目的の変更を行った場合も同様である（同法41条4項、同法21条3項）。

　もっとも、個人情報取扱事業者が仮名加工情報を作成したときは、作成の元となった個人情報に関して、個人情報保護法17条1項の規定により特定された利用目的が、当該仮名加工情報の利用目的として引き継がれ（個人情報保護法ガイドライン（仮名加工情報・匿名加工情報編）2-2-3-1-1)、取得には該当しない（同 2-2-3-1-2)。

(4)　本条の解説

　上記5(1)および5(2)のとおり、個人情報の取扱いに際して、利用目的の特定および通知または公表が必要であるため、本条では、個人情報を含むプライバシーの利用目的を明示している。個人情報でない情報は、法的には利用目的の明示は不要であるが本人に対する安心感の付与も意図して明示している。

　また、本条項例では、GDPRにおいて、個人データごとにその処理目的と処理の正当性の根拠を表示することが求められていること（GDPR 13条、14条）も勘案して、個別のプライバシー情報ごとに利用目的に表示している（あらかじめ、世界的な水準にあわせておくことで、後に規制水準が引き上げられた際やグローバル対応が必要になった際の対応コストを一定程度軽減する意図もある）。

　もっとも、実務では、データの種類を特定して利用目的を設定することが難しい場合もある。その際には、次のように、取り扱うプライバシー情報全体について、利用目的を設定することも考えられる。

> 　当社は、次のプライバシー情報を取得し、次の利用目的の範囲で、プライバシー情報を取り扱います。
> ・　○○○のため

　なお、本条では、プライバシー情報の取得経緯をあえて別の条項にしていないものの、可能な範囲で取得経緯を明確化し、本人に開示することは、事案によっては、個人情報を偽りその他不正の手段による取得を行っていないこと（個人情報保護法20条）を基礎づける一事由にもなると思われる。

6　第三者提供

> 第4条　（第三者提供）
> 1　当社は、個人情報保護法を含む法令に基づく場合を除き、第三者に対し、個人データを提供しません。
> 2　当社は、個人データに該当しないプライバシー情報およびプライバシー情報を○○することにより得られた○○などの情報を、○○などその他の第三者に対し、提供することがあります。これら情報は○○などに利用される可能性があります。当社は、第三者に対し、これら情報を提供するとき、その第三者から、これら情報から個人を識別しないとの確約を得るものとします。

　上記5(1)のとおり、利用目的規制遵守の観点からは、第三者提供をする場合には、「明確に分かるよう特定」して、利用目的に含める必要がある（個人情報保護法ガイドライン（通則編）3-1-1）。

　本条項例3条に追記することでも問題がないが、本人からの同意を得る際に、独立した項目としておく方が第三者提供がされることを本人が把握しやすいことや、記載漏れなどを防止するべく、本条項例では、利用目的に関する3条から独立した条項として規律している。特に、実務では、オプトアウト手続の利用を検討する際、第三者提供がプライバシーポリシーの利用目的として明記されていないことから、その利用を断念することもあるため[21]、オプトアウト手続の利用可能性がある場合には留意が必要である。

　本条1項では、個人データについて、法令に基づく場合を除き、第三者提供をしない旨を明示しているが、仮に第三者提供が予定されているのであれば、その旨を明示する必要がある。もっとも、第三者提供をする旨記載があれば足り、具体的な提供先の明示までは不要である。

　本条2項は、プライバシー情報やこれを加工した情報の第三者提供を定める。個人データ以外のプライバシー情報は、多くの場合、個人関連情報に該当すると思われるが、提供先が「個人データとして取得することが想定されるとき」（あくまでも、個人関連情報の個人識別性が問題になり、容易照合性が認められる結果、提供先において個人データになる場合は含まれないため留意が必要である）、提供先がこのような取得について本人からの同意を得ていることを、提供元が確認する必要がある（個人情報保護法31条1項1号）。提供元がこのような確認義務を避ける手段の1つとしては、提供先から受領した情報を用いて個人を識別しない旨の確約を得ることがある。そのため、本条2項では、一例として、その旨を明記した。

　プライバシー情報やこれを加工した情報を外部提供する場合、レピュテーションリスクを伴うため、本人への事前の丁寧な説明が重要であろう。そのため、本条2項では、本人の納得感を考慮して、その提供目的を特定している。また、プライバシー情報については、これを受領した提供先は、その利用目的を開示する義務を個人情報保護法上は負わないが、やはり、本人の納得感を重視して、提供元が想定可能な利用態様を記載することにしている。

　ただし、事業形態や提供先との力関係等の事情によりそのような定めを設けることが困難な場合や事業上これらの定めに拘束されることが許容し難い場合には削除することになるだろう。

7　委託

第5条（委託）
　当社は、利用目的の達成に必要な限りにおいて、プライバシー情報の全部ま

21）オプトアウト手続は第三者提供に際して本人の事前同意の取得が不要である点にその利用のメリットがあるところ、利用目的に第三者提供が記載されていない場合には、目的外利用のための同意を本人から取得する必要が生じ、そのメリットを享受できないためである。

たは一部の取扱いを第三者に委託することがあります。当社は、委託先が、プライバシー情報を適切かつ安全に管理するように監督します。

　「利用目的の達成に必要な範囲内において個人データの取扱いの全部又は一部を委託することに伴って当該個人データが提供される場合」は、その提供先は第三者に該当しない（個人情報保護法 27 条 5 項 1 号）ため、同意取得規制およびトレーサビリティ規制の適用を免れるべく、委託構成に依拠することは実務上少なくない。委託に関しては、個人情報保護法やガイドラインなどでは、本人への通知や公表義務はない。そのため、委託について、プライバシーポリシーへの記載は多くの場合不要である。しかし、実務では、本人への情報提供の観点から、委託に関しても言及することが一般的であり、本条項例もこの観点から設けている。

　「委託」の意義について、「契約の形態・種類を問わず、個人情報取扱事業者が他の者に個人データの取扱いを行わせることをいう。具体的には、個人データの入力（本人からの取得を含む。）、編集、分析、出力等の処理を行うことを委託すること等」を指すものと解されている（個人情報保護法ガイドライン通則編 3-4-4）。もっとも、具体的な場面で「委託」に該当するのかそれとも第三者提供に該当するのか判断に困る場面もある。この点、個人情報保護委員会は、外部事業者のみが個人データを取扱い、依頼事業者が一切個人データの取扱いに関与しない場合は、「通常、当該個人データに関しては取扱いの委託をしていないと解されます」とする一方、①依頼事業者が個人データの内容を確認できる場合、②契約上、依頼事業者に個人データの取扱いに関する権限が付与されている場合や、外部事業者における個人データの取扱いについて制限が設けられている場合には、委託をしているものと解されるとしており参考になる [22]（個人情報保護法ガイドライン Q&A・A7-36）。

　委託の留意点として、委託者は、受託者の自らが講ずべき安全管理措置と同

22）上記 1 で検討したとおり、実務上生じることが少なくない問題として、外部事業者に対し、個人データの収集および分析を依頼し、その結果のみの提供を受ける場合に、果たして、個人情報保護法の委託として処理するべきなのかがある。仮に、依頼事業者による委託と構成される場合には、プライバシーポリシーにおける利用目的の開示が必要になるからである。

様の措置が講じられるように、監督責任を負う（同法 25 条）。この安全管理措置は、一般に委託契約[23]を締結し、かつ実質的にも監督を行うことが求められるところ、前者については、「委託元・委託先の双方が安全管理措置の内容について合意をすれば法的効果が発生」するため、「当該措置の内容に関する委託元・委託先間の合意内容を客観的に明確化できる手段であれば、書式の類型を問」わないと解されている（個人情報保護法ガイドライン等 Q&A・A5-8）。また、実質的な監督を行えれば足り、立入検査などの監査条項を含めることは必須ではない（個人情報保護法ガイドライン Q&A・A5-9）。

> **コラム：委託と監督義務**
>
> 　データビジネスの実務では、外部の大手 IaaS 事業者に対し、個人データをアップロードし、情報処理に用いることが少なくない。仮に、その事業者の利用規約を変更できない場合には、その事業者による個人データへのアクセス可能性があることから、前記Ⅱ・7・(1)・イのクラウドサービスにおける提供の不存在の解釈論を援用できない一方、単純に第三者提供（個人情報保護法 27 条 1 項）として構成すると、果たしてトレーサビリティ規制の履践を求めることができるか、との問題も残る。
>
> 　そのため、委託（個人情報保護法 27 条 5 項 1 号）として構成することが考えられるものの、監督義務を実質的に果たすことができないのではないか、との疑念が生じる。もっとも、個人情報保護委員会は、外部事業者に定型的業務を委託する場合、その事業者の約款に加えて、必ず提供者の社内内規を遵守するように求める覚書が必要か否かについて、次のとおり述べている（個人情報保護法ガイドライン Q&A・A5-11）。
>
> 　個人データの取扱いを委託する場合の委託先の監督については、取扱いを委託する個人データの内容を踏まえ、個人データが漏えい等をした場合に本人が被る権利利益の侵害の大きさを考慮し、委託する事業の規模及び性質、個人データの取扱状況（取り扱う個人データの性質及び量を含む。）などに起因するリスクに応じて行うべきものと考えられます。当該約款等を吟味した結果、当該約款等を遵守することにより当該個人データの安全管理が図られると判断される場合には、当該定型的業務を委託することについて必ずしも追加的に覚書を締結する必要まではない……

23）委託契約の記載内容としては、旧法下のものであるが、経済産業省「個人情報の保護に関する法律についての経済産業分野を対象とするガイドライン」（平成 29 年 5 月 30 日廃止）38 頁以下が参考になる。

　実務上は、外部事業者の利用規約を確認のうえで、安全管理措置が十分に取られていると判断した場合には、監督義務を果たしうるとして処理をするほかないだろう。

　なお、実務では、「委託」構成をとれば、個人データのいかなる利用も可能との、委託万能主義ともいうべき誤解に接することも少なくないが、委託先はあくまでも、個人データの取扱いに関して、受託を受けているにすぎず、委託元に課せられた利用目的の制限を受け、かつ、委託契約にも拘束される。

　仮に、委託先が、委託された業務以外に委託された個人データを取り扱う場合には、委託元から委託先への個人データ提供は、原則にしたがい、第三者提供に該当し、個人情報保護法所定の手続を踏んでいなければ、委託元による同法違反になるだろう。次の各場面のように委託先が委託された個人データを取扱う場合には「委託された業務以外に当該個人データを取扱う」事例に該当し、委託として処理することができないため、留意が必要である。

・自社の営業活動等のために利用すること（個人情報保護法ガイドライン Q&A・A7-37）
・委託された業務の範囲を超えて統計情報や匿名加工情報に加工すること（ただし、委託された業務の範囲内であれば加工できる）（個人情報保護法ガイドライン Q&A・A7-38 および A15-19）
・委託元の利用目的の達成に必要な範囲を超えて委託元から提供された個人データを自己の分析技術の改善のために利用すること[24]（個人情報保護法ガイドライン Q&A・A7-39）
・委託元から取扱いの委託を受けた個人データを利用して取得した個人データを委託された業務以外に利用すること（広告配信の委託を受けて取得した本人の反応等の別の個人データを自社目的に利用する場合）（個人情報保護法ガイドライン Q&A・A7-40）

---

24) 個人情報保護委員会は「委託元の利用目的の達成に必要な範囲内である限りにおいて、委託元から提供された個人データを、自社の分析技術の改善のために利用することができます」と回答しており、その範囲は「委託された業務の範囲」に限定されていない。もっとも、いずれにせよ、委託業務の範囲外の利用は、一般的には、委託契約に違反するため、事実上は委託された業務の範囲内に利用範囲が限定される場合が少なくないだろう。

- 委託に伴って提供された個人データを委託先が独自に取得した個人データまたは個人関連情報と本人ごとに突合すること（個人情報保護法ガイドラインQ&A・A7-41）

加えて、複数事業者の個人データを取り扱う場合にも、次の留意点がある。

- 委託先は、その分別管理をしなければならない（個人情報保護法ガイドラインQ&A・A7-37 事例2）。
- 各委託元から委託に伴って提供を受けた個人データを本人ごとに突合することはできない（個人情報保護法ガイドラインQ&A・A7-43 ①）。ただし、複数の提供先からの指示に基づきこれら提供先から提供された個人データを、本人ごとに突合することなく、サンプルとなるデータ数を増やす目的で合わせて1つの統計情報を作成することは可能である（個人情報保護法ガイドラインQ&A・A7-43 ②）。
- 複数の会社から匿名加工情報の作成の委託を受けた場合、各個人情報の取扱いおよび匿名加工情報の作成については、各委託者の指示に基づきその範囲内で独立した形で行う必要があり、異なる委託者から委託された個人情報を突合したり、組み合わせたりすることはできない（個人情報保護法ガイドラインQ&A・A15-18）。

　上記のとおり、委託構成が制限される場面として、分別管理や突合禁止があるが、これらは、委託の本質的な要素であって、仮に委託元が委託先に対して、個人データの混在した管理や突合を許可した場合であっても、委託の枠組みのもとでは許容されないだろう。これらを認めてしまうと、委託先が個人データを委託先の判断により利用する（あるいは利用しうることになり）委託元の手足として個人データを取り扱っているとの前提が崩れると思われるからである。

コラム：分別管理と突合禁止
　実務では、個人情報保護法ガイドラインQ&A・A7-41の次の記述の解釈が問題になることがある。

> 　個人データの取扱いの委託（法第23条第5項第1号）において、委託先は、委託に伴って委託元から提供された個人データを、独自に取得した個人

> データ又は個人関連情報と本人ごとに突合することはできません。……これらの取扱いをする場合には、①外部事業者に対する個人データの第三者提供と整理した上で、原則本人の同意を得て提供し、提供先である当該外部事業者の利用目的の範囲内で取り扱うか、②外部事業者に対する委託と整理した上で、委託先である当該外部事業者において本人の同意を取得する等の対応を行う必要があります。

　具体的には、②の委託先が取得する「本人の同意」の対象が何かということである。「外部事業者に対する委託」であれば、第三者提供に関する同意の取得は不要であるためである。いくつかの読み方は可能であるが、最も素直（かつA7-41の記載と整合する）と思われる読み方は、Q&Aにおける「外部事業者に対する委託」との記述は、あくまでも、当事者の主観的認識を示しているにすぎず、採用されるスキームが、客観的に個人情報保護法27条5項1号の「委託」に該当するか否かとは無関係である、というものだろう。この読み方はたとえば、A7-43の「外部事業者に対する委託と整理した上で、委託先である当該外部事業者において提供を受けた個人データを本人ごとに突合して統計情報を作成する場合には、A社及びB社においてそれぞれに対する第三者提供に関する本人の同意を取得する等の対応を行う必要があります」との記述とも整合的である。
　この読み方を前提にする場合、A7-41②において、委託先が取得するとされている本人の同意は、やはり、第三者提供に関するものであって、同箇所は委託先が委託元に代行してこれを取得するとの対応がありうることを説明していると理解可能と思われる。

8　共同利用

第6条（共同利用）
　当社は、次のとおり、プライバシー情報を共同利用します。
　(1)　共同利用される個人データの項目：○○
　(2)　共同して利用する者の範囲：当社グループ会社（https://○○○を参照ください。）
　(3)　共同利用する者の利用目的：○○
　(4)　個人データの管理について責任を有する者：当社

　特定の者との間で共同して利用される個人データをその特定の者に提供する場合には、次の各情報を、あらかじめ本人に通知または本人が容易に知りうる

状態においているときには、第三者提供に該当しない（個人情報保護法27条5項3号）。

① 　共同利用をする旨
② 　共同して利用される個人データの項目
③ 　共同して利用する者の範囲
④ 　利用する者の利用目的
⑤ 　共同して利用される個人データの管理について責任を有する者の氏名または名称および住所（法人の場合には代表者の氏名）

　「共同して利用する者の範囲」は「共同利用者の範囲については、本人がどの事業者まで将来利用されるか判断できる程度に明確にする必要がある」ものの、「当該範囲が明確である限りにおいては、必ずしも事業者の名称等を個別に全て列挙する必要はない」（個人情報保護法ガイドライン（通則編）3-6-3-(3)）。ただし「共同利用する者の範囲は本人がどの事業者まで現在あるいは将来利用されるか判断できる程度に明確にする必要が」（個人情報保護法ガイドラインQ&A・A7-50。傍点は筆者らによる）ある。

　実務上はグループ企業間における情報共有で多く用いられるが、他事業者間でも、その共有範囲を明確にできるのであれば、利用可能だろう。たとえば、「特定のキャンペーン事業の一員であること」は許容される（個人情報保護法ガイドライン通則編3-6-3）。

　本条項例は、個人情報保護法と同様の内容を掲載するものであるが、本人の納得感を重視して、プライバシー情報についても、その利用目的などを明示することにしている。なお、⑤住所および法人の場合の代表者氏名については、本条項例11条において手当てしている。

9　安全管理措置

第7条（安全管理措置）
　1　当社は、プライバシー情報の漏えい、滅失又はき損の防止その他プライバシー情報の安全管理に努め、かつ、そのために十分なセキュリティ対策を講じます。また、当社は、プライバシー情報が適正に取り扱われるように、関

連規程を整備し、かつ、従業員を適切に教育及び指導し、その管理態勢を継続的に見直し、改善に努めます。

2　当社は、○○国に所在する事業者が管理するサーバにおいて、個人データを保存することがあります。この場合であっても、同事業者がお客様の個人データを閲覧することはありません。○○国における個人情報保護に関する法令の概要は個人情報保護委員会ウェブサイト（https://○○○）をご確認ください。

(1)　安全管理措置のために講じた措置の開示

　令和2年改正により、個人情報取扱事業者は、原則として、保有個人データに関して講じた個人情報保護法23条の安全管理措置の内容を「本人の知り得る状態（本人の求めに応じて遅滞なく回答する場合を含む。）に置くこと」が求められるようになった（個人情報保護法32条、同法施行令10条）。この点、個人情報保護委員会は、「本人の知り得る状態については、本人の求めに応じて遅滞なく回答する場合を含むため、講じた措置の概要や一部をホームページに掲載し、残りを本人の求めに応じて遅滞なく回答を行うといった対応も可能であるが、例えば、『個人情報の保護に関する法律についてのガイドライン（通則編）』に沿って安全管理措置を実施しているといった内容の掲載や回答のみでは適切ではない」（個人情報保護法ガイドライン（通則編3-8-1-(1)）としており留意が必要である。

　本条1項は、上記規制を遵守するために、実施した安全管理措置の概要を記載するものである。もっとも、上記記載で確実に開示義務が充足されたか否かは具体的な事案にもよるため、上記記載をもって以後の対応は不要とするのではなく、仮に本人から求めがあった際には適切に回答できるように改めて準備しておくことが重要である。

　なお、個人情報保護法24条の従業者監督および同25条の委託先監督義務は、安全管理措置が具体化したものであるから、上記の開示対象に含まれる（2021年8月2日付通則編パブリックコメント No.449）。

(2)　外国における個人データの取扱い

　令和2年改正前は、国外のサーバで個人データを取り扱う場合であっても、クラウドサービスの例外（前記Ⅱ・7・(1)・イ）により「提供」が否定される場合[25)]には、個人情報保護法との関係では、国内のデータ取扱いと大きく対応

を変える必要性は高くなかったものの[26]、個人情報保護委員会は、「提供」の有無を問わず、安全管理措置の実施を求めているため留意が必要である（個人情報保護法ガイドライン Q&A・A10-25）。

　このような場合、個人データが保存されるサーバの所在国が特定できるか否かによって、以下のように個人情報保護委員会が求める対応は分かれる（個人情報保護法ガイドライン Q&A・A10-25）。

サーバ所在国が特定できる場合	サーバ所在国が特定できない場合
・クラウドサービス提供事業者が所在する外国の名称及び個人データが保存されるサーバが所在する外国の名称を明らかにすること ・当該外国の制度等を把握した上で講じた措置の内容を本人の知り得る状態に置くこと	・サーバが所在する国を特定できない旨及びその理由、及び、本人に参考となるべき情報（例えば、サーバが所在する外国の候補が具体的に定まっている場合には候補国の名称等）を本人の知り得る状態に置くこと

　本条2項は、サーバ所在国が特定できることを前提に、安全管理措置の一環として、外国名およびその制度概要に関する情報を提供するものである。この点、個人情報保護委員会がその法制度の概要を公開している国については、当該情報が掲載されたウェブサイトへのリンクを記載することで足りる場合が多いだろう。また、仮にクラウドサービスの例外（前記II・7・(1)・イ）の適用がない場合には、外国事業者への個人データの第三者提供が問題になるため、本条項例4条1項を修正するとともに、上記II・9で述べた各種の対応も必要になることには注意が必要である。

---

25) 下記7(1)イ②解釈による適用免除で先述したように「提供」が否定される場合を除いては、形式的には、個人データが、国外の第三者（法人の場合には、別の法人格を有するか否かで判断する）に移転しているため、わが国と同等の水準にあると認められる個人情報保護制度を有している国（たとえば、EU各国や英国）に移転する場合や、わが国の個人情報取扱事業者が講ずべき措置に相当する措置を継続的に講ずるために必要な体制を構築する場合、その他法の定める例外を除いて、原則として、本人の同意が必要である（個人情報保護法28条）。

26) このような場合でも個人データが物理的に所在する国の個人情報関連法制の適用対象になる可能性はある（それがゆえに令和2年改正で外国の法制度等の情報提供が求められるようになった）。

10　保有個人データの開示等

> 第8条（保有個人データおよび第三者提供の記録の開示等）
> 　当社が管理する保有個人データおよび第三者提供の記録について、ご本人またはその代理人から利用目的の通知の請求または開示、訂正・追加・削除、利用停止・消去もしくは第三者提供の停止（以下、あわせて「開示等」といいます）の請求をされる場合は、「開示等の請求手続のご案内」（https:// ○○○）記載の手続によりお申し出ください。ただし、個人情報保護法その他の法令により、当社が対応義務を負わない場合、開示等に応じかねますので、あらかじめご了承ください。

　「保有個人データ」には、保有個人データに関する事項の公表（個人情報保護法32条）や開示請求などへの対応義務などが課せられている（同法33条〜39条）が、これら手続については、原則として、「本人の知り得る状態（本人の求めに応じて遅滞なく回答する場合を含む。）に置かなければならない」（同法32条1項3号）。

　本人の求めに応じて遅滞なく回答すれば足りるため、必ずしも手続を対外的に公表する必要はないものの、対応負荷を下げるとの観点からは、あらかじめ関連する手続を明記することが望ましい場合もあるだろう。このような観点から、本条を設けている。

　なお、実務上、保有個人データに限定されず、個人情報一般に関して、開示などの対応をとる事例もあるものの、事業者の対応負荷も考慮して、本条項例では、個人情報保護法の原則どおりの対応とした。

11　本ポリシーの変更

> 第9条　（本ポリシーの変更）
> 1　当社は、プライバシー情報の取扱いに関する運用状況を適宜見直し、継続的な改善に努めるものとし、必要に応じて、本ポリシーを変更することがあります。
> 2　前項の定めにかかわらず、法令上、ご本人の同意が必要となるような内容の変更を行うときは、別途当社が定める方法により、ご本人の同意を取得します。
> 3　前2項の変更後の本ポリシーについては、本サービスまたは当社ウェブサ

イトにおける掲示その他分かりやすい方法により周知します。

　本条は、プライバシーポリシーの変更手続を定めた条項であるが、特に、利用目的の変更を念頭に置いたものである。

　個人情報保護法上は、変更前の利用目的と「関連性」を有すると「合理的に認められる範囲」でのみ変更が可能である（個人情報保護法17条2項）。本条1項はこのような変更を想定している。なお、「個人情報の取扱内容等に変更がない中で、本人が一般的かつ合理的に予測・想定できる程度に利用目的を特定し直した場合、利用目的の変更には該当しない」ものの、保有個人データの開示請求との関係では、利用目的を本人が知りうる状態に置く必要がある（2021年8月2月付通則編パブリックコメントNo.23）。

　他方、上記の範囲を超える利用目的の変更は、効力を有せず、したがって、当初設定された利用目的の範囲外の利用には、本人の同意が必要である（個人情報保護法18条1項）。そのため、本条2項では、必要に応じて本人の同意を取得する旨を明示している。本人の同意なく利用目的の変更が認められない場合としては、次の各事例がある（個人情報保護法ガイドライン等Q&A・A2-9）。

- 　当初の利用目的に「第三者提供」が含まれていない場合において、新たに、個人情報保護法27条2項の規定による個人データの第三者提供を行う場合
- 　当初の利用目的を「会員カード等の盗難・不正利用発覚時の連絡のため」としてメールアドレス等を取得していた場合において、新たに「当社が提供する商品・サービスに関する情報のお知らせ」を行う場合

　さらに、利用目的を変更したときは、変更された目的を本人に通知または公表する必要がある（個人情報保護法21条3項）。ただし、変更前後の利用目的の対比までは必要ない（個人情報保護法ガイドラインQ&A・A2-7）。本条3項はこの規制に対応する。

コラム：プライバシーポリシーと定型約款規制
　プライバシーポリシーが利用規約の一部を構成する際に、民法548条の2以

下の、定型約款に関する規律が適用されるかは問題である。

　立案担当者は、プライバシーポリシー適用の同意はあくまでも、個人情報保護法に基づく同意であって、したがって、契約の成立に向けられた同意でないから、プライバシーポリシーは「契約の内容とすることを目的として特定の者により準備された条項の総体」には該当せず、定型約款に関する規律が直接適用されることはないと解している[27]。

　それでは、利用規約中に、個人情報の取扱いはプライバシーポリシーにゆだねる旨が記載されている場合にはどうなるか。理論上は、①私法上の義務に取り込まれたプライバシーポリシーと、②公法上の義務を規律するプライバシーポリシーが併存すると思われるところ、①には定型約款規制が及ぶ一方、②は、私法上の契約の内容ではない以上、やはり定型約款に関する規律の適用はないだろう。ただし、この場合、1つのプライバシーポリシーが異なる法的位置づけを有することになりその取扱いが複雑化することになる。

　そのため、実務上は、利用規約において、プライバシーポリシーとの関係を明示しないか、あるいは、プライバシーポリシーの変更の際には少なくとも事前通知又は周知をすることにより民法548条の4を履践したと主張し得るようにしておくことなどが考えられるだろう。

12　問合せ

第10条（お問合せ）
　当社によるプライバシー情報の取扱いに関する苦情、ご意見、ご質問、ご要望その他のお問合せは、お問合せフォーム（https://○○○）により申し出てください。なお、お問合せへの対応に際しては、ご本人またはその代理人であることを確認させていただくことがありますので、あらかじめご了承ください。

　個人情報取扱事業者は、個人情報の取扱いに関する苦情の適切かつ迅速な処理をする努力義務を負う（個人情報保護法40条）。また、保有個人データについては、原則として、その取扱いに関する苦情の申出先を「本人の知り得る状態（本人の求めに応じて遅滞なく回答する場合を含む。）に置かなければならない」（同法32条1項4号、同法施行令10条）。そのため、本条は、これら規制をふまえて、個人情報の取扱いに対する苦情などの対応窓口を設けるものである。

27）村松秀樹＝松尾博憲『定型約款の実務Q&A』（商事法務、2018）79頁、80頁。

　なお、この対応窓口は、保有個人データの開示等への窓口としても機能するとともに、個人データ漏えいの際に本人への通知が困難な場合の代替措置にも利用可能である（個人情報保護法ガイドライン（通則編）3-5-4-5）。

13　会社情報

> 第 11 条（当社について）
> 　当社の住所および代表者その他当社に関する最新の情報は、当社ウェブサイト（https://○○○）をご確認ください。

　令和 2 年改正法では、オプトアウトおよび共同利用の際ならびに保有個人データを取り扱う場合であって、かつ、個人情報取扱事業者等が法人である場合には、法人の住所やその代表者名が各種開示の対象に含まれることになった（個人情報保護法 27 条 1 項 1 号、27 条 5 項 3 号、32 条 1 項など）。もっとも、これら事項は、あくまでも「知り得る状態（本人の求めに応じて遅滞なく回答する場合を含む。）」にすれば足りる。そのため、プライバシーポリシーに法人住所やその代表者名を明記しなくともよい場合がある。現に、個人情報保護委員会も「一般的に、本人が認識できる形であれば、必ずしも一つのウェブページにて法第 27 条第 1 項各号の事項を全て掲載する必要はなく、複数のウェブページに分けてこれを掲載するといった対応も可能と考えられます」（2021 年 8 月 2 日付通則編パブリックコメント No.446）としている。

　むしろ、これら事項の変更の可能性が低くないことに照らせば、代表者名を明示する形でプライバシーポリシーを変更してしまうと、代表者が変わるたびに変更が必要になり、実務対応が煩雑になってしまう場合もあるため、会社概要等の存在をもって足りるとしポリシーを変更しない、あるいはポリシーにリンク先を記載する等の対応が無難だろう。

　本条では、住所や代表者名を特定するのではなく、これらが分かるウェブサイトを案内するに留めているが、上記個人情報保護委員会の見解を踏まえれば、必要不可欠なものではなく、あくまでも念のためとの位置づけが強い。

第 7 章

プラットフォーム型契約

I　想定するケース

　昨今、多種多様なデータを集積し、利活用する場としての「データプラットフォーム」がビジネス上大きな注目を集めている。

　もっとも、データプラットフォームを適切に組成し、運用するためには、その参加者間の利害関係を調整しつつ、データ提供を含んだプラットフォーム参加へのインセンティブを損なわないようにスキームを設計する必要がある。

　データプラットフォームの構築の「型」はいまだ発展途上であるものの、試論として、筆者らが、経済産業省「AI・データ契約ガイドライン検討会作業部会」の活動に際して作成し、同省に提出した「データ共用型（プラットフォーム型）契約モデル規約に関する報告書」（2020年3月）の内容をふまえつつ、データプラットフォームの組成について、実務上問題になりうる事項を解説したい。

　なお、本章では、次の各語を次の意味で用いるが、「データプラットフォーム」の定義は、AI・データ契約ガイドライン（データ編）に若干の変更を加えているため、留意されたい。また、本章で対象とする「データプラットフォーム」には、単一の事業者がクラウドサービスとしてプラットフォームを提供する場合を含まない（このような形式のプラットフォームの利活用については**第5章**を参照されたい）。

図表 7-1：定義一覧

データプラットフォーム	複数の事業者から提供されるデータを集約し、そのデータを活用可能にするための場所または基盤
開示者	データプラットフォームへのデータの開示者
利用者	データプラットフォーム上のデータの利用者
PF事業者	データプラットフォームの管理者

コラム：データプラットフォームの類型

プラットフォームの類型として、次の２つが考えられる。

クローズ型プラットフォーム	プラットフォームへの参加の可否を、最終的には、既存の参加者のすべてまたは一部の者の積極的な承諾に委ねるプラットフォーム
オープン型プラットフォーム	利用規約に定める条件を満たす限り、第三者の参加を広く認めるもの、すなわち、PF事業者にプラットフォームへの参加の可否の最終的な判断権を委ねるプラットフォーム

　もっとも、これら類型の違いは相対的である。利用規約を既存の参加者が作成する場合には、実質的には、利用規約が定める条件を満たす限りにおいて、新たな参加者の参加を認める包括的な承諾があるといえる。そのため、既存参加者の承諾の有無による区別は、便宜的説明にすぎず、論理的に厳密な区分ではない。ただし、クローズ型プラットフォームでは、既存参加者の積極的な承諾が必要な点において、第三者の参加のハードルは、より高いとはいえるだろう。

Ⅱ　データプラットフォーム契約の実務上の留意点

1　組成目的の確定

　データプラットフォームの組成目的として、単一の事業者では収集が難しい質または量のデータを集めることによる新たな価値創造があげられることは少なくない。しかし、筆者らの経験上、組成目的が抽象的な場合には、データの利用条件の設定が難しく、データに対しアクセス可能な者（データ保持者）からすれば、プラットフォーム上でこれを開示する場合、データが何ら制限なく利用される可能性が残り、参加へのインセンティブが損なわれる。

　また、組成目的が具体的に定まらない場合には、個人情報保護法が個人情報の利用目的をできるだけ特定することを義務づけている以上（個人情報保護法17条1項）、プラットフォームにおいて個人情報を含むデータを活用することが難しい場合もありうる。たとえば、概括的な利用目的と具体的な利用目的を

併記するとの対応も考えられるが、データ保持者のインセンティブが削がれうる点に変わりはない。

　そのため、データプラットフォームの組成を検討する際には、その組成目的を具体的に検討し、設定することが出発点になる。

2　インセンティブ設計

⑴　データ開示のインセンティブ

　データ収集を目的としたデータプラットフォームの組成に際しては、データ保持者（データ開示者候補）からいかにして、データ開示を促すか、すなわち、データ開示のインセンティブ設計が最も重要である。

　一般的に、データの保持者には、他社に対して、データを開示するべき法的義務はなく、そのため、データプラットフォームに十分なデータを集めるためには、データの保持者に対し、データ開示によるメリットを具体的に提案する必要がある。

　また、開示者が秘匿による希少性の維持により価値が生じるデータを開示する場合、利用者が適切にこれを管理せず、第三者に無断開示または漏えいされる場合には、その価値が毀損される可能性がある。このようなおそれがある場合、データの保持者はその開示を躊躇するだろう。

　そのため、リスク中立的な取引主体を前提にすれば、データの提供（開示）を促すためには、①利用者が、開示者に対しデータ提供への十分な「ベネフィット（利益）」を提供すると共に、②提供により生じるであろう流出可能性などの「コスト（リスク）」を低減することで、ベネフィットがコスト（またはそれへの懸念）を上回る利害調整の枠組みを作る必要がある。

図表 7-2：データ開示へのインセンティブ

①　ベネフィット（利益）の提供	希少性を崩すことによる価値減少に見合うだけの対価を提供する
②　コスト（リスク）の低減	価値の減少（第三者への無断開示または漏えい）を防ぐための十分なスキームを構築する

　①ベネフィット（利益）提供の観点からは、最も容易に想定可能なのが金銭的対価である。たとえば、開示されたデータの利用量に応じて、または、開示

されたデータの量・質もしくは希少性などの価値に応じて一定の金銭的対価を
その開示者に対し提供することなどが考えられるだろう。しかし、データは、
その全容が明らかになって、はじめて、実務上の利用可能性が明らかになる場
合が少なくなく、したがって、すでに開示の対象となるデータの市場価値（た
だし、データの価値は相対により定めることが多い）が定まっている場合を除い
て、事前の金銭的評価は一般的に困難だろう。

　そこで、データの価値評価を伴わない対価設定、すなわち、「他者のデータ
を利用可能な地位」そのものなどを対価として観念して、スキームを設計する
方が、実務ではより運用しやすい。ただし「他者のデータを利用可能な地位」
は、実用に足る十分な種類、質または量のデータがなければ対価としての機能
を十分には果たさない。他の参加者が、データプラットフォームに十分な種類、
質または量のデータを開示しなければ、各参加者のデータ開示へのインセン
ティブは削がれるだろうし、現実に十分データを提供した参加者とこれを怠っ
た参加者が同じ条件でプラットフォーム内のデータを利用可能であるとすれば、
参加者間の不公平感の醸成にもつながるだろう。

　そのため、契約上、一定の種類、質または量のデータの提供義務を明記する
などが必要であるが、これは、結局、データプラットフォームの設計段階から、
ベネフィット（利益）付与のあり方の十分な検討が重要であることを示すもの
にほかならない。

　②コスト（リスク）の低減観点からは、秘匿により価値をみいだすデータに
ついては、情報の希少性の維持、すなわち、第三者への無断開示または漏えい
をいかにして実効的に防止できるかがポイントである。具体的には(i)契約また
は(ii)システム・技術による対応が考えられる。

　(i)契約による対応としては、開示者の同意がない第三者へのデータ開示また
は漏えいを契約で禁止することが端的な方法である。その対象は、開示対象の
全部または一部のいずれもでよく、事前通知または同意により開示可能とす
る方法もあるだろう。その違反に対しては、契約上の不作為義務の違反を理由
とした差止請求や、損害賠償請求などの救済を受けることが可能であり、また、
不正競争防止法の営業秘密や限定提供データに該当するデータについては、損
害賠償額の推定規定（不正競争防止法5条）の適用を受けることができる場合
もある。

　もっとも、(i)契約による対応は、利用者によるデータの利用態様を完全に把

握することが困難であることに照らせば、たまたま、違反行為の端緒を事前に把握するような幸運な例外的場合を除いては、損害賠償請求による事後的な救済を目的とする色彩が強い。

このような事後的な救済は、違反によるコストが、違反により得られる便益を上回る場合には抑止的な行為規範として機能するものの、第三者への無断開示または漏えいのリスクを完全に払拭することは現実には難しい。

そして、1度漏えいしたデータの価値の回復が困難であることに照らせば、(ii)システム・技術による無断開示および漏えい防止策を導入するほうが、利用者の対応に左右されずに、より確実に無断開示および漏洩を防止することができる点において重要である。また、いかなるシステム・技術も完ぺきではない以上、データをプラットフォーム外に無断開示または漏えいするよりも、その中で利活用するほうが、参加者にとって、より大きなベネフィット（利益）になるスキームの構築がより有効な場合もある。

(2)　PF事業者のインセンティブ

実務では、データプラットフォームを組成する際に、その管理を誰が担うかが問題になりうる。たとえば、①開示者の中の1社が直接管理をすることでもよいが、②複数の参加者で合弁会社などの管理団体を設立する、あるいは③第三者たるPF事業者に対し、その管理を委託するとの対応が現実的な場合も少なくないだろう。

これら特に③の場合には、PF事業者に対するどのようなインセンティブ付与が適切かは、まさに具体的なスキームによらざるをえない。

単に、データ利活用の場として、データプラットフォームを提供するにとどまり、その適切な維持管理のみをPF事業者の義務とする場合には、一般的なクラウドサービスの提供と比して特に大きな違いはない。そのインセンティブとしては、多寡は別として、データ取引の手数料やシステム利用料などの金銭的対価を想定すればよい。

他方、PF事業者が、単なるデータの管理を超えて、たとえば、データの加工や、違反利用者への責任追及など、より積極的な役割を担う場合には、その責任範囲によっては、金銭的対価のみでは、PF事業者のなり手が確保できない場合がありうる。そこで、さらに進んで、責任範囲の限定や、PF事業者にもデータの利用者としての地位を付与するなどのスキーム構築も重要になるだ

ろう。

(3)　データプラットフォームの活用がしやすい場面

　データプラットフォームを用いて、一からデータの収集を試みる場合、上記**2**(1)および(2)のとおり、その組成目的の適切な設定や、インセンティブ設計は必ずしも容易ではない。特に、データプラットフォームに提供されたデータはその目的内の利用の有無の把握や、外部流出がないことの確認が一般に困難であるため、自社の重要なデータを開示するベネフィット（利益）よりも、開示のコスト（リスク）のほうが大きいと判断されるだろう。

　そのため、逆説的ではあるが、一般論としては、データプラットフォームによるデータ収集が機能しうるのは、ある事業者がビジネスを遂行する過程で取得可能なデータがあるが、その事業者にとっては価値がない（とぼしい）一方、他の事業者にとっては価値がある、あるいは、データを利用するのにより機会費用の少ない事業者がいて、その成果を元のビジネスにフィードバックできるビジネススキームのように、データ開示者（あるいはデータ開示者群）が十分な質または量のデータセットをすでに保有している場合と思われる。

　たとえば、最終製品メーカが部品メーカ各社に対し、最終製品に関するデータを幅広く開示することで、部品メーカ各社に対し、その利用を促進させ、フィードバックの共有を求める場合である。

　この場面では、データ開示者は、不要なデータセットを開示することで、対価や新たなデータを受けることができ、また、利用者の側では、自らが費用をかけても取得しがたいデータの開示を受けられるからである。

　換言すれば、誰も、誰にとっても重要なデータを有していない状況では、あえて、データプラットフォームを組成する合理性がない場面も当然に想定され、このような場合には、むしろ相対取引または限定された企業間でのデータ共有などが有効だろう。

コラム：なぜデータプラットフォームなのか
　本文で説明したとおり、特定少数の参加者を想定するプラットフォームであれば、共同事業（法的な構成はスキームによる）や、組合などの形式を用いた共有枠組も可能ではある。
　もっとも、将来、オープン型プラットフォームへの移行を検討する場合など、

不特定多数の参加者を想定する場合には、単一の契約書を用いた契約の締結による処理が煩雑となる場面も想定される。事業化の目途がついた後の段階では、各当事者の利害関係が対立することも想定されるため、初期段階からのプラットフォームの組成にも一定の合理性はあると考えられる。

3　適切な契約方式の選択

(1)　想定される類型

上記2のインセンティブ設計の重要性にかんがみれば、どのような契約方式をとるにせよ、ベネフィット（利益）に関連する①データの開示に関する事項、および、コスト（リスク）に関する②データの管理（第三者提供を含む）に関する事項が問題になり、これらに関する責任をデータプラットフォームの参加者間でいかに配分するかは検討課題になる。

もっとも、②データの管理については、どのような契約方式をとるにせよ、PF事業者にデータプラットフォームの運営をゆだねるのであれば、PF事業者が何らかの形で適正に管理する義務を負うだろう。他方、①データの開示については、(i)開示者・利用者のみを当事者とし、PF事業者を介在させない場合と、(ii)PF事業者を介在させる場合がありうる。

以上を踏まえると、データプラットフォームの契約類型として、データの開示を当事者間で実施する類型と、データの開示にまでPF事業者が関与する類型の大まかに2つの区分が可能であり、後者を更に契約形式で分けると、次の3つの契約類型が考えられる。

図表7-3：データプラットフォームの類型

類型1： 取引市場型	データ開示に関する契約を開示者・利用者間で締結し、データ管理に関する契約を、開示者・PF事業者、利用者・PF事業者間の個別契約による場合
類型2： 間接契約型	データ開示および管理に関する契約を開示者・PF事業者、PF事業者・利用者間で締結する場合（開示者・利用者は直接の契約関係に立たない）
類型3： 直接契約型	データ開示および管理に関する契約を開示者・PF事業者・利用者全員で締結する場合

【類型１】

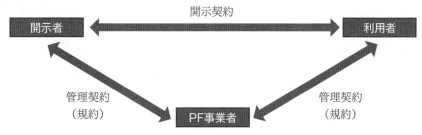

【類型２】

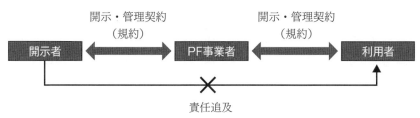

【類型３】

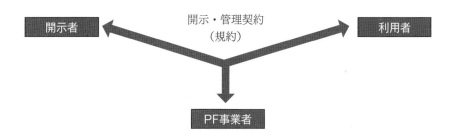

(2)　類型 1：取引市場型

　類型 1 では、データの開示に関する契約は、開示者および利用者との間で締結され、PF 事業者は、この契約締結や、契約にしたがったデータ開示などのためのインフラ（システム）を提供するに留まる。たとえば、開示者が PF 事業者に対し、データカタログを提供し、それを、PF 事業者を介して閲覧した利用者が、希望するデータの開示を受ける場合が想定される[1]。

　類型 1 のメリットとして、第 1 に、データ開示の条件を開示者側で自由に設定可能であることがある。そのため、PF 事業者（あるいはその背後にある PF

運営者）はデータの開示の対価の問題を棚上げすることができる。

　第 2 に、開示者から利用者への法的な直接の責任追及が可能であることがある。データ開示契約は、開示者と利用者との間で締結されているためである。開示者は、受領者による開示データの利用をコントロールしやすく、データ提供のリスク（コスト）は直接責任の追及ができないスキームと比較して高い。この観点からは、PF 事業者は利用者による開示データの利用ログを残すなど、直接責任追及を容易とする体制を整えることにより、データ開示をよりしやすくするなどの工夫も重要であろう。

　第 3 に、個人データの取扱いが容易なこともメリットの 1 つである。**第 6 章**で述べたとおり、個人データの第三者提供は種々の規制の対象になるが、クラウドサービスの例外の各要件を充足する限りでは、PF 事業者へのデータ「提供」が観念されなくなる。そのため、第三者提供規制の適用が問題になるのは、開示者から利用者へのデータ提供のみであり、個人データの取扱いへの対応負荷は、相対的に少ない。

　他方、類型 1 のデメリットは、第 1 に、データ開示が個別の開示者と利用者との間で実施されるため、データプラットフォームにおける統一的なデータの取扱いはしづらい。たとえば、データプラットフォーム全体としてある方向性でデータの利活用を促したいとの場合には、類型 1 は適さないだろう。

　第 2 に、類型 1 では、PF 事業者がデータ開示に積極的に関与しないため、仮にデータ開示のためのシステムなどを提供しても、システム利用料以上の利益を得ることができず、参加のインセンティブが生じにくいこともデメリットになりうる。

コラム：NFT アートとプラットフォーム

　近時、ブロックチェーン上で発行される代替性のないデジタルトークン、いわゆる NFT（Non-Fungible Token）を用いたサービスが注目を集めている。その 1 つの例が、①デジタル情報として取扱い可能な形式で作成または再製された著作物（デジタルアート）と② NFT の形式で記録されたその取引履歴など（以下「NFT データ」という。）を紐づけた「NFT アート」の取引の機会を

1）この類型では、PF 事業者は、実質的には、（データではなく）開示者と利用者のマッチングをしているにすぎないことから、はたして、これをデータプラットフォームと呼ぶことが適切かとの問題はある。

NFTアートの著作権者などに提供するプラットフォームサービスである。こうしたプラットフォームは、類型１のプラットフォームとして整理可能だろう。

　NFTアートの取引に関しては、NFTデータの非代替的な性質に着目して、NFTアートが「所有」できるものであるかのように語られることがある。しかし、NFTデータは単なるデータにすぎず、所有権の要件である有体性（民法206条参照）を欠くことから、NFTデータの「所有」を観念することはできない（**第１章コラム：「データ・オーナーシップ」論**参照）。また、NFTデータそれ自体は取引履歴などを記録するデータにすぎない上記の例の場合には、NFTデータについて著作権による保護の可能性を見出すことも一般的には難しいであろう。

　なお、NFTアートの取引の法的分析に際し、著作権に関するライセンスの重要性が議論されることがある。典型的な議論は、NFTデータを譲渡する合意は、デジタルアートの著作権の取扱いに関する合意を含むとは限らず、NFTデータの譲受人によるデジタルアートの自由な利用は制限されるリスクがあるため、デジタルアートの利用に関する、著作者人格権の不行使も含む（少なくとも非独占的な）ライセンス（以下「著作物ライセンス」という。）を、譲受人に著作権者から取得させるべきだというものである。この議論には肯ける部分もあるが、プラットフォームサービスの規約上の、または技術的な制限により、許されるNFTアートの利用方法がプラットフォーム上での使用に限定される場合、そもそもライセンスを受けることが不要である場合も考えられる。

　より根本的な問題は、NFTデータの譲受人がライセンスを受けたとしても、自らのNFTアートの利用の適法性を確保できるにすぎず、譲受人の承諾の有無にかかわらず、第三者によるNFTアートの利用を排除することができないという問題である（仮に独占的ライセンシーであっても、著作権法上は差止請求権を有しない。）。そのため、譲受人が、NFTアートを「独占」（または「寡占」）するには、①第三者による侵害の排除義務を著作権者に負わせるか、②第三者によるNFTアートへのアクセス可能性を制限する必要がある。しかし、一般論としては、著作権者に侵害の排除を期待するのであれば、デジタルアートの著作権を譲り受けて譲受人自身が直接侵害を排除することを試みる方が、より望ましい結果を実現できる可能性は高いだろう（その場合には、NFTアートのライセンスは不要となる）。

　他方、第三者によるNFTアートへのアクセス可能性を制限するための方法としては、たとえば、ライセンスを受けたNFTアートを、プラットフォーム内の譲受人のプライベートスペースでのみ使用または利用可能にすることが考えられる。もっとも、このようなプラットフォーム内でのNFTアートの利用は、著作権者からのライセンスに加えてプラットフォームの契約条件による制約を受けるから、譲受人自身のNFTアートの利用に対する制約は、通常の著作物ライセンスのみを受ける場合よりも結果として加重される可能性がある。

　そうすると、結局のところ、デジタルアートを取引する手段としてNFTアー

トを用いることは、NFTを用いないデジタルアートの取引と比較して、譲受人にとって、よりコストの高い取引方法になる可能性がある。このような状況では、あえて（NFTを用いないデジタルアートではなく）NFTアートの取引を選択することの実質的な意味は何かが問題となる。また、これに意味を見出す場合には、プラットフォームのアーキテクチャ設計や運用等に関する関係者間の調整、引いてはこれを利用する際の契約条件が、著作物のライセンス以上に重要となることも少なくないだろう。

(3)　類型２：間接契約型

　類型２は、データ開示に、PF事業者を介在させるスキームであり、AI・データ契約ガイドライン（データ編）68頁以下において、その考慮要素が検討されている類型である。具体的には、各参加者とPF事業者との間で、データの提供または利用に関して、個別に契約を締結することが想定されており、その契約管理を容易にするために、2種類の利用規約の利用が想定されている。

　そのメリットとしては、PF事業者において、データ利用に関して統一的な方向性を打ち出すことが可能であることがあげられる。また、類型１と比較して、データ利活用の場を提供する側面も強いため、プラットフォームの提供方法次第では、人材交流などが促進される場合もあるだろう。

　もっとも、類型２が機能する場面は必ずしも多くないと思われる。

　第1に、このスキームのもとでは、契約に違反するデータの利用について、そのデータを提供した参加者が他の参加者に対し、間接的にしか責任追及できないため、データの第三者への提供が問題になりうる守秘性の高いデータ提供へのインセンティブがそがれるおそれがある。

　第2に、本スキームのもとでは、PF事業者は、データを提供した参加者から、他の参加者の違反行為について、責任追及を受けるおそれがあり、同事業者のプラットフォーム参加へのインセンティブ設計も容易ではない。

　第3に、開示者と利用者間の関係が、すべて、PF事業者を介した関係として構築されるため、開示者と利用者が直接の関係に立つ場合と比較して、複雑にならざるをえない。

　第4に、類型１とは逆に、個人情報の取扱いに難が生じる。具体的には、データ開示者が、本人から取得した個人データを、プラットフォームに開示する場合、データ開示者からPF事業者に開示する段階と、PF事業者がデータ

利用者に開示する段階の2段階で個人データの第三者提供（個人情報保護法27条）の問題が生じることになり、個人情報保護法に基づく第三者提供の同意取得（同法27条1項）などの手続をとる必要がある。ただし、この点は、第三者提供に関して、データ利活用に本人の意思を介在させる場合、または、本人から包括的な同意を得ることができるのであれば対応可能である（もっとも、この場合でも「本人に代えて」提供するとの構成を取る場合などの例外を除いて、トレーサビリティ規制への対応は別途必要になる）。

　そのため、一般的には、類型2の利用は必ずしも容易ではない場合があるものの、たとえば、データ開示者と、PF事業者が、事実上一体である場合には、スキーム全体におけるデータ利用を実質的にコントロール可能になるため、類型2のスキームを採用する合理性もあると思われる。

コラム：情報銀行

　類型2に近い情報利活用形態として、情報銀行がある。情報銀行とは「実効的な本人関与（コントローラビリティ）を高めて、パーソナルデータの流通・活用を促進するという目的の下、本人が同意した一定の範囲において、本人が、信頼できる主体に個人情報の第三者提供を委任するというもの」[2] を指す。

　情報銀行の運用に際しては、事前審査を経て認定を受ける必要があるところ、その対象としては、①事業者が個人情報の第三者提供を本人が同意した一定の範囲において本人の指示等に基づき本人に代わり第三者提供の妥当性を判断するサービスと、②本人が個別に第三者提供の可否を判断するサービスのうち、情報銀行が比較的大きな役割を果たすもの（提供事業者が情報の提供先を選定して個人に提案する場合など）のサービス提供が想定されている。

　情報銀行のモデル契約約款は、(i)個人と「情報銀行」、(ii)「情報銀行」と情報提供元との間、(iii)「情報銀行」と情報提供先との間の3種類が用意されている。

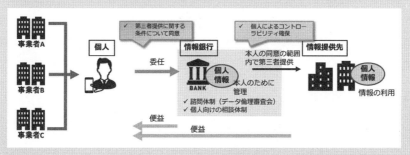

出典：情報信託機能の認定スキームの在り方に関する検討会「情報信託機能の認定に係る指針 Ver2.1」（2021年8月）3頁

⑷　類型3：直接契約型

　類型3は、類型2の亜種であり、具体的には、データ開示にPF事業者を介在させ、かつ、プラットフォームの利用に関して、<u>全参加者とPF事業者が</u>、利用規約により、全体として1つの利用契約を締結するスキームである。

　利用規約を用いるのは、統一的な契約内容をすべての参加者に及ぼすことにより、事後的に参加をする参加者との間の契約締結の管理コストを抑え、かつ、既存の参加者との間の公平を維持するためである。

　全体で1つの契約を締結することにより、データの利用条件に違反する利用について、データを提供した参加者から他の参加者に対し、直接の責任追及が可能になり、また、類型2と比較して、契約書の記載をよりシンプルにできる（ただし、個人情報の取扱いの問題点は、類型2と同様に対応が必要になる）。そのため、本条項例では本類型を採用している。

4　データプラットフォームの運営主体

　データプラットフォームは、開示者、利用者、そして、PF事業者の3者が存在すれば、理論上は構成可能である。もっとも、現実には、データ収集・利用・管理のためのインフラやノウハウを提供する利害関係者が登場することが少なくない。

　たとえば、開示者がすでに保持するデータを利活用するのみではなく、データプラットフォームにその収集や活用支援の機能を持たせる場合には、データ収集のための装置や場あるいはデータ分析のためのソフトウェアや技術を提供する者も出てくるだろう。

　このような場合、データプラットフォーム運営の意思決定権を誰にゆだねるかや、あるいは、その運営から生じた利益をいかにして分配するのか（たとえば、資金以外の貢献をした参加者の貢献度度合をどのように評価するのか）などの問題が生じる。

5　データ利用の範囲

　データプラットフォームにおけるデータ利用の範囲設定については、個別の

2）情報信託機能の認定スキームの在り方に関する検討会「情報信託機能の認定に係る指針 Ver2.1」（2021年8月）3頁。

事案による側面が大きいが一般的には、①利用条件の設定方法、②プラットフォーム外の利用（いわゆる「持ち出し」）の可否、③開示者脱退時のデータの取扱いなどが問題になるため、あらかじめ慎重な検討を要する。

(1)　利用条件の設定方法

データプラットフォームにおいて、データの利用条件を開示者により設定させるのか、それとも、PF事業者に設定させるのかは要検討事項である。前者を選択する場合、開示者としては、より自らに有利な条件によりデータ開示が可能である一方、仮に、個々のデータ開示条件が区々になることがあれば、データプラットフォームとしての統一的な方向性は打ち出しにくい。

他方、統一的な条件（一律の条件）設定にも関係者間の調整が必要となる場合があり、その設定コストが看過できないことがある。悩ましい問題ではあるものの、意思決定権者と受益者を区分するなどの利害調整をするほかないだろう。なお、データプラットフォームへの参加により、開示者によるデータ利用が制限されるとすれば、開示者の参加自体が危ぶまれることから、一律のデータ利用条件を設定する場合であっても、契約条項を適切に調整することにより、（開示者自身が希望しない限りは）開示者のデータ利用が制限されないようにすることが必要である。

(2)　プラットフォーム外の利用の可否

プラットフォーム内のデータのすべてについて、ダウンロードなど、プラットフォーム外の利用（持出し）を禁止する場合、情報漏えいの事実上のリスクは限定される（ただし、契約のみならず事実上の持出禁止対策が施されていることが前提になる）。そのため、プラットフォーム外での自由利用が可能なスキームと比較して、機密性の高いデータが、プラットフォームに開示されやすくなるだろう。

また、仮に、データ利用条件を個別のデータに設定せず、プラットフォーム内のデータに統一的に及ぼす場合には、いわゆる「派生データ」（本稿では以下「加工データ」という。）の取扱いに関して生じる問題を避けられることも利点である。PFデータを用いて作られた加工データも、また、PFデータとして取り扱えばよいからである。

もっとも、データをプラットフォーム外で利用できない場合には、その利便

性が損なわれることも十分に考えられ、ひいては、データプラットフォームの組成自体が困難となってしまう場合も想定される。

　他方で、プラットフォーム外での利用を認めると、事実上の流出リスクは高くなる。また、プラットフォーム内のデータのみならず、それを用いて生成された加工データについて、その利用に何らかの制約を課すか否かの検討も必要になる。

　なお、実務上の対応としては、持出しを認めるデータと、持出しを認めないデータを分ける、すなわち、データの一部持出しを禁止するパターンも考えられるが、持ち出される部分については、事実上の流出リスクは払拭できず、また、持出しの回避を判断するシステムの導入も必要になる点は不利益と思われる。

(3)　開示者脱退時のデータの取扱い

　開示者がプラットフォームへの参加を取りやめた場合（脱退した場合）、プラットフォームにおいて開示された開示者のデータの取扱いをどうするかとの問題が生じる。開示者としては、自らが参加を取りやめる以上、以後の利用の停止を希望する可能性はあるものの、他方で、プラットフォームの運営に際して、今まで利用可能であったデータが突如利用不可能となることの弊害や、あるいは、開示者のデータを元に加工データが生成されている場合には、その処理をどうするかなど、実施の可否およびコストを含めた各種問題もある。そのため、一般的には、これまで開示されたデータについては、開示者が参加取りやめ後も継続して利用可能とすることが適切な場合が少なくないだろう。

Ⅲ　各条項の解説

1　全体構成に関する解説

　本条項例は、大部であるため、その理解に資するべく、まず、その全体構成を説明する。

(1)　参加者と主要参加者の区分

　本条項例は、参加者を、主要参加者と、それ以外の参加者の2種類に分けている（2条）。主要参加者は、プラットフォームの組成および終了について決定権を有するが、それ以外の場面では、一般参加者と同様の権限のみを有する[3]。

　具体的には、本条項例では、新規の参加者の加入手続について、主要参加者が最終的な決定権を有している（4条4項）。また、本条項例では、一定の限度でPF事業者の裁量による変更を許容しているものの（35条1項）、重要な変更には全主要参加者の書面による同意を必要としている（同条2項）。なお、何が重要であるかは、プラットフォームの組成目的などによるため、本条項例では特定していないものの、必要に応じて別紙などによる明記が望ましい。たとえば、変更について、全主要参加者の同意ではなく、その人数の3／4の同意などの要件を定めるのも一案である。

　なお、本条項例では、主要参加者を含む参加者は、その裁量によりプラットフォームから自由に脱退可能としているが（37条1項）、主要参加者の数が一定数を下回る場合には、プラットフォームの組成目的が事実上終了したと評価することが合理的と考えられるため、本取組みを自動的に終了することにしている（39条1項3号）。

(2)　データ利用の対価

　本条項例では、プラットフォームに提供されるデータの利用対価を特に定め

---

3)　もっとも、プラットフォームに新たな参加者が生じる場面が、きわめて限定的である場合には、主要参加者とそれ以外の参加者の区分の撤廃も検討に値すると思われる。

ていない。これは、データの価値算定が一般的に困難であることをふまえて、データ提供の対価として、他の参加者のデータを利用可能な地位の取得を想定しているためである。

そこで、あらかじめ参加者間で合意された条件（「PF参加条件」）にしたがい、データが提供されない場合には、違反者による本プラットフォームの利用を停止する権限をPF事業者に付与している（17条2項）。PF参加条件の内容は、プラットフォームの組成目的をふまえて定める必要があるが、たとえば、各参加者に対し、プラットフォームの利用前およびその利用継続中の一定周期においてのデータを提供する義務を課すことにより、プラットフォームへのフリーライド（データを開示せずに、PF上のデータを取得して利用にのみすることなど）への懸念を一定程度軽減できると思われる。

なお、想定する事業形態によっては、プラットフォームを組成し、各参加者から幅広くデータを集めるのではなく、主要参加者があらかじめ一定量のデータの集積を終えた状況で、そのデータに関連するデータをさらに集めるためにプラットフォームを組成するケースも考えられる。

この場合には、プラットフォームの利用開始時に、主要参加者に対し、データ提供義務を課すものの、他の参加者には、そのような義務を課さないとの対応もありうるだろう。

2　データ利用条件の設定

第2条（定義）
　本規約では、次の各用語は、次の各意味を有する。

用語	意味
本契約	本規約に基づきPF事業者と、全参加者との間で成立する、本プラットフォームの使用および利用に関する契約
本取組み	【参加者による○のためのデータ共有の取組み】
本存続期間	第36条（本取組みの存続期間）に規定する本取組みの存続期間
本プラットフォーム	PF事業者が本取組みのために管理するサーバー上の領域

参加者	本取組みの参加者
主要参加者	別紙1（主要参加者）で特定される本取組みの参加者
アクセス情報	各参加者が本プラットフォームにアクセスする際の認証に用いるID、パスワードその他の情報
データ	電磁的記録（電子的方式、磁気的方式その他の方法で創出される記録であって、電子計算機による情報処理の用に供されるものをいう。）に記録された情報
PFデータ	各参加者が、本契約に基づき、他の参加者に提供するために、PF事業者に対し、開示したデータ。ただし、各参加者またはPF事業者について、開示を受けた時点で自らが管理していたデータと同一のデータを除く。
提供データ	PFデータのうち、ある参加者について、自らが、PF事業者に対し、開示したデータ。ただし、その開示時点で、すでに他の参加者により適法かつ正当な権限のもと、取得され、かつ、PF事業者に対し開示されているPFデータは含まない。
加工データ	PFデータに対し技術的に復元困難な加工などが施されたデータ（PFデータと同一性が認められないものとみなす。）
加工など	改変、追加、削除、組合せ、分析、編集および統合など
データ利用条件	別紙2（データ利用条件）で特定される、あるデータを本プラットフォームの内外で利用する際の条件
データ保証条件	別紙3（データ保証条件）で特定される、あるデータを本プラットフォームに開示する際の保証条件
PF参加条件	別紙4（PF参加条件）で特定される、全主要参加者【またはその委託を受けたPF事業者】の書面による合意で定める本取組みに参加し、かつ、その参加を継続するための条件

【略】

(1) 提供データ

　本条項例では、本取組みの参加者が、本契約に基づき、他の参加者に提供するために、PF事業者に対し開示したデータを「PFデータ」と定義し、PFデータのうち、ある参加者について、自らが開示したデータを、特に「提供データ」と定義している（本条）。

　PFデータは、あらかじめ設定されたデータ利用条件の範囲内でのみ使用または利用できるのに対し（12条）、提供データには、そのような利用条件の制限はなく、データを提供した参加者自身は、本プラットフォームにデータを提供した後も、自由に利用を継続できるとした（11条）。

　参加者Aからみたデータの関係を図示したのが**図表7-4**である。

図表7-4：各データの関係

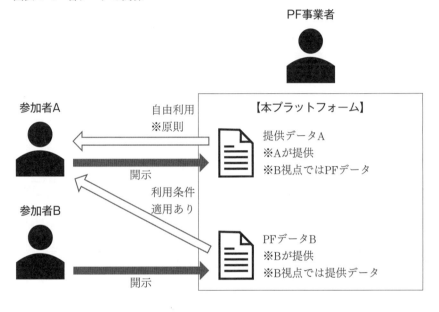

　なお、ある参加者により、他の参加者がすでにアクセス可能なデータが本プラットフォームを通じて開示された場合に、全参加者が、データ利用条件に拘束されることは適当でないため、PFデータの定義から除外している（本条）。

　また、すでに本プラットフォームで開示されているデータ（PFデータ）と同一のデータを開示する参加者に、すでに開示されたデータに関する利用条件の適用を免れさせることは適切ではないため、やはり、提供データの定義から除外している（本条）。

⑵　加工データ

　本条項例では、本プラットフォームに対し参加するインセンティブを付与す

るため、PF データに対し、同一性を失わせる程度の加工がされたデータ（「加工データ」）については、その元になった PF データの利用条件を及ぼさず、原則として、その加工データの創出者の自由な利用などにゆだねることが適切との考えを採用している。

　そこで、「加工データ」を「PF データに対し技術的に復元困難な加工が施されたデータ」と定義し、PF データと加工データとの間には、同一性が認められないものとみなす旨を定めた（本条）。これは、「技術的に復元困難な加工」により生じた加工データは、PF データに容易に復元できない以上、契約解釈上、PF データとの同一性が認められず、別個の利用条件を及ぼすことが適当と考えられるためである。

　たとえば、PF データに平均・分散・標準偏差などの数理的処理を加えた結果や、PF データを用いた機械学習の結果得られた学習済みパラメータは、一般的には PF データとの同一性は否定されるだろう。

　もっとも、この定義を採用するときであっても、いかなる場合に「技術的に復元困難」といえるかは、当事者間の合意内容や、参加者および PF 事業者が置かれた業界の技術常識に左右される可能性が高く、PF データと、加工データとの間に一義的な境界を設けることは事実上困難と思われる。

　そこで、もしも、一定の加工方法などがあらかじめ想定可能であれば、その方法を用いた加工などに対象を限定することや、加工データを当事者の合意により事後的に特定することも考えられる。

　なお、念のため説明しておくと、「技術的に復元困難な加工など」ではなく、圧縮ファイルにするなどの容易な加工を PF データに施したものは、依然として PF データとして取り扱われることになる。

3　参加の申込み

第4条（参加の申込み）
1　PF 事業者は、本存続期間中、本規約の規定にしたがう限り、全参加者を代理して、既存の参加者以外の第三者を本取組みに参加させることができる。
2　本取組みへの参加を希望する者は、本規約の内容に同意したうえで、PF 事業者に対し、その別途指定する方法により、本取組みへの参加を申し込む。
3　次の各号のいずれかに該当するときまたは第1号から第5号のいずれか該当するおそれがあるとき、PF 事業者は、その申込者による第2項の申込み

を承諾しないことができる。
(1)　申込者から申告のあった事項の全部または一部が事実に反するとき
(2)　申込者が、重要な事実について申告しないとき
(3)　申込者が、過去に、本プラットフォームの利用に関して、契約に違反した者であるとき
(4)　申込者が反社会的勢力に該当する者または関与する者であるとき
(5)　申込者による本プラットフォームの利用が他の参加者の共同の利益に反するとき
(6)　前各号に掲げる事由のほか、申込者による本プラットフォームの利用の承認が適当でないと PF 事業者が判断するとき
4　第 3 項の規定にかかわらず、全主要参加者が、書面による合意により、第 2 項の申込みに関する基準または手続を定めているとき、PF 事業者は、その基準または手続にしたがい、第 2 項の申込みを承諾するか否かを判断する。
5　PF 事業者は、第 2 項の申込みの受領日から〇営業日以内に、前 2 項に基づき、その申込みを承諾するか否かをその申込者に対し、通知する。
6　第 5 項の規定にかかわらず、同項の期間内に PF 事業者が、申込者に対し、その申込みの承諾の有無を通知しないとき、第 2 項の申込みは承諾されなかったものとみなす。
7　PF 事業者が、申込者に対し、第 2 項の申込みを承諾する旨の通知を発信した時をもって、その申込者は、本取組みの参加者となり、かつ、本契約の成立時からその当事者であったとみなす。ただし、その申込者の本契約上の権利および義務は、その参加の日から発生する。

　プラットフォームには、これへの参加の可否を、最終的には、既存の参加者のすべてまたは一部の積極的な承諾にゆだねる「クローズ型プラットフォーム」と、利用規約に定める条件を満たす限り広く参加を認める「オープン型プラットフォーム」がありうる（AI・データ契約ガイドライン（データ編）78 頁）。
　本条項例は、クローズ型プラットフォームを前提にしたものであり、プラットフォームへの参加に際して、PF 事業者が本条項例所定の審査をした場合であっても、全主要参加者が書面により合意した基準または手続があるならば、これらを、PF 事業者の判断に優先させている。
　なお、本条項例では、新たな参加者が本取組みに参加した場合であっても、契約の同一性を維持するために、PF 事業者に既存の参加者全員を代理して、第三者との間で契約を締結する権限を付与した。

4　データ利用条件の設定

第６条（データ利用条件の設定）
1　本存続期間中に、データ利用条件が設定されていない新たなデータを本プラットフォームで取り扱うとき、別紙２（データ利用条件）で定める手続により、そのデータ利用条件を定める。
2　前項の手続によりデータ利用条件が設定されないとき、各参加者は、前項のPFデータを制約なく使用または利用できるものとみなす。
3　データ利用条件は、別紙２（データ利用条件）で定める手続により、変更できる。ただし、すでに開示されたPFデータの取扱いは、それを利用する参加者全員の書面による同意があるときを除いて、変更前のデータ利用条件による。

　本条項例では、本プラットフォームの運用開始に先立ち、PFデータに適用される統一的な利用条件（「データ利用条件」）が設定されていることを前提に、他の参加者は、そのデータ利用条件の範囲でのみ、PFデータを利用できるとした（12条）。データ利用条件として、データの利用目的、利用期間、加工の可否、目的外利用の禁止、第三者提供の可否などを定めることが考えられる。

　もっとも、本取組みの開始後に、本取組みの開始時点で利用が想定されていなかったデータには、データ利用条件が設定されていない場合も想定される。そのため、本条１項では、その際のデータ利用条件の設定手続を別紙で特定することを求めている。

　なお、あるデータについて、データ利用条件が設定されない場合には、原則に立ち戻り、本条２項において、そのデータは自由利用可能としている。ただし、スキームによっては、あらかじめ限定された利用範囲を定めておくことも一考に値するだろう。

　データ利用条件の変更の手続も同様に別紙で特定することにした。もっとも、すでに開示されたPFデータについては、事後的に利用条件が変更されて、従前の取扱いや、今後の利用が制限されないように、すでに利用している参加者全員の書面による同意がない限りは、変更前のデータ利用条件を存続させると定めた。

5　データの開示

第7条（データの開示）
1　各参加者は、本規約その他 PF 事業者が定める手続およびデータ形式ならびに PF 参加条件にしたがい、他の参加者および PF 事業者に対し、PF 参加条件で指定されたデータを開示する。
2　本契約に基づき、個人情報の保護に関する法律（以下「個人情報保護法」という。）における生存する個人に関する情報を含んだデータを、他の参加者に開示し、または開示を受けるとき、各参加者は、次の各義務を負う。
  (1)　PF 事業者に対し、事前にその旨および開示するこれら情報の項目を明示すること
  (2)　個人情報保護法を遵守し（個人情報保護法上必要な本人からの同意の取得を含む。）、これら情報の管理に必要な措置を講ずること

　本条項例では、PF データを、産業データ（非個人情報）に限定していない。ただし、個人情報を含む個人に関する情報を取り扱う場合には、たとえば、利用目的の特定や、第三者提供規制などの個人情報保護法の規制やその他関連法令の遵守が必要になることがある。そこで、参加者には、これらの適用法令の遵守を求めている。仮に、各参加者が、個人情報保護法に違反する態様で個人に関する情報を開示または使用もしくは利用などする場合、個人情報保護法違反のみならず、本契約違反を構成する（参加者の禁止行為（29条）および PF 事業者の禁止行為（30条）には、「法令に違反すること」が含まれているため、個人情報保護法を遵守する契約上の義務を負っている）。

6　提供データの保証

第8条（提供データの保証）
1　各参加者は、提供データについて、他の参加者および PF 事業者に対し、本取組み参加時および本取組み参加中、次の各号のすべてが真実であることを表明し、保証する。
  (1)　適法かつ正当な権限をもって取得され、かつ開示されること
  (2)　故意に変容していないこと
  (3)　法令に違反する内容を含まないこと
  (4)　公序良俗に反する内容を含まないこと

> (5)　第7条（データの開示）にしたがい開示されること
> (6)　第9条（提供データの知的財産権・権利不行使）第1項の使用および利用を許諾する権限を有すること
> (7)　そのデータ保証条件を充足すること
> 2　各参加者は、その提供データについて、他の参加者およびPF事業者に対し、前項に規定する事項を除いて一切保証しない。

　本条項例が想定するスキームのもとでは、PFデータを提供した参加者は、他の参加者およびPF事業者に対し、提供データについて保証をする場合がある。

　AI・データ契約ガイドライン（データ編）では、データの品質、そして保証の対象として、正確性や、完全性などを論じていたものの（33頁）、いかなる事項が保証の対象となるべきか否かは、当事者間でデータがいかなる性質などを備えるものとして、具体的に合意したかに左右される。そのため、一般的抽象的に正確性や完全性などを議論するのではなく、より具体的に、データの性質などを議論する枠組みとして「データ保証条件」を設けた。

　なお、データについて一切保証をしない場合には、本条1項は削除し、2項の内容も調整する必要がある。

7　提供データの知的財産権・権利不行使

> 第9条（提供データの知的財産権・権利不行使）
> 1　各参加者は、知的財産の対象である提供データについて、次の各号に掲げる者に対し、次の各号の範囲で、非独占的に、日本国内におけるそのデータの使用または利用を許諾する。
> (1)　他の参加者　そのデータ利用条件にしたがった使用または利用に必要な限り
> (2)　PF事業者　本プラットフォームの運営またはそのデータ利用条件にしたがった使用および利用に必要な限り
> 2　各参加者は、本取組みが継続する限り、自らが本取組みを脱退後も、PF事業者および他の参加者に対し、提供データの使用または利用について、人格権（著作者人格権を含む。）を行使しない。
> 3　全参加者およびPF事業者は、前2項のときを除き、本取組みへの参加によって、各参加者が、他の参加者およびPF事業者に対し、その提供データ

に関する知的財産権を譲渡または移転せず、かつ、知的財産の利用を許諾しないことを確認する。

知的財産権、特に著作権の保護対象になりうる画像、音声、動画、テキストなどのデータを本プラットフォームで取り扱う場合、その自由な利活用のためには、権利者から利用許諾（ライセンス）を受ける必要がある。

そこで、本条1項では、利用許諾（ライセンス）をを付与している。なお、PF事業者が、本プラットフォームの運用を超えてデータを利用する場面も想定されるため、本条1項2号において、「そのデータ利用条件にしたがった使用および利用に必要な限り」と定めている。

8 適用除外

第11条（適用除外）
　第12条（PFデータの利用条件）から第14条（PFデータの削除）の規定は、各参加者について、その提供データの取扱いには適用されない。ただし、そのデータ利用条件に別段の定めがあるときはこの限りではない。

各参加者は、本取組みへの参加により、自らが開示したデータについて、自由な利用が制約されることを、一般的には、望まないと思われる。そのため、データの利用範囲、管理および削除など、データを提供する参加者による利用などの制限が一般的に不適当と思われる場面では関連規定の適用を除外した。

もっとも、データを提供する参加者であっても、そのデータ利用が制限されるスキームを採用することも当然に可能である。本条ただし書では、データ利用条件に別段の定めを設けることにより、関連規定の適用を受けることも可能とした。

9 PFデータの利用条件

第12条（PFデータの利用条件）
1　各参加者およびPF事業者は、PFデータについて、次の各号のいずれかに該当する行為をしない。

> ⑴　そのデータを、そのデータ利用条件の範囲外で、自ら使用および利用すること
> ⑵　そのデータを、そのデータ利用条件の範囲外で、自ら以外の参加者に使用および利用させること
> ⑶　そのデータを、そのデータ利用条件の範囲外で、第三者（自ら以外の参加者を除く。）に対し、開示もしくは漏えいし、または使用および利用させること
> 2　第34条（損害賠償の制限）の規定にかかわらず、PF事業者は、前項の違反によって、各参加者が被ったすべての損害を賠償する。

　本条は、各当事者にPFデータの利用条件の遵守を求めるものである。もっとも、仮に、公正中立なデータの取扱いが求められるPF事業者がデータ利用条件に反してデータを取り扱った場合、34条によりその責任が免責されるとなれば、PF事業者による恣意的なデータ取扱いを懸念して、データプラットフォームへのデータ開示が阻害される可能性がある。

　そこで、PF事業者については、本条に違反する場合には、34条の損害賠償責任の制限の適用を認めていない。

10　PFデータの管理

> 第13条（PFデータの管理）
> 1　各参加者およびPF事業者は、自ら以外の参加者から開示を受けた各PFデータを他のデータと明確に区別して、秘密として、管理および保管する。
> 2　PF事業者の求めがあるとき、各参加者は、PF事業者に対し、自らが管理するPFデータの管理状況を通知する。
> 3　PF事業者が、ある参加者に対し、PFデータの漏えいのおそれを具体的に示したうえで、その管理方法の是正を求めたとき、その参加者はその指示にしたがい、その管理方法を改める。
> 4　前項の要求を受けた参加者が、そのPFデータの管理方法を適切に是正しなかったとき、管理方法が適切に是正されるまでの期間、PF事業者は、第24条（本プラットフォームの提供停止）の手続にしたがい、その参加者による本プラットフォームの利用を停止できる。

　本条はPFデータの管理態様を定めるものである。

　本条1項では、PFデータを、不正競争防止法の「営業秘密」として保護すべく、PF事業者および参加者による管理態様として、秘密として管理するこ

とを定めた。なお、PF データの秘密管理性または非公知性に疑義が生じる場合には、予備的に、不正競争防止法の「限定提供データ」として保護も検討に値する。

　この点、限定提供データの定義からは、秘密管理性が認められるデータが除外されているが、その該当性の判断は、契約書の文言のみならず、事実関係を勘案して判断される。そのため、データの利用条件として、第三者提供禁止および目的外利用の禁止が定められていたとしても、秘密管理性が否定されることもある。また、「秘密として」管理することを契約書上明記することは、当事者がそのデータを営業秘密として取り扱う意思を有していることを基礎づけるものではあるが、このような文言が契約書に含まれる場合であっても、事実関係によっては、秘密管理性が否定される、すなわち、限定提供データ該当性が認められる場合もあるだろう。

11　PF データの削除

第 14 条（PF データの削除）
1　PF データの開示または使用もしくは利用が、本契約、そのデータ利用条件もしくは法令に違反するまたはそのおそれがあると PF 事業者が合理的に判断したとき、PF 事業者は、次の各号のすべてを満たす場合、そのデータの本プラットフォームからの削除、各参加者の管理下にあるそのデータの削除要請、その他適切な措置を講じることができる。
　(1)　法令に違反しない範囲で、全参加者に対し、事前に通知すること
　(2)　法令に違反しない範囲で、そのデータを事後的に復元可能とするための措置をとること
2　ある参加者が本取組みから脱退したとき、他の参加者および PF 事業者は、その参加者が提供した PF データの削除義務を負わない。
3　各参加者は、本取組みの脱退後、PF データを使用または利用できず、ただちに自らの管理下にある PF データを削除し、これを記録した媒体を破棄する。ただし、そのデータ利用条件に別段の定めがあるときはこの限りではない。

　本プラットフォームにおいて、データ利用条件に反したり、法令に違反するデータの使用または利用を放置すると、PF 事業者が、参加者または第三者に対し損害賠償責任などの法的責任を負う可能性がある。また、このようなデータを継続的に使用または利用させると、本プラットフォームの利用の忌避にも

つながりかねない。

　そこで、PF データの開示または使用もしくは利用が本規約、データ利用条件もしくは法令に違反するまたはそのおそれがあると、PF 事業者が合理的に判断した場合には、そのデータを本プラットフォームから削除する権限を PF 事業者に付与した。

　また、PF データの開示または使用もしくは利用の適法性確保のためには、本プラットフォームのみならず、参加者の管理下にある PF データ（つまり、本プラットフォームからデータ利用者が取得してその管理下に置いたデータ）についても、開示または利用などを中止させることが望ましいため、PF 事業者は、そのようなデータの削除を要請できると定めた。

　加えて、PF データを提供した参加者の脱退により、他の参加者がデータの利用などを継続できないとすると、本プラットフォーム利用の利便性が損なわれるなど不利益が生じうる。また、すでに本プラットフォーム外で利用された PF データについて、その利用禁止を徹底するためには多大なコストも生じかねない。このため、本条２項では、ある参加者が、本取組みから脱退する場合、脱退者以外の参加者および PF 事業者は、脱退者が開示した PF データについて削除義務を負わず、そのデータのデータ利用条件にしたがう限りにおいて、開示または利用などを継続できると定めた。

　他方、本条３項は本取組みから脱退した参加者は、データ利用条件に別段の定めがある場合を除き、自己がダウンロードした PF データを削除し、記録媒体を破棄するよう定めている。他の参加者の提供した PF データを利用するためには、本取組みへの継続的な参加を必要とし、継続的な参加に対するインセンティブの発生を意図するものである。

12　加工データの知的財産権・権利不行使

第 15 条（加工データの知的財産権・権利不行使）
1　加工データの知的財産権の帰属は、次の各号のとおり決する。
　(1)　ある参加者が、単独で創出した加工データの知的財産権は、その参加者に帰属する。
　(2)　PF 事業者が、単独で創出した加工データの知的財産権の取扱いは全主要参加者【および PF 事業者】の協議により決する。
　(3)　ある参加者と PF 事業者が、共同で創出した加工データの知的財産権の

取扱いは、その参加者を除く全主要参加者、【PF事業者】およびその参加者の協議により決する。

2　各参加者は、その提供データを用いて、他の参加者またはPF事業者が生成した加工データその他知的財産の使用および利用について、知的財産権および人格権（著作者人格権を含む。）を行使しない。ただし、その提供データの使用および利用が本契約またはそのデータ利用条件に違反するときはこの限りではない。

本条は、PFデータを用いて創出された知的財産のうち、データの形式をとるものを対象として、その知的財産権の帰属について規律する。したがって、それ以外の形式をとる知的財産については、法令による原則にしたがうため、必要に応じ、知的財産権の帰属条項を設ける必要がある。

13　加工データの利用

第16条（加工データの利用）

1　本契約またはPFデータのデータ利用条件に違反して、創出された加工データは、次の各号のとおり取り扱う。

⑴　その加工データを創出した参加者またはPF事業者は、その創出に用いたPFデータを開示した参加者に対し、すみやかに開示する。

⑵　その加工データを創出した参加者またはPF事業者は、その加工データを、PFデータを開示した参加者以外の第三者に開示または漏えいせず、また、使用および利用しない。

⑶　その加工データを創出した参加者またはPF事業者は、自らの管理下にあるその加工データを、第1号の開示後、ただちに削除する。

2　本契約およびPFデータのデータ利用条件に違反せず、創出された加工データは、次の各号のとおり取り扱う。

⑴　その加工データを創出した参加者またはPF事業者は、自ら以外の者に対し開示する義務を負わない。

⑵　その加工データを創出した参加者またはPF事業者は、その加工データを、自由に開示または使用および利用できる。

3　本契約およびPFデータのデータ利用条件にしたがい、加工データを創出した参加者またはPF事業者は、その創出に用いたPFデータを開示した参加者が本取組みを脱退したときであっても、その加工データの削除義務を負わない。

本条2項1号および2号では、各参加者に対し、本取組みへの参加のインセンティブを与えるため、PFデータを、自己の設備にダウンロードなどすることにより、本プラットフォーム外に持出し可能にし、かつ、PFデータを用いて創出された加工データは、第三者に対する開示義務を負わず、自由に開示または使用もしくは利用できると定めた。

また、本条3項では、加工データを創出した当事者は、その創出に用いたPFデータを開示した参加者が本取組みを脱退した場合であっても、その加工データの削除義務を負わず、利用などを継続できると定め、加工データを創出した参加者およびその正当な取得者に対し、不測の不利益が発生しないように配慮した。

他方で、加工データが、元となるPFデータのデータ利用条件に違反して創出された場合にまで、これを創出した参加者による自由な開示または使用もしくは利用を認める理由はない。そこで、本条1項ではPFデータのデータ利用条件に違反して加工データが創出されたとき、違反参加者に対し、PFデータを開示した参加者への加工データの開示義務を課したうえで、加工データの利用などおよび開示を禁止し、そして、削除を要求している。元となったPFデータの開示当事者の利益を確保し、その余の参加者に対し、データ利用条件に違反した加工データの創出に関する負のインセンティブを付与するためである。

14　データ開示

第17条（データ開示）
1　各参加者は、PF事業者に対し、PF参加条件にしたがい、PFデータの開示その他義務を履行する。
2　ある参加者が前項に違反したとき、その違反状態が是正されるまでの期間、PF事業者は、第24条（本プラットフォームの提供停止）の手続にしたがい、その参加者による本プラットフォームの利用を停止できる。

本プラットフォームを組成し維持していくためには、各参加者に対し、データを提供するインセンティブを与え、フリーライド（データを開示せずに、PF上のデータを取得して利用にのみすることなど）を防止するしくみを作る必要がある。本条は、そのために、PFデータの開示などの義務を違反した当事者に

対し、PF事業者が、違反が是正されるまでの期間、その参加者の本プラットフォームへのアクセスを制限できると定めた。

15　本規約の変更

第35条（本規約の変更）
1　PF事業者は、変更希望日の○日前までに、全参加者へ通知することにより、同日をもって、本規約の全部または一部を変更できる。
2　前項の規定にかかわらず、別紙7（重要な変更）で定める本規約の全部または一部の重要な変更は、全主要参加者が書面により同意しなければ、効力を有しない。

　本プラットフォームの運営に伴い、利用規約本文または別紙を変更する必要が想定されるが、その内容によっては、全主要参加者の書面による同意を得ることが必ずしも適当でない場合も想定される。

　そこで、本条1項では、PF事業者に対し、利用規約（特に別紙）の広範な変更権限を与えた。

　ただし、本プラットフォームの運営に関する重要事項について、白紙委任をすることは適当でないため、本条2項で、重要事項については、別紙で特定を求め、かつ、その変更には、全主要参加者の書面による同意を必要とした。

16　本取組みの終了

第39条（本取組みの終了）
1　本取組みは、次の各号のいずれかに該当するとき、当然に終了する。
　(1)　本存続期間の満了
　(2)　全主要参加者が本取組みの終了を書面により合意したとき
　(3)　主要参加者の数が○人以下となったとき
2　PF事業者は、本取組みの継続が困難となるやむをえない事情が生じ、その終了を希望するとき、その可否および時期などを、全主要参加者と協議する。協議の結果、本取組みを終了することに、全主要参加者およびPF事業者が書面により合意したとき、PF事業者は、全参加者に対し、本取組み終了希望日の○日前までにその旨を通知する。このとき、本取組みは、その終了希望日に終了する。
3　本取組み終了時のPF事業者設備の取扱いなど、その終了に必要な手続お

よび役割分担については、全主要参加者と PF 事業者が協議のうえ、別途定
める。

　本条は、主要参加者または参加者数が一定数を下回る場合には、本取組みが
当然終了するとしている。
　もっとも、参加者のプラットフォーム組成目的のみならず、PF 事業者が得
る利益、すなわち、PF 事業者がスキームに参加するインセンティブの観点も
ふまえて、プラットフォームの終了基準を定めることが望ましい。

ハッカソン型契約

I　想定するケース

　ハッカソンとは、一般に、ソフトウェア開発に関連する目的で開催されることが多いイベントで、予め定めたテーマに沿った成果の創出を目指し、一定の期間を定めて集中的な作業を行うものをいう。近時、ハッカソンを通じて創出される成果物や高度なスキルを習得した人材との接点の獲得などを目的として、事業者が自らの事業を通じて得たデータと課題を提供し、コンペティション方式で優れた課題の解決方法の発見や創出を目指すイベントを企画・運営することがあるが、本章では、筆者らが策定に関与した経済産業省「AI・データサイエンス人材育成に向けたデータ提供に関する実務ガイドブック」(2021年3月)(以下「データ提供ガイドブック」という。)の議論を参照し、こうした場面で用いることを想定したハッカソン型契約の解説を行う。ここでは、次のような取引を想定している。

　ドローンを利用した空撮事業を営むA社は、事業を通じて蓄積されていく大規模な空撮データの活用方法を検討している。A社は、ハッカソンの企画・運営やコンピュータサイエンス分野の人材採用の支援を業として行っているB社に助言を求めた上で、A社が用意したデータセットを利用したハッカソンの企画・運営をB社に有償で委託することにした。このデータには、顧客情報などのA社の事業上の機微に触れるデータや、個人情報保護法の適用があるデータが含まれていないことが確認されている。

II　ハッカソン型契約の実務上の留意点

1　企画目的の確定

(1)　ハッカソンの企画動機

　ハッカソンのためにデータと課題を提供する事業者が、ハッカソンを実現することによって取得することを期待する利益には、ハッカソンを通じて創出された成果物や、一定水準以上のスキルや知見、経験をもったハッカソン参加者との接点の獲得(あるいは採用)、ハッカソンを開催(共催)する企業としての認知の獲得、自社の技術課題やそれに取り組む意思の周知などが考えられる。

　もっとも、個々の参加者のもつハッカソンの参加動機の強さや、スキルや知見、経験の水準は区々であることが通常である。そのため、参加者に強く訴求するハッカソンの実績や知名度があるような場合を除き、これら参加動機などに依存する成果物の内容や品質の期待値をコントロールすることは一般に困難である。ハッカソンの企画は、こうした動機や現実と整合するものである必要がある。

　なお、本章では、ハッカソンのために自社のデータと課題を提供する事業者（委託者）は、ハッカソンの参加者である研究者やエンジニア、学生に自社での就業機会を認知してもらうことを主たる目的としており、学習済みモデルやその他のハッカソンの成果には大きな期待を寄せておらず、万が一優れた成果が創出された場合の活用可能性を残すことは希望しつつ、成果物の品質の期待値を向上させる施策には関心がないという状況を想定している。

(2)　ハッカソンへの参加動機

　参加資格に特に制限を設けず、広く参加者を募るやり方を採る場合、事業者から提供されたデータと課題を用いたハッカソンには、機械学習の分野に精通する職業エンジニア以外にも、さまざまなバックグラウンドをもった参加者が集まることが期待される。この種のハッカソンに参加することで参加者が得られる利益には、（営業秘密の保護などの観点から多少の加工はあったとしても）事業の現場で得られるデータを用いた取組みを通じて獲得する実践知や、優れた成果を創出した参加者に賞品が与えられる場合はその賞品などが考えられる。

　ハッカソンへの参加動機には、こうした実践知や賞品を獲得することだけでなく、ハッカソンを通じて創出した自身の成果を第三者に開示することで、能力や意欲の対外的な証明に利用することが含まれることが少なくない。そのため、ハッカソンにおける取組みや成果の秘匿を参加者に安易に求めてしまうと、こうした参加動機をもつ個人の参加行動を抑制してしまうことになる。ハッカソンの参加条件を設計するにあたっては、ハッカソンの企画趣旨との整合性を意識する必要がある。

2　当事者の行動インセンティブと整合した契約の設計

(1)　契約の基本構造

　ハッカソンを開催するにあたり、データの提供者が自らハッカソンの企画

を周知し、参加者の募集を行うなどしてハッカソンを企画・運営することは（そのようなケースが実務上どれほどあるかはともかく）可能である。この場合は、データの提供者とハッカソンの各参加者との間に直接発生する契約関係のみが問題となり、データの提供や利用とその条件を定める契約（**第2章**参照）の内容を検討していくことになる。

　しかし、データや課題を提供する事業者が、本来の事業とは別途、ハッカソンを企画・運営する負担は大きい。そのため、データを提供する事業者（委託者）がハッカソンの企画・運営を業として行う第三者（運営者）にこれを委託し、運営者がハッカソンの参加者のいわば管理者となって、参加者の募集や権利処理などを行うのが実務上は一般的なやり方であろうと思われる。

　本条項例も、委託者から委託を受けた運営者がハッカソンを企画・運営し、委託者が運営者にその対価を支払う事業のモデルを前提としているが、この場合、委託者と運営者との間と、運営者と参加者との間にそれぞれ契約関係が発生するため、これらの整合性を図ることが課題となる。

(2)　運営者への委託の範囲

　ハッカソンの企画・運営と一言でいっても、そこに含まれる可能性のある業務は、企画趣旨の確定から、ハッカソン参加者の募集やコミュニティの形成、課題の調整、イベントプログラムの作成、当日オペレーションの対応など多岐にわたる。そのため、データの提供者がハッカソンの企画・運営を運営者に委託する場合、両者間の認識の齟齬による無用な事故や争いを避けるため、委託の範囲をできる限り明確に契約に定めておくことは望ましい。

　中でもハッカソンの企画・運営を委託する契約との関係で重要なのは、委託者が保有するデータに何らかの加工を行ってハッカソンの用に供する場合の、この加工を行う責任の所在である。委託者の委託を受けることなく運営者が当然にこの責任を負うことはないから、委託者が自らデータの加工を行う場合は別として、運営者にこの加工の責任を負わせる場合には、加工の業務には費用が生じることがあることを考慮し、運営者に求められる加工の内容や水準、加工の対価（費用）の考え方などを契約に織り込むべきであろう。

　本条項例は、データと課題を提供する委託者が自らの責任でデータの加工を行う場合を前提としている。これに対し、データ提供ガイドブックでは、さらに、運営者に相当する事業者が、ハッカソンの企画・運営に加え、委託者に相

当する事業者の課題の発掘支援とその解決に必要なデータの特定・加工などを有償で請け負う取引の枠組みを「有償コンサル型」と呼称し、モデルとなる契約の内容を検討している。

(3)　ハッカソン参加者の管理

　ハッカソンの参加者は、ハッカソンが行われる過程でデータ提供者のデータに触れ、その事業上の課題に取り組み、何らかの成果を創出していくことになる。そのため、ハッカソンの企画・運営を第三者（運営者）に委託するか否かにかかわらず、データを提供する事業者にとって、自らが提供したデータや課題をハッカソン参加者に利用させる際に生じるリスクを適切に管理しつつ、ハッカソンを企画した目的を実現するために必要かつ十分な参加条件を設計し、参加者に遵守させることは、最大の関心事の１つとなる。

　データの提供者がハッカソンの企画・運営を自ら行い、参加者と直接の契約関係に立つ場合には、参加条件の設計などを自らの責任で行うことは当然であるが、ハッカソンの企画・運営を運営者に委託する場合に、参加条件の設計を含むハッカソン参加者の管理にデータの提供者（委託者）がどこまで立ち入るべきかについてはさまざまな考え方がありうる。たとえば、参加条件の詳細を決定する際に委託者の承諾を必要とすれば、委託者としてはリスク管理のあり方にコントロールを及ぼせる一方、参加条件の不備による不利益が生じた際にはその責任の一端を担うべき場合も生じうる。また、ハッカソンの運営に関する知見が十分でない委託者が適切な決定を行えるかという問題もある。

　本条項例では、ハッカソンへの参加条件の詳細を委託者と運営者の合意の対象としたうえで、この参加条件をハッカソンの参加者に遵守させることを運営者に求めている。その結果、両者の間で合意した参加条件に従ってハッカソンを運営することが、委託者に対する運営者の債務の一部を構成している。

Ⅲ　各条項の解説

1　全体構成に関する解説

　本条項例は、直接的には、ハッカソンの運営を委託する委託者とそれを受託する運営者との契約関係を定めるものであるが、運営者とハッカソンの参加者

の間で行われるべき合意の内容を別紙２に定めることによって、運営者とハッカソンの参加者との契約関係に対しても間接的に規律を及ぼす構成となっている。運営者は、委託者との関係において、運営委託契約に基づきハッカソンを運営する責任を負い、その責任の一環として、委託者とあらかじめ合意した内容により参加者とその参加条件を管理する責任を負うのである。

　委託者と運営者の契約関係と、運営者と参加者の契約関係との相互関係は、一見して容易に理解可能であるとはいい難い。以下では、データ提供ガイドブックに掲載されたハッカソン型のモデル契約書（運営委託契約書）を一部改変した条項例を用い、この契約書の本文に定められた委託者と運営者との契約関係が、同じく別紙２に定められた運営者と参加者との契約関係にどのように影響を与え、あるいは影響を受けるのか、これらの相互関係を中心に解説する。

2　本事業の実施

第２条（本事業の実施）
1　運営者は、委託者から委託を受け、本事業の実施に必要な活動（本契約に別途定めるものを除く。）を企画し、運営する。なお、本事業の詳細は次のとおりとする。
　⑴　企画目標：○○［例：委託データを利用した新規な事業課題の解決方法の創出］
　⑵　実施期間：○年○月○日 ～ ○年○月○日
　⑶　実施場所：○○［例：別途運営者が選定する外部会場］
　⑷　業務内容：以下に掲げる業務を含む。
　　・参加者の募集・監督、参加者との参加条件の合意の形成
　　・委託データを用いた課題の作成
　　・実施場所における会場の企画・運営
　　・○○
2　運営者は、本事業の実施上必要な範囲に限り、委託データを利用することができる。
3　委託者は、第８条第２項の定めにかかわらず、運営者に対し、本事業の実施上必要な範囲に限り、参加者に委託データを開示することを許諾する。
4　運営者は、前項の許諾に基づく委託データの開示に当たり、参加者との間で別紙２に定める参加条件に合意し、参加者にこれを遵守させなければならない。

　本条項例では、ハッカソンの実現を企図し、ハッカソンのためにデータと課

題を提供する事業者を委託者、ハッカソンの企画・運営に責任をもつ事業者を
運営者とし、両者の委託・受託関係を定めている。ここでは、運営者が責任を
負うのはハッカソンの企画・運営に対してであり、開発の成果に対してではな
いことを前提としている。

　本条２項以下は、ハッカソンのための委託データの利用・開示の範囲や条件
について、一般的な秘密保持義務を定める８条とは異なる内容の規律を及ぼす
ことを可能にする同条の特則である。本条４項は、ハッカソンへの参加条件の
詳細について委託者の事前の承諾があることを保障し、これに従ったハッカソ
ンの運営を運営者に求めるもので、委託者がハッカソンに間接的なコントロー
ルを及ぼすことを可能にしている。

　私は、株式会社●●（以下「運営者」といいます。）が運営する次のイベント
（以下「本イベント」といいます。）への参加にあたり、本イベントの参加者と
して、下記の事項について同意します。

イベント：〇〇《イベント名》
開催日時：〇年〇月〇日〇時 ～ 〇年〇月〇日〇時
開催場所：〇〇《イベント会場名》

　ハッカソンに参加するためには、別紙２の参加同意書に定める参加条件にあ
らかじめ同意することが必要であり、運営者がすべての参加者からこれを徴収
することが予定されている。

3　委託データの開示等

第３条（委託データの開示等）
１　委託者は、運営者に対し、別途合意する方法により委託データを開示する。
２　運営者は、第８条第２項の定めに従い、善良な管理者の注意をもって、委
　託データを管理しなければならない。
３　運営者は、本事業の実施に必要な場合には、委託者に対し、その協力（以
　下の事項を含む。）を求めるための協議を申し入れることができる。
⑴　委託データに関連する資料の提供

> (2)　本事業の下で行われる活動への補助的参加
> (3)　○○
> 4　運営者は、本事業が終了し又は本事業の実施上必要でなくなったときは、記録媒体に記録された委託データ（加工データに該当しない程度の加工等を施したものを含む。）を自ら消去・廃棄し、参加者に消去・廃棄させるものとする。

　本条項例では、ハッカソンのための委託データの提供方法や管理の態様、ハッカソンの終了後の処理等を定めている。具体的には、本条2項は、運営者に求められる委託データの管理の水準を定め、また、本条4項は、委託データが外部に漏えいするリスクを低減する必要から、運営者に対し、ハッカソン終了後に委託データの消去等を運営者自ら行うことに加え、運営者の責任の下で参加者に委託データの消去等を行わせることを求めている。これらに対応して、別紙2の参加同意書では次のとおり定めている。

> 　参加者は、本イベントのために課題データを利用することができますが、本イベントでの利用以外の目的で利用することはできませんし、課題データの取扱いについて運営者から指示がある場合は、それに従わなければなりません。また、本イベント終了後速やかに、記録媒体に記録した課題データを消去または廃棄するものとします。

　なお、本条項例では、運営者が委託データの管理者となり、委託者が運営者を通じて参加者に委託データを提供するプロセスを前提としているが、委託者から参加者に直接委託データを提供する方法を採ることも可能である。この場合、委託データの管理責任の所在と内容を明確にすることは（本条項例が想定するケース以上に）望ましく、それに応じて本条2項および4項の修正の要否を検討する必要がある。

4　成果物の権利帰属

> 第6条（成果物の権利帰属）
> 1　運営者は、本事業を通じて参加者が創出した知的財産及びこれに関する知

的財産権を、参加者から譲り受けるものとする。

2　運営者は、委託者に対し、前項の知的財産権を行使しないものとする。

3　運営者は、参加者に対し、本事業を通じて参加者が創作した著作物について、委託者、運営者及び運営者が指定する者に著作者人格権を行使しない旨の義務を課すものとする。

4　運営者は、参加者に対し、前項の著作物（委託者の秘密情報に該当する部分を除く。）の利用を許諾することができる。

　本条項例では、ハッカソンの成果である知的財産を創出するのは参加者であることを前提に、ハッカソンの成果である知的財産とこれに関する知的財産権を参加者から運営者が譲り受けることを委託者に対する運営者の責任として定めている。

　ここでは、ハッカソンの成果として、①委託データを基礎として生成されるパラメータと、これを組み込んで一定の出力作用を得るためのソースコードから構成される学習済みモデル、②このパラメータを生成するためのソースコード、③与えられた課題に対する考え方や解決のアプローチ等を説明する資料の三つを想定している[1]（この他、実際上はそのような事態が起こるのは稀であろうが、特許法上の発明にあたる新規なアルゴリズムがハッカソンを通じて創出されることも理論的には考えられる）。これらを踏まえ、別紙2の参加同意書では次のとおり定めている。

　本イベントのために参加者が創出した成果に関する著作権（著作権法第27条および第28条の権利その他の権利を含みます。）、特許権、実用新案権、意匠権等の知的財産権（それらの権利を取得または権利の登録等を出願する権利も含みます。以下、合わせて「知的財産権」といいます。）その他一切の権利は、運営者に帰属するものとします。成果には、次のようなものを含みます。

例：ソースコード、学習済みモデル、発表用資料（文章、図、写真などを含みます。）

　なお、この参加条件への同意は、ハッカソンを通じて成果が創出されると、

1）ガイドライン29頁。

その成果に関する一切の権利を運営者に移転しなければならない不利益を参加者にもたらすものであることから、別紙2の参加同意書では次のとおり参加者の注意を促している。

　参加者は、本イベントのために創出した成果の取扱いを十分に理解し、秘匿しておきたい情報やアイデアを、本イベントのために利用しないことを確認します。

　本条項例では、直ちに実務に応用可能な成果が創出される委託者の期待が乏しいことを前提に、運営者が参加者から譲り受けたハッカソンの成果に関する知的財産権の一切を、運営者から委託者に改めて譲り渡すという構成は採っていない。代わりに、本条2項では、参加者から譲り受けた知的財産権を行使することによって委託者の事業を妨げないことを運営者に義務づける考え方を採用している。これにより、参加者との間で生じうる知的財産権に関する事務の負担を運営者に寄せているのであるが、運営者から委託者に知的財産権の一切を移転させるべきだとする考え方もありうる。

　本条4項は、参加者によるハッカソンへの参加動機に配慮したものであり、ハッカソンに参加する過程で創出したソースコードや説明資料を参加者が利用することを希望する場合には、委託者の秘密情報を含まないことを運営者が確認した上で、運営者の判断でその利用を許諾できるようにしている。同様の問題としてハッカソンの成果であるソースコード等の公表の可否があるが、これについては10条（成果物の公表）に定めている。

5　加工データの扱い

第9条（加工データの扱い）
1　運営者は、参加者を通じて作成した加工データを、委託者の秘密情報に準じるものとして管理するものとする。
2　運営者は、委託者の求めがある場合には、委託者に対し、無償で、前項の加工データをその利用を制限することなく開示し、これに付随するプログラムの著作物及びその著作権を譲り渡した上、別段の合意がない限り、すみやかにこれらを廃棄・消去するものとする。
3　本条の義務は、本事業の終了後も有効に存続する。

　ハッカソンの成果である学習済みモデルの一部を構成するパラメータは、委託者が提供する委託データを基礎として生成されるものであるが、1条（定義）に定義する加工データにあたる一方、（委託データとの同一性が認められないことから）委託者の秘密情報には当たらないものと考えられる。本条項例では、委託データから生成されたデータの自由な利用等を避けたい意向が委託者にあることを前提に、委託者の秘密情報に準じるものとして扱うことを運営者に求めている。別紙2の参加同意書に定める次の参加条件は、このことに対応している。

　参加者は、①課題データとそれから生成した学習済みモデル（学習済みモデルのパラメータを含みます。）および②運営者が秘密であることを明示して提供した情報を、秘密を保持するための合理的な措置をとった上で、参加者自身が保有する他の情報とは明確に区分し、秘密情報として管理しなければなりません。参加者は、他の参加者以外との間で、秘密情報を共有したり、閲覧させたりしてはならず、万が一秘密情報に漏えいのおそれが生じたときは、直ちに運営者に通知するものとします。

　本条2項は、ハッカソンの成果として優れた学習済みモデルが創出された場合に、委託者が希望することを条件として、パラメータを含む学習済みモデルのソースコードとその著作権を運営者に引き渡すことを定めている。

6　成果物の公表

第10条（成果物の公表）
　運営者は、本事業を通じて参加者が創作した著作物（委託者の秘密情報に該当するものを除く。）を自ら公表し又は参加者にその名義で公表することを許諾することができる。

　本条項例では、参加者によるハッカソンへの参加動機に配慮し、ハッカソンに参加する過程で創出したソースコードや説明資料を参加者自身の名義で公表することを運営者の判断で許諾できるようにしている。その参加者名義での公表を許諾する条件を予め定めているのが別紙2の参加同意書上の次の規定であり、成果の公表はハッカソンの終了後に限るほか、委託者の秘密情報に準じる

ものとして扱うべき学習済みモデルのパラメータの公表を制限するなどしている。

　参加者は、本イベントの終了後に限り、本イベントのために参加者自身が創作したソースコードや発表用資料を公表できます。ただし、学習済みモデルのパラメータは公表したり、他の参加者以外に開示してはなりません。また、公表したい内容の中に、運営者が提供する課題を解決するためのアルゴリズムやその他の方法に新規な工夫がある場合は、公表の時期や方法について運営者の事前の確認をとるものとします。

巻末資料

1　データ利用許諾契約（第2章）

データ利用許諾契約

　●●（以下「甲」という。）と○○（以下「乙」という。）は、甲が乙に対して提供するデータの取扱いに関して、次のとおり契約を締結する。

第1条（定義）
　本契約において、次に掲げる語は次の定義による。
　⑴　「提供データ」とは、本契約に基づき、甲が乙に対し提供するデータ（画像および●等を含むがこれらに限られない。）であって、別紙で仕様およびその範囲を特定したものをいう。
　⑵　「本目的」とは、乙が、●●することをいう。
　⑶　「加工」とは、改変、追加、削除、組合せ、分析、編集、統合その他の加工行為をいう。
　⑷　「加工データ」とは、提供データを基に作成され、その復元を困難に加工が行われたデータをいう。
　⑸　「提供データ等」とは、提供データおよび加工データをいう。
　⑹　「プライバシー情報」とは、個人情報の保護に関する法律（以下、「個人情報保護法」という。）に定める個人情報、仮名加工情報、匿名加工情報、個人関連情報をいう。

第2条（提供データの提供方法）
1　甲は、本契約の有効期間中、乙に対して、別紙に定める方法で提供データを提供する。ただし、甲は、提供データを提供する●日前までに乙に通知することで提供データの提供方法を変更することができる。
2　甲は、プライバシー情報を含んだ提供データを乙に提供する場合、事前にその旨を乙に明示しなければならない。
3　甲が個人情報を含んだ提供データを乙に提供する場合、可能な限り、当該個人情報に含まれる記述等の一部を削除し、または個人識別符号の全部を削除して他の情報と照合しない限り特定の個人を識別することができないように当該個人情報を加工してから提供しなければならない。
4　提供データが個人関連情報データベース等を構築する個人関連情報である場合、乙は、当該提供データの提供を受けて、当該提供データの本人が識別される個人データとして取得することをしてはならない。

第3条（提供データの利用許諾）
1　乙は、提供データを本契約の有効期間中、本目的の範囲を超えて自ら利用、加工をしてはならない。
2　乙は、甲の書面による事前の承諾を得た場合を除き、提供データを第三者

（乙が法人である場合、その子会社、関係会社も第三者に含まれる。）に提供してはならない。

3　乙が、前項に基づき甲の書面による事前の承諾を得て、プライバシー情報が含まれる提供データを第三者に提供する場合、乙の費用と責任で個人情報保護法に基づく手続または対応を行わなければならない。

4　甲が乙に対して前条および本条に基づいて提供データを提供したとしても、提供データに関する知的財産権は、第三者に知的財産権が帰属するものを除き、甲に帰属する。

第4条（対価および支払条件）

1　乙は、前条に基づく提供データの利用許諾に対する対価として、甲に対し、別紙で定める対価を支払うものとする。

2　前項の対価の支払時期および支払方法は甲乙の協議で定める。

第5条（提供データに関する保証・非保証）

1　甲は、乙に対して、提供データについて以下の事項を保証する。
　(1)　提供データを適法な手段で取得したこと
　(2)　提供データを本目的の範囲内で乙に利用、加工その他の利用をさせる正当な権限を有していること
　(3)　提供データにプライバシー情報が含まれる場合、その取得、生成、乙に対する提供等について、個人情報保護法に定められた手続を履践していること
　(4)　提供データを捏造または改ざんしていないこと

2　甲は、乙に対して、前項各号の事項を除き、提供データの正確性、完全性、安全性、有効性（本目的への適合性）、提供データが第三者の知的財産権その他の権利または法律上保護された利益を侵害しないことその他の事由について何ら保証しない。

第6条（責任の制限等）

1　甲は、乙による提供データの利用が第三者の特許権、著作権その他の知的財産権（営業秘密等にかかる権利を含む。）を侵害しないことを保証しない。

2　提供データの利用に起因または関連して乙と第三者との間で紛争、クレームまたは請求（以下「紛争等」という。）が生じた場合には、乙は、直ちに甲に対して書面により紛争等が発生した事実およびその内容を通知するものとし、かつ、自己の責任および費用負担において、当該紛争等を解決する。

第7条（提供データの利用および管理）

1　乙は、本契約の条件に基づき提供データを利用しなければならず、提供データを他の情報と明確に区別して善良な管理者の注意をもって管理し、自己の営業秘密と同等以上の管理措置を講じなければならない。

2　乙は、提供データにプライバシー情報が含まれる場合、提供データの利用および管理にあたり個人情報保護法を遵守し、プライバシー情報の利用および管理に必要な措置を講ずるものとする。

第8条（加工データ等の取扱い）
　加工データの利用条件の有無、ならびに提供データの乙の利用に基づいて生じた発明、考案、創作および営業秘密等に関する知的財産権の帰属およびその帰属を前提とした利用条件については、甲および乙の間において別途協議の上、決定するものとする。

第9条（利用状況等の報告および監査）
1　甲は、乙による提供データ等の利用が本契約の条件に適合しているか否か、乙が提供データ等を本契約の条件に基づき適切に管理を行っているか否かを検証するために、いつでも、乙に対して書面による報告を求めることができる。
2　甲は、前項の書面による報告の内容から乙による提供データ等の利用または提供データ等の管理が本契約の条件に適合していないと甲が判断した場合、甲は、乙に対して提供データの利用または管理の内容の是正を求めることができ、乙は速やかにこれに応じなければならない。
3　甲は、第1項に基づく報告が提供データ等の利用状況または管理状況を検証するのに十分ではないと判断した場合、乙の●営業日前に書面による事前通知をすることを条件に、1年に●回を限度として、自らの費用により、乙の営業所において、乙による提供データ等の利用状況または管理状況の監査を実施することができる。この場合、甲は、乙の情報セキュリティに関する規程その他の乙が定める社内規程を遵守しなければならない。
4　前項の監査の実施により、乙が本契約の条件に適合しない提供データ等の利用、または乙が本契約の条件に適合しない提供データ等の管理を行っていることが判明した場合、乙は、甲に対して、前項の監査に要した費用および第4条の提供データの対価の●倍の金額を支払わなければならない。ただし、乙による本契約に違反する提供データ等の利用または管理により甲が被った損害がその金額を超えることを立証することで、甲は被った損害について損害賠償を請求することを妨げない。

第10条（提供データ等の漏えい等の対応責任）
1　乙は、提供データ等の漏えい、滅失、毀損、目的外利用等本契約に違反する提供データ等の利用（以下、「提供データ等の漏えい等」という。）を発見した場合、直ちに甲にその旨を通知しなければならない。
2　乙の故意または過失により、提供データ等の漏えい等が生じた場合、乙は、自己の費用と責任において、提供データ等の漏えい等の事実の有無を確認し、提供データ等の漏えい等の事実が確認できた場合は、その原因を調査し、再発防止策について検討しその内容を甲に報告しなければならない。

第11条（秘密保持義務）

1　甲および乙は、本契約を通じて知り得た、相手方が開示にあたり、書面・口頭・その他の方法を問わず、秘密情報であることを表明した上で開示した情報（以下「秘密情報」という。ただし、提供データ等は本条における「秘密情報」には含まれない。）を、厳に秘密として保持し、相手方の書面による事前の承諾なしに第三者に開示、提供、漏えいし、また、秘密情報を本契約に基づく権利の行使または義務の履行以外の目的で利用してはならない。ただし、法令上の強制力を伴う開示請求が公的機関よりなされた場合は、その請求に応じる限りにおいて、開示者への速やかな通知を行うことを条件として開示することができる。

2　前項の規定にかかわらず、次の各号のいずれかに該当する情報は、秘密情報にあたらないものとする。

(1)　開示の時点で既に被開示者が保有していた情報

(2)　秘密情報によらず被開示者が独自に生成した情報

(3)　開示の時点で公知の情報

(4)　開示後に被開示者の責に帰すべき事由によらずに公知となった情報

(5)　正当な権利を有する第三者から秘密保持義務を負うことなく開示された情報

3　被開示者は、本契約の履行のために必要な範囲内に限り、本条第1項に基づく秘密保持義務を遵守させることを前提に、自らの役職員または法律上守秘義務を負った自らの弁護士、会計士、税理士等に対して秘密情報を開示することができる。

4　本契約の終了時または開示者が要求する場合、被開示者は、本契約に別段の定めがない限りまたは関連法令に反しない限り、次の各号の対応をとる。この場合、開示者は、被開示者に対し、各号の履践を証明する文書の提出を求めることができる。

(1)　開示者の指示にしたがい、秘密情報が記録された開示者から提供を受けた媒体（複製物を含む。）の返還または廃棄

(2)　自らの管理下にある秘密情報の削除（ただし、通常のデータバックアップの一環として保管している秘密情報の電磁的複製で削除が実務的に困難な場合を除く。）

5　本条第4項の規定は本契約終了後も、その他の条項は、本契約が終了した日から●年間有効に存続する。

第12条（損害賠償の制限）

1　甲が乙に対して本契約に関連して負担する損害賠償責任の範囲は、債務不履行責任、不法行為責任、その他法律上の請求原因を問わず、乙に発生した通常損害に限定され、甲の責に帰すことができない事由から生じた損害、乙の予見の有無を問わず特別の事情から生じた損害、逸失利益について甲は責

　任を負わない。

2　甲が損害賠償責任を負う場合であっても、法令による別段の定めがない限り、甲は、乙が甲に対して支払った提供データの対価（の●か月分）を超えて賠償する責任を負わない。

3　甲に故意または重大な過失がある場合、前2項は適用されない。

第13条（不可抗力免責）

　本契約の有効期間中において、天災地変、戦争、暴動、内乱、自然災害、感染症の流行・疫病（これらに伴う公的機関の命令または要請を含む。）、停電、通信設備の事故、クラウドサービス等の外部サービスの提供の停止または緊急メンテナンス、法令の制定改廃その他甲および乙の責に帰すことができない事由による本契約の全部または一部の履行遅滞もしくは履行不能については、甲および乙は責任を負わない。

第14条（有効期間）

　本契約の有効期間は、本契約締結日から●年間とする。ただし、本契約の有効期間満了の●か月前までに甲または乙から書面による契約終了の申し出がないときは、本契約と同一の条件でさらに●年間継続するものとし、以後も同様とする。

第15条（解除）

1　甲または乙は、相手方が次の各号のいずれかに該当する場合、催告を要せず、書面で相手方に通知することによって、相手方当事者の期限の利益を失わせしめ、その時点において存在するすべての債務をただちに履行することを相手方に請求することができる。

　(1)　第三者から差押え、仮差押え、競売、破産、特別清算、民事再生手続もしくは会社更生手続の開始などの申立てを受けたとき、または自ら破産手続、民事再生手続、特定調停、特別清算もしくは会社更生手続の開始などの申立てをしたとき

　(2)　自ら振り出しまたは引き受けた手形もしくは小切手が不渡りとなる等支払停止状態に至ったとき

　(3)　租税公課を滞納し督促を受け、または租税債権の保全処分を受けたとき

　(4)　所轄官庁から営業停止処分または営業免許もしくは営業登録の取消しの処分等を受けたとき

　(5)　解散、事業の廃止、事業の全部もしくは重要な一部の譲渡または合併の決議をしたとき、または買収されたとき

　(6)　本契約の履行が不能になる蓋然性がある事態、または法人もしくは役員の犯罪その他信頼関係を破壊する行為があるとき等、本契約の継続に重大な支障を生ずる事由が発生したとき

2　甲または乙は、相手方が前項各号のいずれかに該当する事実が発生した場

合、催告を要せず、書面で相手方に通知することによって、本契約の全部または一部を解除することができる。

3　甲または乙は、相手方が本契約に違反し、書面で催告を受けたにもかかわらず相当な期間内に是正しないときは、書面で相手方に通知することによって、相手方の期限の利益を失わせしめ、その時点において存在するすべての債務をただちに履行することを相手方に請求することができるとともに、本契約の全部または一部を解除することができる。

4　本条に基づく本契約の解除は、損害賠償の請求を妨げない。

5　乙に第 1 項各号もしくは第 3 項または次条に定める事由が生じたことにより、甲が本契約を解除した場合、解除後、乙は提供データ等を一切利用してはならない。

第 16 条（反社会的勢力の排除）

1　甲および乙は、相手方が反社会的勢力（暴力団、暴力団員、暴力団員でなくなった時から●年［※ 5 年の範囲で適宜定める］を経過しない者、暴力団準構成員、暴力団関係企業、総会屋等、社会運動等標ぼうゴロまたは特殊知能暴力集団、その他これらに準ずる者をいう。以下同じ。）に該当し、または、反社会的勢力と以下の各号の一にでも該当する関係を有することが判明した場合には、何らの催告を要せず、本契約を解除することができる。
　⑴　反社会的勢力が経営を支配していると認められるとき
　⑵　反社会的勢力が経営に実質的に関与していると認められるとき
　⑶　自己、自社もしくは第三者の不正の利益を図る目的または第三者に損害を加える目的をもってするなど、不当に反社会的勢力を利用したと認められるとき
　⑷　反社会的勢力に対して資金等を提供し、または便宜を供与するなどの関与をしていると認められるとき
　⑸　その他役員等または経営に実質的に関与している者が、反社会的勢力と社会的に非難されるべき関係を有しているとき

2　甲および乙は、自己または自己の下請または再委託先業者（下請または再委託契約が数次にわたるときには、その全てを含む。以下同じ。）が第 1 項各号に該当しないことを確約し、将来も同項各号に該当しないことを確約する。

3　甲および乙は、自己または自己の下請または再委託先業者が第 1 項に該当することが契約後に判明した場合には、ただちに契約を解除し、または契約解除のための措置を採らなければならない。

4　甲および乙は、自己または自己の下請若しくは再委託先業者が、反社会的勢力から不当要求または業務妨害等の不当介入を受けた場合は、これを拒否し、または下請もしくは再委託先業者をしてこれを拒否させるとともに、不当介入があった時点で、速やかに不当介入の事実を相手方に報告し、相手方の捜査機関への通報および報告に必要な協力を行うものとする。

5　甲または乙が本条第 3 項または前項の規定のいずれかに違反した場合、相

手方は何らの催告を要さずに、本契約を解除することができる。

6　甲または乙が本条各項の規定により本契約を解除した場合には、相手方に損害が生じても何らこれを賠償ないし補償することは要せず、また、かかる解除により自己に損害が生じたときは、相手方はその損害を賠償するものとする。

第17条（契約終了後の措置）

1　乙は、本契約の終了後、理由の如何を問わず、提供データを利用、加工してはならず、甲が別途指示する方法で、速やかに受領済みの提供データ（複製物を含む。）を消去しなければならない。

2　甲は、乙に対し、提供データが全て消去されたことを証する書面の提出を求めることができる。

3　前2項の定めにかかわらず、甲乙間において、本契約終了後も乙が引き続き提供データを継続して利用することができる旨合意した場合、その合意された範囲内で前2項は適用されず、第7条、第9条、第10条の規定の効力は有効に存続する。

第18条（存続条項）

本契約の、第6条（責任の制限等）、第8条（加工データ等の取扱い）、第12条（損害賠償の制限）、第13条（不可抗力免責）、第17条（契約終了後の措置）、本条（存続条項）、第19条（権利義務の譲渡等禁止）、第20条（合意管轄）、第21条（協議）は、本契約の終了後も有効に存続する。

第19条（権利義務の譲渡等禁止）

甲および乙は、相手方の書面による承諾を得なければ、本契約上の地位および本契約から生じる権利義務を、第三者に譲渡もしくは継承させまたは担保権の対象とすることはできない。

第20条（合意管轄）

本契約に起因または関連する紛争に関する訴訟その他の紛争解決手続は、●●地方裁判所を専属的合意管轄裁判所とする。

第21条（協議）

本契約の各条項の解釈について疑義が生じたときまたはこの契約に定めがない事項については甲乙協議のうえ解決するものとする。

本契約締結の証として、本書2通を作成し、甲および乙の双方が記名捺印の上各1通を保有する。また、本契約締結を電子的あるいは電磁的方法により行った場合、本契約の締結の証として、各当事者が電子署名を行った電子契約書ファイルを作成し、各当事者が当該ファイルを管理するものとする（この場

合、電子データである電子契約書ファイルを原本とし、同ファイルを印刷した文書はその写しとする。）。

　　●年●月●日

別紙

データの項目	例：氏名、住所、生年月日、・・・
データの範囲	○年○月○日から○年○月○日までの間に製品名○○から取得されたもの
データの提供方法	

2　ソフトウェア開発業務委託契約書（第3章）

ソフトウェア開発業務委託契約書

　株式会社□□（以下「ユーザ」という。）と株式会社○○（以下「ベンダ」という。）とは、ユーザがベンダに対して委託するソフトウェア開発業務に関し、次のとおり契約（以下「本契約」という。）を締結する。

第1章　基本的事項

第1条（目的）
　本契約は、本開発（第2条で定義する。）のための両当事者の契約関係を定める。

第2条（定義）
　本契約において、以下の各号に定める用語は、それぞれ、次の各号のとおりとする。
　(1)　「本ソフトウェア」とは、ユーザの□□業務の用に供するソフトウェアをいう。
　(2)　「本開発」とは、本契約に基づく本ソフトウェアの開発をいう。
　(3)　「本業務」とは、本開発を遂行するためのベンダの業務をいう。
　(4)　「データ」とは、電磁的記録（電子的方法、磁気的方法その他の方法で作成される記録であって、電子計算機による情報処理の用に供されるものをいう。）に記録された情報をいう。
　(5)　「対象データ」とは、別紙1に定めるデータをいう。
　(6)　「本学習用データセット」とは、対象データに対して、本学習用プログラムに適用するために必要な整形または加工（他のデータとの組合せを含む。）をしたデータをいう。
　(7)　「本学習用プログラム」とは、本学習用データセットを入力して、本学習済みモデルを生成するためのプログラムをいう。
　(8)　「本学習済みモデル」とは、特定の機能を実現するために、本学習用データセットを、本学習用プログラムに入力した結果、出力されるパラメータを組み込んだプログラムをいう。

第3条（適用関係）
　1　別紙は、本契約の内容を構成し、本契約の本文と別紙が抵触または矛盾するとき、本文に別段の定めがない限り、別紙の内容が優先する。
　2　本契約の他の条項において「本契約」という場合、別紙を含む。

第2章　当事者の役割分担

第4条（業務委託）
　ユーザは、本開発をベンダに委託し、ベンダはこれを受託する。

第5条（ベンダのプロジェクト・マネジメント義務）
1　ベンダは、本業務を遂行するに際し、本開発の進捗状況を常に管理し、開発作業を阻害する要因の発見に努め、これに適切に対処する。
2　ベンダは、本契約に別途定める場合のほか、ユーザによる本開発へのかかわりについても適切に管理を行い、ユーザが分担する作業や意思決定を行う際に、情報システムの専門家としての立場から情報提供や助言を行うよう努める。

第6条（ユーザの協力義務）
　ユーザは、本契約に特に定める場合のほか、自らが分担する作業の実施、ベンダから求められた資料などの提供、ならびに仕様および課題の解決方法に関する意思決定を適時に行うなど、本開発を円滑に進行させるために必要な協力をする。

第3章　本開発の実施体制など

第7条（実施体制）
1　本開発の実施体制は、別紙2のとおりとする。
2　ユーザおよびベンダは、それぞれが本開発の実施に関する責任者（以下「業務責任者」という。）を選任し、本契約締結後、すみやかに、相手方に対して書面または電磁的方法により通知する。業務責任者を変更した場合も同様とする。
3　ユーザおよびベンダは、本開発について、別紙2に定める会議体を設置し、別紙2に定める頻度で打合せを実施する。

第8条（作業場所の提供）
1　ベンダは、別紙2に定める場所（以下「作業場所」という。）で本業務を遂行する。
2　作業場所がユーザの事業所またはユーザが所有もしくは賃借している場所（以下「ユーザの事業所等」という。）である場合、ベンダは、本業務の遂行にあたり、ユーザの定める入退場などの諸手続を遵守するとともに、ユーザがユーザの安全管理諸規程などを提示したとき、その規程などに基づく管理を行うものとする。
3　ユーザの事業所等においてベンダが本業務を遂行する場合、ユーザは、必要に応じてユーザの判断により、ベンダの業務責任者および業務担当者のために従業員控室、ロッカー、資材置場、作業場所、電話、電気、水道などを

ベンダに提供する。この場合、ユーザおよびベンダは、什器備品代、光熱費、電話料その他費用の負担を別途協議のうえ決定する。

第９条（再委託）

1　ベンダは、本業務の全部または一部を、ユーザの事前の書面による同意なく、第三者へ再委託してはならない。ただし、ユーザが上記の同意を拒否するには、合理的な理由を要するものとする。

2　ベンダは、前項に基づき、本業務を第三者に対し再委託する場合、その第三者（以下「再委託先」という。）に対して、本契約上のベンダの義務と同等の義務を負わせる。

3　再委託先の行為は、ベンダの行為とみなし、ベンダはその一切の責任を負う。

4　再委託先がさらに本業務の全部または一部を第三者へ委託する場合も前３項を準用するものとし、以降の委託についても同様とする。

第４章　本業務の実施

第10条（本開発の内容）

1　ベンダは、本業務として、次の各業務を実施する（以下、次の各号に定める各納入物を「本成果物」という。）。

  (1)　ベンダは、ユーザと協議のうえ、ユーザに対し、本ソフトウェアの仕様などを定めた仕様書（以下「開発仕様書」という。）を納入する。

  (2)　ベンダは、開発仕様書に基づき、本学習済みモデルを生成し、ユーザとベンダが合意した基準に基づきテスト用データとの関係で十分な性能を備えているかを検証したうえで、ユーザに対し、その検証結果の報告書（以下「本学習済みモデル検証報告書」という。）を納入する。

  (3)　ベンダは、ユーザと協議のうえ、開発仕様書に基づき、本ソフトウェアの検査の基準となるテスト項目、方法、期間などを確定し、ユーザに対し、その内容をまとめた仕様書（以下「テスト仕様書」という。）を納入する。

  (4)　ベンダは、開発仕様書に基づき、本ソフトウェアを開発し、テスト仕様書に基づきテストを実施したうえで、ユーザに対し、本ソフトウェアと、そのテスト結果をまとめた報告書（以下「テスト結果報告書」という。）を納入する。

2　本開発のスケジュールは、別紙３に定めるところに、また、本成果物の納入方法は、別紙４に定めるところに、それぞれよる。

3　本ソフトウェアが、第11条所定の検査に合格した時をもって、本業務は完了したものとみなす。

第11条（検査）

1　ユーザは、本開発遂行の過程で、ベンダから納入される本成果物について、

その納入を受けた日から14日以内にその内容を検査し、その結果をベンダに対し、通知する。

2　前項の期間内に検査結果の通知がなされないときは、納入された本成果物は同項の検査に合格したものとみなす。ベンダが同項の納入の準備をし、その旨ユーザに通知したにもかかわらずユーザが正当な理由なく受領を拒否した場合に、ベンダがユーザへの通知をした日から同項の期間を経過したときも同様とする。

3　ベンダが納入した本成果物が第1項の検査に不合格となったとき、ベンダはその費用および責任により本成果物を修補し、修補した本成果物をユーザとベンダが協議して定める日までに納入しなければならない。この場合の納入および検査に関しては、前2項の規定を準用する。

4　前項の定めにしたがい、ベンダが納期に遅れて本成果物を納入する場合、ベンダは、その遅滞の責めを免れない。

第12条（報酬）

　ユーザはベンダに対し、本開発に対する報酬（以下「本報酬」という。）として、○万円（税別）を消費税相当額とともに、第10条第3項の本開発の完了日の翌月末日までに、ベンダの指定する金融機関の口座に対して支払うものとする。振込手数料はユーザが負担する。

第5章　契約内容などの変更

第13条（本契約の変更）

　本開発の内容（開発対象、開発期間、本報酬を含むが、これらに限られない。）その他本契約ならびに開発仕様書の修正または変更は、各当事者を代理する正当な権限を有する者または責任者が、記名押印または署名した書面によらなければ、その効力を有しない。

第14条（本報酬の変更）

　前条の定めにかかわらず、次の各号のいずれかに該当し本業務遂行に必要な費用が増加する場合、ベンダは、ユーザに対し、見積書を提出し、ユーザと協議のうえ、ユーザの書面による同意を得ることによって、本報酬の額を変更することができる。

⑴　ユーザの要求により、本業務の内容を変更するために工数が著しく増加する場合

⑵　ユーザの要求により、本成果物の納入期限を短縮するために作業内容を変更する必要が生じた場合

⑶　本業務の遂行にあたり必要な情報がユーザから提供されていないにもかかわらず、本成果物の納期の変更が認められない場合

第6章　情報・データ・資料などの取扱い

第15条（秘密保持）
1　「秘密情報」とは、本契約に関連する技術情報または営業情報のうち、次の各号のいずれかに該当する情報（ただし、対象データを除く。）をいう。なお、以下、情報を開示する当事者を「開示者」といい、その情報を受領する当事者を「受領者」という。
　⑴　開示者が受領者に対し、書面（電磁的方法を含む。以下同じ。）その他有形の手段によって開示した情報のうち、秘密情報である旨を明示された情報
　⑵　開示者が受領者に対し、口頭その他無形の手段によって開示した、または、有形の手段によって開示した情報であって、前号の秘密表示が困難な情報のうち、その開示後〇日以内に開示内容を書面化して秘密情報である旨を通知した情報
2　前項にかかわらず、次の各号のいずれかに該当する情報は、秘密情報にあたらない。
　⑴　開示の時点で公知の情報
　⑵　開示後に受領者の責めに帰すべき事由によらずに公知となった情報
　⑶　開示の時点で受領者が保有していた情報
　⑷　秘密情報によらず受領者が独自に生成した情報
　⑸　正当な権利を有する第三者から秘密保持義務を負うことなく開示された情報
3　開示者から開示された情報が第1項第2号に該当する場合、受領者は、開示後〇日が経過する日または開示者が受領者に対し秘密情報として取り扱わない旨を通知した日のいずれか早い日までは受領者はその情報を秘密情報と同様に取り扱う。ただし、その情報が、第2項各号のいずれかに該当する場合はこの限りではない。
4　受領者は、秘密情報を、秘密として保持し、本契約に別段の定めがない限り、次の各号のいずれかに該当する取扱いをしてはならない。
　⑴　第三者に開示または漏えいすること
　⑵　本契約に基づく権利の行使もしくは義務の履行以外の目的に使用すること
　⑶　本業務の遂行に必要な範囲を超えて、開示者の承諾なくして、複製または改変すること
5　前項にもかかわらず、各当事者は、秘密情報を、次の各号に該当する者に対し、必要な限りにおいて、開示できる。この場合、各当事者は、その第三者に対し、本条の秘密保持義務および目的外利用禁止義務を遵守させ、その義務違反について、自ら責任を負う。
　⑴　受領者について、本開発のために秘密情報を知る必要がある受領者の役

　　員および従業員
　⑵　受領者について、本開発のために秘密情報を知る必要がある弁護士、会計士、税理士、その他法令上の守秘義務を負う外部専門家
　⑶　ベンダについて、再委託先に関して、その受託業務遂行のために秘密情報を知る必要がある委託先
6　第4項にもかかわらず、受領者は、公的機関によって法令上の強制力を伴う開示要求がされた場合、その要求に対応するために必要な限りで、その機関に開示できる。この場合、関連法令に反しない限り、受領者は、開示者に対し、その開示前に、また、開示前に通知できない場合は開示後、すみやかに、開示に関する事実を通知する。
7　受領者は、秘密情報を、次のとおり管理する。
　⑴　秘密情報を他の情報と区別して管理する。
　⑵　開示者から提供を受けた秘密情報が記録された媒体（複製物を含む。）について、施錠など、秘密性を保持するための物理的にアクセス困難な合理的な措置を講じる。
　⑶　自らの管理下にある秘密情報について、パスワードの設定、暗号化、アクセス制限など、その秘密性を保持するための合理的な措置を講じる。
　⑷　秘密情報の漏えいが生じた場合には、ただちに開示者にその旨を通知する。
8　本契約の終了時または開示者が要求する場合、受領者は、本契約に別段の定めがない限りまたは関連法令に反しない限り、次の各号の対応をとる。この場合、開示者は受領者に対し、各号の履践を証明する文書の提出を求めることができる。
　⑴　開示者の指定にしたがい、秘密情報が記録された開示者から提供を受けた媒体（複製物を含む。）の返還または破棄
　⑵　自らの管理下にある秘密情報の削除（ただし、通常のデータバックアップの一環として保管している秘密情報の電磁的複製で削除が実務的に困難な場合を除く。）
9　開示者は、受領者に対し、秘密情報に関し、何ら保証しない。
10　本条のうち、第8項および第9項の規定は本契約終了後も、その他の条項は、本契約が終了した日より〇年間有効に存続する。

第16条（対象データの提供など）
1　ユーザは、別紙1に定める期限までに、ベンダに対して、対象データを提供する。
2　ユーザおよびベンダは、本開発の進捗状況を考慮して、合意により、対象データの範囲または数量などを変更することができる。

第17条（対象データの取扱い）
1　対象データの取扱いについては、第15条第2項第3号から同項第5号

および同条第4項から第8項を準用する。このとき、「秘密情報」は、「対象データ」と読み替える。

2　ユーザは、ベンダに対して、次の各号の事項を保証する。

　(1)　対象データが適法な手段により取得されたこと

　(2)　対象データをベンダに開示する正当な権限を有すること

　(3)　本業務遂行のため、対象データをベンダに使用または利用させる正当な権限を有すること

　(4)　対象データに故意の変容を加えていないこと

3　ユーザは、前項各号に記載の事項を除き、ベンダに対し、対象データについて、何ら保証しない。

4　本条に基づく義務（第1項において準用する第15条に基づく義務を含む。）は、本契約終了後も存続する。

第18条（学習用データセットの取扱い）

1　ベンダは、本業務遂行の過程で生成した本学習用データセットを、ユーザに対し開示する義務を負わない。

2　本学習用データセットのうち、対象データを再現可能な部分については、対象データとして、第17条および同条が準用する第15条に基づき取り扱う。ただし、第17条第1項および第15条第8項の定めにもかかわらず、ユーザとベンダが本ソフトウェアの保守運用などについて、別途契約を締結しているときは、その契約の終了までの期間、ベンダは、本学習用データセットを削除する義務を負わない。

3　ベンダは、本学習用データセットを、本開発の遂行の目的の限度で使用することができるが、その目的の範囲を超えて、使用もしくは利用し、または第三者に対し、開示できない。

第19条（資料などの提供および返還）

1　ユーザは、ベンダと協議のうえ、ベンダに対し、本開発の遂行に必要であるとユーザが認めた資料、機器、設備など（以下「本資料等」という。）を無償で提供する。

2　ベンダは、ユーザから提供された本資料等を、善良な管理者の注意をもって使用、管理または保管するものとし、本開発以外の用途に使用しない。

3　ベンダは、ユーザから提供された本資料等（複製物および改変物を含む。）が本開発を遂行するうえで不要となったとき、遅滞なくこれらをユーザに返還し、またはユーザとベンダが協議して定める処理をする。

4　前3項の本資料等の提供、返還その他の処理などについて、ベンダの業務責任者は、ユーザの業務責任者に対し、対象物件、実施日など必要事項を記載した書面を交付する。

第20条（個人情報）

1　ユーザは、本開発の遂行に際して、個人情報の保護に関する法律（以下「個人情報保護法」という。）に定める個人情報または匿名加工情報（以下、総称して「個人情報等」という。）を含んだデータをベンダに対し提供するときは、事前にその旨を明示する。

2　本開発の遂行に際してユーザが個人情報等を含んだデータをベンダに対し提供するときは、ユーザは、その生成、取得および提供などについて個人情報保護法に定められている手続を履践していることを保証する。

3　ベンダは、個人情報等を本開発の遂行目的以外の目的に使用してはならず、複製、改変が必要なときは、事前にユーザから書面による同意を受けるものとする。

4　ベンダは、ユーザから提供を受けた個人情報等を善良な管理者の注意をもって管理、保管しなければならず、本業務遂行上、不要となった場合、ベンダは遅滞なくこれらをユーザに返還またはユーザの指示にしたがった処置をしなければならない。

5　ベンダは、再委託先に対して、第9条第2項の措置をとったうえで、その個人情報等を開示できるものとする。

第7章　契約不適合責任・危険負担など

第21条（契約不適合責任）

1　本成果物に本契約の内容（開発仕様書に定める基準を含む。）を満たさない不具合があり、本開発完了日から1年以内にユーザからその修補の請求があったとき、ベンダはすみやかに無償で、不具合の修補を行いまたはユーザと協議のうえで相当と認める代替措置を講じる。ユーザは、不具合の修補に代えてまたは修補の請求とともに代金の減額を行うことができ、その不具合により、本契約を締結した目的を達することができないときは、本契約を解除することができる。

2　ユーザはベンダに対し、前項の不具合によって被った損害の賠償を、その選択により前項に定める措置とあわせて、または前項に定める措置を経ることなく請求することができる。

第22条（ベンダの非保証）

1　ベンダは、本ソフトウェアについて、開発仕様書で定めた目標値その他テストデータを用いたテスト時において達成していた内容などを、テストデータ以外のデータでも達成することを保証しない。

2　ベンダは、本契約に別段の定めがある場合を除くほか、本成果物が第三者の知的財産権を侵害していないことを保証しない。ただし、ベンダが侵害について、故意または重過失である場合はこの限りではない。

第23条（危険負担）

1　本開発が完了する前に、ユーザおよびベンダいずれの責めに帰すべき事由にもよらず、本開発の遂行が不可能となったとき、ベンダは、ユーザに対して、本開発の報酬を、その時点における本成果物を納入することと引換えに、その時点においてすでに実施した履行の割合に応じて請求することができる。

2　ユーザの責めに帰すべき事由により本開発の遂行が不可能となったとき、ベンダは、その時点における本成果物を納入することと引換えに、ユーザに対して、本開発の報酬金額を請求することができる。ただし、ベンダが、本開発に関する債務を免れたことによって利益を得たときは、その利益に相当する金額を報酬金額から控除するものとする。

3　前2項により納入された本成果物に関する著作権の帰属および本成果物の利用条件については、第24条を準用する。

第8章　権利帰属・利用条件

第24条（著作権の帰属）

1　本成果物に関する著作権（著作権法第27条および第28条の権利を含む。）は、ベンダまたは第三者が本契約締結前から有していた著作物または同種の開発業務において共通してベンダが利用する汎用的なソフトウェア・プログラム・モジュールなどの著作物に関する著作権を除き、ユーザに帰属する。

2　ベンダは、ユーザに対して、ユーザ自らの業務の用に供するために使用または利用（自らまたは第三者をして、業務の必要に応じて改変しまたは改変させることを含むが、それに限られない。以下本条において同じ。）するのに必要な限度で、本成果物の使用または利用を許諾し、または、著作権を有する第三者をして許諾させる。この使用および利用許諾の対価は、本報酬に含まれる。ただし、ユーザは、本契約に別段の定めがある場合を除き、本成果物について、次の各号の行為を行ってはならない。

(1)　リバースエンジニアリング、逆コンパイル、逆アセンブルその他の方法でソースコードを抽出する行為

(2)　再利用モデルを生成する行為

(3)　本学習済みモデルへの入力データと、本学習済みモデルから出力されたデータを組み合わせて、新たな学習済みモデルを生成する行為

(4)　その他前各号に準じる行為

3　ベンダはユーザに対して、前項に定める本成果物の使用または利用に関して著作者人格権を行使しまたは著作者たる第三者をして行使させない。

第25条（その他知的財産権の帰属）

1　本成果物および本開発の遂行に伴い生じた知的財産（以下「本知的財産」という。）にかかる特許権その他の知的財産権（ただし、第24条の対象となる著作権は除く。以下「本知的財産権」という。）は、本知的財産を創出した

者が属する当事者に帰属する。

2　ベンダは、前項に基づき自らに帰属する本知的財産権について、ユーザに対して、本成果物を自らの業務の用に供するために必要な限度で、その実施を許諾する。この実施許諾の対価は、本報酬に含まれる。

3　ユーザおよびベンダが共同で創出した本知的財産に関する本知的財産権については、ユーザおよびベンダの共有（持分は貢献度に応じて定める。）とする。この場合、ユーザおよびベンダは、共有にかかる本知的財産権につき、本契約の定めにしたがい、それぞれ相手方の同意なしに、かつ、相手方に対する対価の支払いの義務を負うことなく、自ら実施できる。

4　ユーザおよびベンダは、前項に基づき相手方と共有する本知的財産権について、必要となる職務発明の取得手続など（職務発明規程の整備などの職務発明制度の適切な運用、譲渡手続など）を履践する。

第9章　損害賠償・責任など

第26条（第三者との間の紛争）

1　次の各対象物について、第三者の知的財産権または法的に保護されるべき利益を侵害したという理由で、次の各当事者（以下「被請求者」という。）が、第三者からその是正あるいは損害賠償などの請求を受けたとき、他方当事者は自らの費用と責任においてこれを解決し、その第三者からの請求により被請求者が損害を被ったとき、他方当事者はその損害を賠償する。

⑴　対象データ：ベンダ

⑵　本成果物：ユーザ（ただし、ベンダが侵害について故意または重過失である場合に限る。）

2　各当事者は、第三者との間に、前項の紛争が生じた場合または生じるおそれがある場合、ただちに相手方に通知しなければならない。

3　本条第1項において、ベンダが損害賠償または費用の支払義務を負う場合であっても、その金額は本報酬の金額を上限とする。

第27条（損害賠償）

1　ユーザおよびベンダは、本契約の履行に関し、相手方の責めに帰すべき事由により損害を被った場合、相手方に対して損害賠償を請求することができる。ただし、ベンダがユーザに対して本契約に関連して負担する損害賠償責任の範囲は、債務不履行責任、不法行為責任、その他法律上の請求原因のいかんを問わず、ユーザに発生した通常損害に限定され、ベンダの責めに帰すことができない事由から生じた損害、ベンダの予見の有無を問わず特別の事情から生じた損害など、逸失利益についてベンダは責任を負わない。

2　前項によりベンダが損害賠償責任を負う場合であっても、法令による別段の定めがない限り、ベンダは、本報酬額を超えて賠償する責任を負わない。

3　ベンダに故意または重大な過失がある場合、前2項は適用されない。

第28条（OSS の利用）
1　ベンダは、本開発遂行の過程において、本成果物を構成する一部として
オープン・ソース・ソフトウェア（以下「OSS」という。）を利用しようとす
るときは、OSS の利用許諾条項、機能、脆弱性などに関して適切な情報を提
供し、ユーザに OSS の利用を提案するものとする。
2　ユーザは、前項のベンダの提案を自らの責任で検討・評価し、OSS の採否
を決定する。
3　本契約の他の条項にかかわらず、ベンダは、OSS に関して、著作権その他
の権利の侵害がないことおよび瑕疵のないことを保証するものではなく、第
1項所定の OSS 利用の提案時に権利侵害または瑕疵の存在を知りながら、
もしくは重大な過失により知らずに告げなかった場合を除き、何らの責任を
負わないものとする。

第29条（不可抗力など）
　各当事者は、地震、台風、津波その他の天災地変、戦争、暴動、内乱、テロ
リズム、法令の制定・改廃その他いずれの当事者の責めに帰すことができない
事由による本契約の全部または一部の履行遅滞または履行不能については、責
任を負わないものとする。ただし、その事由により影響を受けた当事者は、そ
の事由の発生をすみやかに相手方に通知するとともに、その費用分担などにつ
き協議のうえ、状況が復旧するための最善の努力をするものとする。

第10章　契約の期間・終了

第30条（有効期間）
　本契約の有効期間は、契約締結日からベンダが本業務を終了し、ユーザがベ
ンダに対し本報酬の支払いを完了する日までとする。

第31条（契約の解除）
1　ユーザまたはベンダは、相手方が次の各号のいずれかに該当する場合、催
告を要せず、書面で相手方に通知することによって、相手方当事者の期限の
利益を失わせしめ、その時点において存在するすべての債務をただちに履行
することを相手方に請求することができる。
⑴　第三者から差押え、仮差押え、競売、破産、特別清算、民事再生手続も
しくは会社更生手続の開始などの申立てを受けたとき、または自ら破産手
続、民事再生手続、特定調停、特別清算もしくは会社更生手続の開始など
の申立てをしたとき
⑵　自ら振り出しまたは引き受けた手形もしくは小切手が不渡りとなるなど
支払停止状態に至ったとき
⑶　租税公課を滞納し督促を受け、または租税債権の保全処分を受けたとき

(4)　所轄官庁から営業停止処分または営業免許もしくは営業登録の取消しの処分などを受けたとき

(5)　解散、事業の廃止、事業の全部もしくは重要な一部の譲渡または合併の決議をしたとき、または買収されたとき

(6)　本契約の履行が不能になる蓋然性がある事態、または法人もしくは役員の犯罪その他信頼関係を破壊する行為があるときなど、本契約の継続に重大な支障を生ずる事由が発生したとき

2　ユーザまたはベンダは、相手方が前項各号のいずれかに該当する事実が発生した場合、催告を要せず、書面で相手方に通知することによって、本契約の全部または一部を解除することができる。

3　ユーザまたはベンダは、相手方が本契約に違反し、書面で催告を受けたにもかかわらず相当な期間内に是正しないときは、書面で相手方に通知することによって、相手方の期限の利益を失わせしめ、その時点において存在するすべての債務をただちに履行することを相手方に請求することができるとともに、本契約の全部または一部を解除することができる。

4　本条に基づく本契約の解除は、損害賠償の請求を妨げない。

第32条（反社会的勢力の排除）

1　ユーザおよびベンダは、相手方が反社会的勢力（暴力団、暴力団員、暴力団員でなくなった時から〇年【※5年の範囲で適宜定める】を経過しない者、暴力団準構成員、暴力団関係企業、総会屋、社会運動等標ぼうゴロまたは特殊知能暴力集団、その他これらに準ずる者をいう。以下同じ。）に該当し、または、反社会的勢力と以下の各号の一にでも該当する関係を有することが判明したとき、何らの催告を要せず、本契約を解除することができる。

(1)　反社会的勢力が経営を支配していると認められるとき

(2)　反社会的勢力が経営に実質的に関与していると認められるとき

(3)　自ら、自社もしくは第三者の不正の利益を図る目的または第三者に損害を加える目的をもってするなど、不当に反社会的勢力を利用したと認められるとき

(4)　反社会的勢力に対して資金を提供し、または便宜を供与するなどの関与をしていると認められるとき

(5)　その他役員または経営に実質的に関与している者が、反社会的勢力と社会的に非難されるべき関係を有しているとき

2　ユーザおよびベンダは、自らまたは自らの下請もしくは再委託先業者（下請または再委託先が数次にわたるときには、そのすべてを含む。以下同じ。）が第1項に該当しないことを確約し、将来も同項に該当しないことを確約する。

3　ユーザおよびベンダは、自らまたは自らの下請もしくは再委託先業者が第1項に該当することが契約後に判明したとき、ただちに契約を解除し、または契約解除のための措置をとらなければならない。

4　ユーザおよびベンダは、自らまたは自らの下請もしくは再委託先業者が、反社会的勢力から不当要求または業務妨害などの不当介入を受けたとき、これを拒否し、または下請もしくは再委託先業者をしてこれを拒否させるとともに、不当介入があった時点で、すみやかに不当介入の事実を相手方に報告し、相手方の捜査機関への通報および報告に必要な協力を行うものとする。

5　ユーザまたはベンダが本条第3項または前項の規定に違反した場合、相手方は何らの催告を要さずに、本契約を解除することができる。

6　ユーザまたはベンダが本条各項の規定により本契約を解除したとき、相手方に損害が生じても何らこれを賠償ないし補償することは要せず、また、かかる解除により自らに損害が生じたときは、相手方はその損害を賠償するものとする。

第33条（成果物の保守・運用）

本開発の完了後、ユーザおよびベンダは、本ソフトウェアの保守・運用に関する業務について、ユーザとベンダが協議のうえ別途有償の契約を締結する。

第34条（存続条項）

本契約が終了した後でも、第15条、第17条ないし第27条、第28条第3項、第31条第4項、第32条第6項、第33条、本条、第35条ないし第38条の規定は、有効に存続する。ただし、各条項に期間の定めがある場合はその定めが優先する。

第11章　一般条項

第35条（譲渡禁止）

ユーザおよびベンダは、相手方の書面による事前の同意がない限り、本契約上の権利および義務ならびに本契約上の地位を第三者に譲渡し、引き受けさせ、または担保に供してはならない。

第36条（準拠法）

本契約は日本法に準拠し、解釈される。

第37条（合意管轄）

本契約に起因しまたは関連する一切の紛争については、○地方裁判所を専属的合意管轄裁判所とする。

第38条（協議）

本契約の各条項の解釈について疑義が生じたときまたはこの契約に定めがない事項については、ユーザおよびベンダ協議のうえ解決を図るものとする。

　本契約成立の証として本書2通を作成し、ユーザおよびベンダが記名押印のうえ、各1通を保有する。

　○年○月○日

　　　　　　　　ユーザ　〒○○○-○○○○　東京都中央区○○○○○
　　　　　　　　　　　　□□株式会社
　　　　　　　　　　　　□□□□　　　　印
　　　　　　　　ベンダ　〒○○○-○○○○　東京都小金井市○○○○○
　　　　　　　　　　　　○○株式会社
　　　　　　　　　　　　○○○○　　　　印

別紙1　対象データ

1　対象データ
　(1)　内容　【省略】
　(2)　数量　【省略】
　(3)　データ形式などの条件【省略】

2　対象データの提供期限
　20○○年○月○日まで

別紙2　開発実施体制

　【省略】

別紙3　スケジュール等

工程	作業期間	本成果物	備考
要件定義	20〇〇年〇月〇日～20〇〇年〇月〇日	開発仕様書	ベンダはユーザによる要件定義を支援し、開発対象となるソフトウェアの仕様を定める開発仕様書を作成する。
本学習済みモデルの開発・検証	別途当事者が合意で定めた期間	本学習済みモデル検証報告書	本学習済みモデルがユーザとベンダが合意した基準に基づき、十分な性能を備えているかを検証する。
テスト計画の策定	別途当事者が合意で定めた期間	テスト仕様書	本ソフトウェアのテスト計画を立案する。
本ソフトウェアの開発	20〇〇年〇月〇日～20〇〇年〇月〇日	プログラム一式テスト結果報告書	開発仕様書の内容にしたがい、プログラムを作成し、各モジュールの単体テストおよび結合テストを実施する。
統合テスト	20〇〇年〇月〇日～20〇〇年〇月〇日	テスト結果報告書	各モジュールを統合し、1つのソフトウェアとしてテストを実施する。

別紙4　成果物および納入方法

成果物	納品日	納入方法	納入場所
開発仕様書	20○○年○月○日	A4判ファイル　1セットおよび同内容を電磁的方法で記録した記録媒体を引き渡す。	ユーザの指定する場所
本学習済みモデル検証報告書	当事者の協議により定める	A4判ファイル　1セットおよび同内容を電磁的方法で記録した記録媒体を引き渡す。	
テスト仕様書	当事者の協議により定める	A4判ファイル　1セットおよび同内容を電磁的方法で記録した記録媒体を引き渡す。	
プログラム一式（バイナリ形式）	20○○年○月○日	ユーザのサーバーおよびクライアントにベンダがインストールする。	
テスト結果報告書	20○○年○月○日	A4判ファイル　1セットおよび同内容を電磁的方法で記録した記録媒体を引き渡す。	
操作マニュアル	20○○年○月○日	A4判ファイル　1セットおよび同内容を電磁的方法で記録した記録媒体を引き渡す。	
その他当事者で合意した書面	20○○年○月○日	A4判ファイル　1セットおよび同内容を電磁的方法で記録した記録媒体を引き渡す。	

3　運用保守業務委託契約書（第3章）

運用保守業務委託契約書

　株式会社□□（以下「ユーザ」という。）と株式会社○○（以下「ベンダ」という。）とは、ユーザがベンダに対して委託する学習済みモデルを含むソフトウェアの運用保守業務（以下「本業務」という。）に関して、次のとおり契約（以下「本契約」という。）を締結する。

第1条（定義）
　本契約における次の用語の意味は、それぞれ、次の各号のとおりとする。
　(1)　「本ソフトウェア」とは、開発契約に基づきベンダが開発してユーザに納入した本学習済みモデルを含むユーザの□□業務の用に供するソフトウェアをいう。
　(2)　「本学習済みモデル」とは、開発契約における「本学習済みモデル」をいう。
　(3)　「開発契約」とは、ユーザ・ベンダ間の○年○月○日付け「ソフトウェア開発業務委託契約書」をいう。
　(4)　「運用保守業務」とは、本ソフトウェアの運用保守をする業務であり、第3条第1項第1号に定めるところによる。
　(5)　「動作確認業務」とは、本学習済みモデルの精度を含む本学習済みモデルの動作の監視などであり、第3条第1項第2号に定めるところによる。
　(6)　「データ」とは、電磁的記録（電子的方法、磁気的方法その他の方法で作成される記録であって、電子計算機による情報処理の用に供されるものをいう。）に記録された情報をいう。

第2条（適用関係）
　別紙は、本契約の内容を構成し、本契約の本文と別紙が抵触または矛盾するとき、本文に別段の定めがない限り、別紙の内容が優先する。

第3条（本業務）
1　ユーザがベンダに対して委託する本業務の内容は以下のとおりとする。
　(1)　運用保守業務
　　①　本ソフトウェアの操作に関する技術的な相談、問合せ対応
　　②　ハードウェアまたはOSなどの動作不良により本ソフトウェアが破損した場合のソフトウェアの復旧作業（データの復旧作業は除く。）
　　③　②以外の原因により発生した本ソフトウェアの障害に対する原因調査および修補対応（ユーザの故意または過失によって生じたものは除く。）
　　④　本ソフトウェアの変更管理およびドキュメント管理

(2)　本学習済みモデルの動作確認業務

　　　本学習済みモデルの精度を含む本学習済みモデルの動作を監視し、その精度がユーザとベンダとの間の合意で定めた一定の精度を下回ることその他ユーザとベンダとの間の合意で定めた条件を充足しない場合に、ベンダがユーザに対して、すみやかに報告すること

2　ベンダは、本業務を善良なる管理者の注意義務をもって実施する。

3　ユーザは、本ソフトウェアの機能の改善または追加機能の開発もしくは本学習済みモデルの追加学習（新たにデータセットを生成して本学習済みモデルの再学習を行うことを含む。）を希望するときは、ベンダに対してその旨を申し出るものとし、ユーザおよびベンダが協議により、その開発について合意をした場合、ベンダはその追加開発を実施するものとする。

第4条（運用保守業務の受付時間など）

1　運用保守業務の障害受付の時間帯は、平日午前9時から午後5時30分までとする。連絡手段は電話もしくは電子メールとし、連絡先は、別途ベンダがユーザに対し通知する。

2　ベンダは、ユーザから運用保守の要請を受けた場合、可能な限り翌○営業日以内にこれを実施するものとし、即時の実施開始が困難な場合または翌○営業日以内での実施完了が困難な場合には、可能な限りすみやかに、実施開始時期または実施完了が見込まれる時期をユーザに対して通知するものとする。

第5条（業務担当者）

　ベンダは、本業務の実施に関する責任者（以下「業務担当者」という。）を選任し、本契約締結後、すみやかに、ユーザに対して書面または電磁的方法により通知する。業務担当者を変更した場合も同様とする。

第6条（再委託）

1　ベンダは、本業務の全部または一部を、ユーザの事前の書面による同意なく、第三者へ再委託してはならない。ただし、ユーザが上記の同意を拒否するには、合理的な理由を要するものとする。

2　ベンダは、前項に基づき、本業務を第三者に対し再委託する場合、その第三者（以下「再委託先」という。）に対して、本契約上のベンダの義務と同等の義務を負わせる。

3　再委託先の行為は、ベンダの行為とみなし、ベンダはその一切の責任を負う。

4　再委託先がさらに本業務の全部または一部を第三者へ委託する場合も前3項を準用するものとし、以降の委託についても同様とする。

第7条（報酬）

1　本業務の基本報酬は月額○円（税別）とする。

2　前項の基本報酬に加えて、以下の場合には、ベンダはユーザに対して、超過業務報酬を請求することができる。

(1)　運用保守業務に関する超過業務報酬

ベンダがユーザに対して提供した運用保守業務にかかる稼働時間が、1か月あたり○時間を超過した場合には超過時間1時間あたり○円（税別）

(2)　本学習済みモデルの動作確認業務報酬

ベンダがユーザに対して提供した本学習済みモデルの動作確認業務にかかる稼働時間が、1か月あたり○時間を超過した場合には超過時間1時間あたり○円（税別）

3　ベンダはユーザに対して、月末締めで基本報酬および追加業務報酬の金額を計算し、翌月○日までに請求書を発行する。

4　ユーザは、前項の請求書発行日の末日までに、請求書記載の金額を、ベンダの指定する金融機関の口座に振り込む方法で支払う。振込手数料はユーザの負担とする。

第8条（免責）

ベンダは、本業務により、本ソフトウェアに生じた問題が解決されることを保証するものではなく、本学習済みモデルの性能が向上すること、本学習済みモデルがユーザの業務目的に適合することなど、本業務がユーザの特定の目的に適合することを一切保証するものではない。

第9条（秘密保持）

1　「秘密情報」とは、本契約に関連する技術情報または営業情報のうち、次の各号のいずれかに該当する情報をいう。なお、以下、情報を開示する当事者を「開示者」といい、その情報を受領する当事者を「受領者」という。

(1)　開示者が受領者に対し、書面（電磁的方法を含む。以下同じ。）その他有形の手段によって開示した情報のうち、秘密情報である旨を明示された情報

(2)　開示者が受領者に対し、口頭その他無形の手段によって開示した、または、有形の手段によって開示した情報であって、前号の秘密表示が困難な情報のうち、その開示後○日以内に開示内容を書面化して秘密情報である旨を通知した情報

2　前項にかかわらず、次の各号のいずれかに該当する情報は、秘密情報にあたらない。

(1)　開示の時点で公知の情報

(2)　開示後に受領者の責めに帰すべき事由によらずに公知となった情報

(3)　開示の時点で受領者が保有していた情報

(4)　秘密情報によらず受領者が独自に生成した情報

(5)　正当な権利を有する第三者から秘密保持義務を負うことなく開示された情報

3　開示者から開示された情報が第1項第2号に該当する場合、受領者は、開示後〇日が経過する日または開示者が受領者に対し秘密情報として取り扱わない旨を通知した日のいずれか早い日まではその情報を秘密情報と同様に取り扱う。ただし、その情報が、第2項各号のいずれかに該当する場合はこの限りではない。

4　受領者は、秘密情報を、秘密として保持し、本契約に別段の定めがない限り、次の各号のいずれかに該当する取扱いをしてはならない。
(1)　第三者に開示または漏えいすること
(2)　本契約に基づく権利の行使または義務の履行以外の目的に使用すること
(3)　本業務の遂行に必要な範囲を超えて、開示者の承諾なくして、複製または改変すること

5　前項にもかかわらず、各当事者は、秘密情報を、次の各号に該当する者に対し、必要な限りにおいて、開示できる。この場合、各当事者は、その第三者に対し、本条の秘密保持義務および目的外利用禁止義務を遵守させ、その義務違反について、自ら責任を負う。
(1)　受領者について、本業務遂行のために秘密情報を知る必要がある受領者の役員および従業員
(2)　受領者について、本業務遂行のために秘密情報を知る必要がある弁護士、会計士、税理士、その他法令上の守秘義務を負う外部専門家
(3)　ベンダについて、再委託先に関して、その受託業務遂行のために秘密情報を知る必要がある委託先

6　第4項にもかかわらず、受領者は、公的機関によって法令上の強制力を伴う開示要求がされた場合、その要求に対応するために必要な限りで、その機関に開示できる。この場合、関連法令に反しない限り、受領者は、開示者に対し、その開示前に、また、開示前に通知できない場合は開示後、すみやかに、開示に関する事実を通知する。

7　受領者は、秘密情報を、次のとおり管理する。
(1)　秘密情報を他の情報と区別して管理する。
(2)　開示者から提供を受けた秘密情報が記録された媒体（複製物を含む。）について、施錠など、秘密性を保持するための物理的にアクセス困難な合理的な措置を講じる。
(3)　自らの管理下にある秘密情報について、パスワードの設定、暗号化、アクセス制限など、その秘密性を保持するための合理的な措置を講じる。
(4)　秘密情報の漏えいが生じた場合には、ただちに開示者にその旨を通知する。

8　本契約の終了時または開示者が要求する場合、受領者は、本契約に別段の定めがない限りまたは関連法令に反しない限り、次の各号の対応をとる。この場合、開示者は受領者に対し、各号の履践を証明する文書の提出を求める

ことができる。
(1) 開示者の指定にしたがい、秘密情報が記録された開示者から提供を受けた媒体（複製物を含む。）の返還または破棄
(2) 自らの管理下にある秘密情報の削除（ただし、通常のデータバックアップの一環として保管している秘密情報の電磁的複製で削除が実務的に困難な場合を除く。）
9　開示者は、受領者に対し、秘密情報に関し、何ら保証しない。
10　本条のうち、第8項および第9項の規定は本契約終了後も、その他の条項は、本契約が終了した日より○年間有効に存続する。

第10条（資料などの提供および返還）
1　ユーザは、ベンダと協議のうえ、ベンダに対し、本業務の遂行に必要であるとユーザが認めた資料、機器、設備など（以下「本資料等」という。）を無償で提供する。
2　ベンダは、ユーザから提供された本資料等を、善良な管理者の注意をもって使用、管理または保管するものとし、本業務の遂行以外の用途に使用しない。
3　ベンダは、ユーザから提供された本資料等（複製物および改変物を含む。）が本業務を遂行するうえで不要となったとき、遅滞なくこれらをユーザに返還し、またはユーザとベンダが協議して定める処理をする。
4　前3項の本資料等の提供、返還その他の処理などについて、ベンダの業務責任者は、ユーザの業務責任者に対し、対象物件、実施日など必要事項を記載した書面を交付する。

第11条（個人情報）
1　ユーザは、本業務の遂行に際して、個人情報の保護に関する法律（本条において、以下「個人情報保護法」という。）に定める個人情報または匿名加工情報（以下、総称して「個人情報等」という。）を含んだデータをベンダに対し提供するときは、事前にその旨を明示するものとする。
2　本業務の遂行に際してユーザが個人情報等を含んだデータをベンダに対し提供するときは、ユーザは、その生成、取得および提供などについて個人情報保護法に定められている手続を履践していることを保証するものとする。
3　ベンダは、個人情報等を本業務の遂行目的以外の目的に使用してはならず、複製、改変が必要なときは、事前にユーザから書面による同意を受けるものとする。
4　ベンダは、ユーザから提供を受けた個人情報等を善良な管理者の注意をもって管理、保管しなければならず、本業務遂行上、不要となった場合、ベンダは遅滞なくこれらをユーザに返還またはユーザの指示にしたがった処置をしなければならない。
5　ベンダは、再委託先に対して、第6条第2項の措置をとったうえで、その

個人情報等を開示できるものとする。

第12条（損害賠償）
1　ユーザおよびベンダは、本契約の履行に関し、相手方の責めに帰すべき事由により損害を被った場合、相手方に対して損害賠償を請求することができる。ただし、ベンダがユーザに対して本契約に関連して負担する損害賠償責任の範囲は、債務不履行責任、不法行為責任、その他法律上の請求原因のいかんを問わず、ユーザに発生した通常損害に限定され、ベンダの責めに帰すことができない事由から生じた損害、ベンダの予見の有無を問わず特別の事情から生じた損害など、逸失利益についてベンダは責任を負わない。
2　前項によりベンダが損害賠償責任を負う場合であっても、法令による別段の定めがない限り、ベンダは、第7条に定める報酬額の直近〇か月に支払われた報酬額の合計額を超えて賠償する責任を負わない。
3　ベンダに故意または重大な過失がある場合、前2項は適用されない。

第13条（不可抗力など）
　各当事者は、地震、台風、津波その他の天災地変、戦争、暴動、内乱、テロリズム、法令の制定・改廃その他いずれの当事者の責めに帰すことができない事由による本契約の全部または一部の履行遅滞または履行不能については、責任を負わないものとする。ただし、その事由により影響を受けた当事者は、その事由の発生をすみやかに相手方に通知するとともに、その費用分担などにつき協議のうえ、状況が復旧するための最善の努力をするものとする。

第14条（契約期間）
　本契約の有効期間は、20〇〇年〇月〇日から〇年間とする。ただし、有効期間の満了日の〇日前までに、いずれの当事者からも、本契約を終了させる旨の書面による通知がなかった場合には、本契約は同一の条件で、〇年間延長されるものとし、以後も同様とする。

第15条（契約の解除）
1　ユーザまたはベンダは、相手方が次の各号のいずれかに該当する場合、催告を要せず、書面で相手方に通知することによって、相手方当事者の期限の利益を失わせしめ、その時点において存在するすべての債務をただちに履行することを相手方に請求することができる。
　⑴　第三者から差押え、仮差押え、競売、破産、特別清算、民事再生手続もしくは会社更生手続の開始などの申立てを受けたとき、または自ら破産手続、民事再生手続、特定調停、特別清算もしくは会社更生手続の開始などの申立てをしたとき
　⑵　自ら振り出しまたは引き受けた手形もしくは小切手が不渡りとなるなど支払停止状態に至ったとき

(3) 租税公課を滞納し督促を受け、または租税債権の保全処分を受けたとき

(4) 所轄官庁から営業停止処分または営業免許もしくは営業登録の取消しの処分などを受けたとき

(5) 解散、事業の廃止、事業の全部もしくは重要な一部の譲渡または合併の決議をしたとき、または買収されたとき

(6) 本契約の履行が不能になる蓋然性がある事態、または法人もしくは役員の犯罪その他信頼関係を破壊する行為があるときなど、本契約の継続に重大な支障を生ずる事由が発生したとき

2　ユーザまたはベンダは、相手方が前項各号のいずれかに該当する事実が発生した場合、催告を要せず、書面で相手方に通知することによって、本契約の全部または一部を解除することができる。

3　ユーザまたはベンダは、相手方が本契約に違反し、書面で催告を受けたにもかかわらず相当の期間内に是正しないときは、書面で相手方に通知することによって、相手方の期限の利益を失わせしめ、その時点において存在するすべての債務をただちに履行することを相手方に請求することができるとともに、本契約の全部または一部を解除することができる。

4　本条に基づく本契約の解除は、損害賠償の請求を妨げない。

第16条（反社会的勢力の排除）

1　ユーザおよびベンダは、相手方が反社会的勢力（暴力団、暴力団員、暴力団員でなくなった時から〇年【※5年の範囲で適宜定める】を経過しない者、暴力団準構成員、暴力団関係企業、総会屋、社会運動等標ぼうゴロまたは特殊知能暴力集団、その他これらに準ずる者をいう。以下同じ。）に該当し、または、反社会的勢力と以下の各号の一にでも該当する関係を有することが判明したとき、何らの催告を要せず、本契約を解除することができる。

(1) 反社会的勢力が経営を支配していると認められるとき

(2) 反社会的勢力が経営に実質的に関与していると認められるとき

(3) 自ら、自社もしくは第三者の不正の利益を図る目的または第三者に損害を加える目的をもってするなど、不当に反社会的勢力を利用したと認められるとき

(4) 反社会的勢力に対して資金を提供し、または便宜を供与するなどの関与をしていると認められるとき

(5) その他役員または経営に実質的に関与している者が、反社会的勢力と社会的に非難されるべき関係を有しているとき

2　ユーザおよびベンダは、自らまたは自らの下請もしくは再委託先業者（下請または再委託先が数次にわたるときには、そのすべてを含む。以下同じ。）が第1項に該当しないことを確約し、将来も同項に該当しないことを確約する。

3　ユーザおよびベンダは、自らまたは自らの下請もしくは再委託先業者が第1項に該当することが契約後に判明したとき、ただちに契約を解除し、また

は契約解除のための措置をとらなければならない。

4　ユーザおよびベンダは、自らまたは自らの下請もしくは再委託先業者が、反社会的勢力から不当要求または業務妨害などの不当介入を受けたとき、これを拒否し、または下請もしくは再委託先業者をしてこれを拒否させるとともに、不当介入があった時点で、すみやかに不当介入の事実を相手方に報告し、相手方の捜査機関への通報および報告に必要な協力を行うものとする。

5　ユーザまたはベンダが第3項または前項の規定のいずれかに違反した場合、相手方は何らの催告を要さずに、本契約を解除することができる。

6　ユーザまたはベンダが本条各項の規定により本契約を解除したとき、相手方に損害が生じても何らこれを賠償ないし補償することは要せず、また、かかる解除により自らに損害が生じたときは、相手方はその損害を賠償するものとする。

第17条（存続条項）

本契約が終了後でも、第8条から第12条、第15条第4項、第16条第6項、本条、第18条ないし第22条の規定は、有効に存続する。ただし、各条項に期間の定めがある場合はその定めが優先する。

第18条（契約内容の変更）

本業務の内容その他本契約に定める事項の修正または変更は、各当事者を代理する正当な権限を有する者または責任者が、記名押印または署名した書面によらなければ、その効力を有しない。

第19条（譲渡禁止）

ユーザおよびベンダは、相手方の書面による事前の同意がない限り、本契約上の権利および義務ならびに本契約上の地位を第三者に譲渡し、引き受けさせ、または担保に供してはならない。

第20条（準拠法）

本契約は日本法に準拠し、解釈される。

第21条（合意管轄）

本契約に起因しまたは関連する一切の紛争については、○地方裁判所を専属的合意管轄裁判所とする。

第22条（協議）

本契約の各条項の解釈について疑義が生じだときまたはこの契約に定めがない事項については、ユーザおよびベンダ協議のうえ解決を図るものとする。

本契約成立の証として本書2通を作成し、ユーザおよびベンダが記名押印の

うえ、各 1 通を保有する。

　〇年〇月〇日

　　　　　　ユーザ　〒〇〇〇 - 〇〇〇〇　東京都中央区〇〇〇〇〇
　　　　　　　　　　□□株式会社
　　　　　　　　　　□□□□　　　　印
　　　　　　ベンダ　〒〇〇〇 - 〇〇〇〇　東京都小金井市〇〇〇〇〇
　　　　　　　　　　〇〇株式会社
　　　　　　　　　　〇〇〇〇　　　　印

4　ソフトウェア・ライセンス契約書（第4章）

ソフトウェア・ライセンス契約書

　□□株式会社（以下「甲」という。）と○○株式会社（以下「乙」という。）とは、甲が開発した第1条記載のソフトウェア（以下「本ソフトウェア」という。）の利用許諾または使用許諾に関して、次のとおりソフトウェア・ライセンス契約（以下「本契約」という。）を締結する。

第1条（定義）
　本契約において、次の各号に掲げる用語の意義は、当該各号に定めるところによる。
　(1)　本ソフトウェア
　　　「本ソフトウェア」とは、①別紙記載のコンピュータープログラム（以下「本プログラム」という。）、②本プログラムが含まれるファイル、ディスク、CD-ROM およびその他の媒体物ならびに、③本プログラムに関連する仕様書、説明書、手順書、規則、マニュアルおよびその他一切の関連資料をいう。
　(2)　使用
　　　本ソフトウェアの（を）「使用（する）」とは、本プログラムを実行・作動（本ソフトウェアまたはその複製物を指定機器にインストールして実行可能な状態に置くことを含む。）させることおよび本プログラムの実行・作動のために本プログラムに関連する仕様書、説明書、手順書、規則、マニュアルおよび一切の関連資料を参照することをいう。
　(3)　指定機器
　　　「指定機器」とは、別紙記載のコンピュータ、デバイスまたはその他の機器をいう。
　(4)　データ
　　　「データ」とは、電磁的記録（電子的方法、磁気的方法その他の方法で作成される記録であって、電子計算機による情報処理の用に供されるものをいう。）に記録された情報をいう。

第2条（ライセンスの許諾）
　甲は、乙に対して、乙が本契約を遵守する限りにおいて、日本国内において本ソフトウェアを非独占的に利用または使用する権利（以下「本ソフトウェア・ライセンス」という。）を許諾する。

第3条（本ソフトウェアの使用目的）
　乙は、本ソフトウェアまたはその複製物を指定機器にインストールし、指定機器を製造および販売する目的（以下「本目的」という。）でのみ本ソフトウェ

アを利用または使用することができ、本目的以外の目的で本ソフトウェアを利用または使用し、第三者に利用させてはならない。

第4条（本ソフトウェア・ライセンスの内容）
1　甲は乙に対し、本ソフトウェアを指定機器にインストールして、指定機器を製造し、販売することを許諾する。
2　甲は乙に対し、前項により許諾した範囲で、本ソフトウェアを複製または改変・翻案することを許諾する。
3　前2項により許諾された権利について、乙は、第三者に対して利用許諾権または使用許諾権を許諾することはできない。
4　本ソフトウェアまたはその複製物がインストールされた指定機器を乙が販売するにあたり、指定機器の買主との契約において、乙は、第11条第3号から第6号において乙が負う義務をその買主に負わせるものとする。

第5条（本ソフトウェアの権利関係など）
　甲および乙は、本ソフトウェアに関するすべての所有権、知的財産権、人格的権利は甲に帰属し、本契約により許諾された内容以外のいかなる権利も乙に移転ないし許諾されないことを相互に確認する。

第6条（本ソフトウェアの更新）
　乙は、別途甲乙間の合意で定める更新料を甲に対して支払うことにより、本契約の有効期間中に甲が作成した本ソフトウェアの改良版を本契約に定められた条件で利用または使用することができる。この場合、本契約の「本ソフトウェア」には本ソフトウェアの改良版を含むものとする。

第7条（データの提供）
1　乙は、甲に対して、本ソフトウェアまたはその複製物がインストールされた指定機器から取得したデータ（以下「対象データ」という。）を無償で提供する。
2　甲は、対象データを本ソフトウェアの改良の目的のみで利用し、乙の事前の書面による同意がない限り、対象データを第三者に開示または提供しない。
3　甲が対象データを基に、改変、追加、削除、組合せ、分析、編集、統合その他の加工を加えてその復元を困難にしたデータ（以下「加工データ」という。）について、甲は、乙に対して提供するものとして、加工データについて甲および乙の双方が別途協議で定めた利用条件に基づき利用できる。
4　甲および乙は、対象データまたは加工データの正確性、完全性、安全性、有効性、第三者の知的財産権その他の権利を侵害しないこと、対象データまたは加工データが本契約期間中継続して相手方に提供されることをいずれも保証しない。ただし、甲および乙は、対象データまたは加工データの全部または一部を故意に変容させて相手方に提供していないことを保証する。

5　対象データまたは加工データに個人情報保護法で規定される個人情報、仮名加工情報、匿名加工情報、個人関連情報（以下「個人情報等」という。）が含まれる場合、甲および乙は、相手方に対し、その旨を明示し、かつ次の各号の事実が正確かつ真実であることを表明し、保証する。

　⑴　対象データまたは加工データの取得および相手方への提供について、個人情報保護法その他適用法令のもと、正当な権限を有していること

　⑵　対象データまたは加工データの提供にあたり、個人情報保護法が要求する手続を適切に履践していること

6　甲または乙が前項の表明保証に違反したことを理由に、個人情報等の提供を受けた相手方が第三者からクレームまたは請求などを受けたとき、個人情報等の提供者である甲または乙は、相手方の求めに応じ、自らの費用と責任により、その防御に必要な情報を提供する。

第8条（保守）

　乙は、甲に対して本ソフトウェアに関する問合せ、本プログラムに含まれる学習済みモデルの追加学習その他の保守サービスを依頼する場合には、甲との間で、別途保守メンテナンス契約を締結しなければならない。ただし、本プログラムに含まれる学習済みモデルの追加学習を保守メンテナンス契約で行う場合、甲が乙または指定機器の買主から対象データの提供が受けられることを条件とする。

第9条（対価の支払い）

1　乙は、甲に対して、第2条に基づく利用許諾および使用許諾の対価として、別紙その他甲乙間の書面による合意で定めるライセンス料に負担すべき消費税を加算して支払う。ただし、1か月に満たない期間のライセンス料は日割り計算によるものとする。

2　乙は、前項のライセンス料を、毎月末日限り当月分を甲の指定する口座に振込送金する方法により支払うものとする。ただし、振込手数料は乙の負担とする。

3　乙は、甲に対して、事由のいかんを問わず、すでに甲に支払ったライセンス料の返還を求めることはできない。

第10条（延滞金）

　乙が前条のライセンス料の支払いを遅滞した場合には、乙は、甲に対して、それぞれ当該支払金額に年○パーセントの割合を乗じた遅延損害金を加算して支払う。

第11条（禁止行為）

　乙は、本ソフトウェアの全部または一部に関し、本契約に定められている場合を除き、甲の事前の書面による承諾がない限り、以下の各行為をしてはなら

ない。
- (1)　本目的以外の目的のために複製または改変・翻案すること
- (2)　本目的達成に必要な限度を超えて複製または改変・翻案すること
- (3)　リバースエンジニアリング、逆コンパイル、逆アセンブルその他の手段により、解析・分析し、その構造を探知すること、またはそのソースコードを得ようとすること
- (4)　ネットワークサーバにインストールすること
- (5)　指定機器以外の機器・端末、デバイスなどに組み込むこと
- (6)　再利用モデル（本プログラムに含まれる学習済みモデルに異なる学習用データセットを入力することによって生成される新たな学習済みモデル）、蒸留モデル（本プログラムに含まれる学習済みモデルに入力データを入力し、出力結果を得て、その入力データと出力結果を新たな学習用データセットとして、その学習済みモデルに入力することによって生成された新たな学習済みモデル）を生成すること
- (7)　前各号の行為を第三者に行わせること
- (8)　その他本契約で明示的に許諾された範囲を超えて本ソフトウェアを利用または使用すること

第12条（監査）
1　本契約に定めた利用または使用条件に基づき乙が本ソフトウェアを利用または使用しているかを確認するために、甲または甲から委託を受けた第三者により、乙の営業時間内において、乙における本ソフトウェアの利用または使用状況などについて監査をすることができる。ただし、甲は、監査実施○日前に監査日時を乙に連絡しなければならない。
2　前項の監査にかかる費用は、甲が負担するものとする。ただし、監査の結果、乙が本契約に違反している事実が確認された場合、監査の費用は乙が負担する。

第13条（知的財産権侵害の責任）
1　甲は、乙に対し、本ソフトウェアの利用または使用が第三者の日本国内における著作権、特許権その他の知的財産権（以下本条において「知的財産権」という。）を侵害しないことを保証する。
2　乙が本ソフトウェアに関し第三者から、日本国内における知的財産権の侵害の申立てを受けた場合、次の各号所定のすべての要件が満たされる場合に限り、第15条（責任の制限）の範囲内で、甲はかかる申立てによって乙が支払うべきとされた損害賠償額を負担するものとする。ただし、第三者からの申立てが甲の責めに帰すべからざる事由による場合にはこの限りではなく、甲は一切責任を負わないものとする。
- (1)　乙が第三者から申立てを受けた日から○日以内に、甲に対し申立ての事実および内容を通知すること

(2) 乙が第三者との交渉または訴訟の追行に関し、甲に対して実質的な参加の機会および意見申述の機会を与え、ならびに必要な援助をすること

(3) 乙の敗訴判決が確定することまたは乙が訴訟追行以外の決定を行ったときは和解などにより確定的に解決すること

3 前項ただし書の甲の責めに帰すべからざる事由には、以下の事由が含まれるものとするが、これらに限られない。

(1) 乙が本ソフトウェアを改変、翻案したことによって第三者の知的財産権の侵害が生じた場合

(2) 本ソフトウェアと他のソフトウェアあるいは機器との組合せにより第三者の知的財産権の侵害が生じたとき

4 甲の責めに帰すべき事由による知的財産権の侵害を理由として本ソフトウェアの将来に向けての利用または使用が不可能となるおそれがある場合、甲は、甲の判断および費用負担により、(1)権利侵害している部分の変更、(2)継続利用または継続使用のための権利取得のいずれかの措置を講じることができるものとする。

第14条（免責・非保証）
1 本ソフトウェアは、本契約締結時点において乙から提示を受けた指定機器の仕様を満たす限りにおいて動作・作動するものとし、甲は本ソフトウェアが他の機器、端末その他のハードウェアにおいて動作することを保証しない。
2 甲は、本ソフトウェアに含まれる機能が、乙の特定の目的に適合することを保証しない。

第15条（責任の制限）
1 甲および乙は、本契約の履行に関し、相手方の責めに帰すべき事由により損害を被った場合、相手方に対して損害賠償を請求することができる。ただし、甲が乙に対して本契約に関連して負担する損害賠償責任の範囲は、債務不履行責任、不法行為責任、その他法律上の請求原因を問わず、乙に発生した通常損害（ただし、逸失利益を除く。）に限定され、甲の責めに帰すことができない事由から生じた損害、特別の事情から生じた損害、逸失利益について甲は責任を負わない。
2 前項により甲が損害賠償責任を負う場合であっても、法令による別段の定めがない限り、甲は、乙が甲に対して過去○か月間に支払った本ソフトウェアのライセンス料の金額を超えて賠償する責任を負わない。
3 甲に故意または重大な過失がある場合、前2項は適用されない。

第16条（不可抗力）
地震、台風、津波その他の天災地変、感染症の流行・疫病（これらに伴う公的機関の命令又は要請を含む。）、戦争、暴動、内乱、テロリズム、争議行為その他いずれの当事者の責めに帰すことができない事由による本契約の全部また

は一部の履行遅滞または履行不能については、いずれの当事者も責任を負わない。

第 17 条（エスクロウ）

　本契約の締結から〇日以内に、甲および乙ならびに一般財団法人ソフトウェア情報センター（以下「SOFTIC」という。）の三者間において、SOFTIC が定める契約書式に基づき、SOFTIC をエスクロウ・エージェントとするソフトウェア・エスクロウ契約を締結するものとする。

第 18 条（秘密保持義務）

1　甲および乙は、本契約に基づき相手方より提供を受けた技術上または営業上その他業務上の情報のうち、相手方が書面（電子的形式を含み、以下同様とする。）により秘密である旨指定して開示した情報、または口頭により秘密である旨を示して開示した情報で開示後〇日以内に書面により内容を特定した情報（以下あわせて「秘密情報」という。対象データ、加工データはいずれも秘密情報に含まれる。）を第三者に漏えいしてはならない。ただし、次の各号のいずれか 1 つに該当する情報についてはこの限りではない。また、甲および乙は秘密情報のうち法令の定めに基づき開示すべき情報を、その法令の定めに基づく開示先に対し、その法令の範囲内で秘密を保持するための措置をとることを要求のうえで開示することができるものとする。

　⑴　秘密保持義務を負うことなくすでに保有している情報

　⑵　秘密保持義務を負うことなく第三者から正当に入手した情報

　⑶　相手方から提供を受けた情報によらず、独自に開発した情報

　⑷　本契約に違反することなく、かつ、受領の前後を問わず公知となった情報

2　秘密情報の提供を受けた当事者は、その秘密情報の管理に必要な措置を講ずるものとする。

3　甲および乙は、秘密情報について、本契約の目的の範囲内でのみ使用し、本目的の範囲を超える複製、改変が必要なときは、事前に相手方から書面による承諾を受けるものとする。

4　本条の規定は、本契約終了後、〇年間存続する。

第 19 条（解除事由）

1　甲または乙は、相手方が次の各号のいずれかに該当する場合、催告を要せず、書面で相手方に通知することによって、相手方当事者の期限の利益を失わせしめ、その時点において存在するすべての債務をただちに履行することを相手方に請求することができる。

　⑴　第三者から差押え、仮差押え、競売、破産、特別清算、民事再生手続もしくは会社更生手続の開始などの申立てを受けたとき、または自ら破産手続、民事再生手続、特定調停、特別清算もしくは会社更生手続の開始など

の申立てをしたとき
(2) 自ら振り出しまたは引き受けた手形もしくは小切手が不渡りとなるなど支払停止状態に至ったとき
(3) 租税公課を滞納し督促を受け、または租税債権の保全処分を受けたとき
(4) 所轄官庁から営業停止処分または営業免許もしくは営業登録の取消しの処分などを受けたとき
(5) 解散、事業の廃止、事業の全部もしくは重要な一部の譲渡または合併の決議をしたとき、または買収されたとき
(6) 本契約の履行が不能になる蓋然性がある事態、または法人もしくは役員の犯罪その他信頼関係を破壊する行為があるときなど、本契約の継続に重大な支障を生ずる事由が発生したとき
2 甲または乙は、相手方が前項各号のいずれかに該当する事実が発生した場合、催告を要せず、書面で相手方に通知することによって、本契約の全部または一部を解除することができる。
3 甲または乙は、相手方が本契約に違反し、書面で催告を受けたにもかかわらず相当な期間内に是正しないときは、書面で相手方に通知することによって、相手方の期限の利益を失わせしめ、その時点において存在するすべての債務をただちに履行することを相手方に請求することができるとともに、本契約の全部または一部を解除することができる。
4 本条に基づく本契約の解除は、損害賠償の請求を妨げない。

第20条（反社会的勢力排除）
1 甲および乙は、相手方が反社会的勢力（暴力団、暴力団員、暴力団員でなくなった時から○年【※5年の範囲で適宜定める】を経過しない者、暴力団準構成員、暴力団関係企業、総会屋など、社会運動等標ぼうゴロまたは特殊知能暴力集団、その他これらに準ずる者をいう。以下同じ。）に該当し、または、反社会的勢力と以下の各号の一にでも該当する関係を有することが判明した場合には、何らの催告を要せず、本契約を解除することができる。
(1) 反社会的勢力が経営を支配していると認められるとき
(2) 反社会的勢力が経営に実質的に関与していると認められるとき
(3) 自己、自社もしくは第三者の不正の利益を図る目的または第三者に損害を加える目的をもってするなど、不当に反社会的勢力を利用したと認められるとき
(4) 反社会的勢力に対して資金などを提供し、または便宜を供与するなどの関与をしていると認められるとき
(5) その他役員などまたは経営に実質的に関与している者が、反社会的勢力と社会的に非難されるべき関係を有しているとき
2 甲および乙は、自己または自己の下請または再委託先業者（下請または再委託契約が数次にわたるときには、そのすべてを含む。以下同じ。）が第1項に該当しないことを確約し、将来も同項に該当しないことを確約する。

3　甲および乙は、自己または自己の下請または再委託先業者が第1項に該当することが契約後に判明した場合には、ただちに契約を解除し、または契約解除のための措置をとらなければならない。

4　甲および乙は、自己または自己の下請もしくは再委託先業者が、反社会的勢力から不当要求または業務妨害などの不当介入を受けた場合は、これを拒否し、または下請もしくは再委託先業者をしてこれを拒否させるとともに、不当介入があった時点で、すみやかに不当介入の事実を相手方に報告し、相手方の捜査機関への通報および報告に必要な協力を行うものとする。

5　甲または乙が本条第3項または前項の規定のいずれかに違反した場合、相手方は何らの催告を要さずに、本契約を解除することができる。

6　甲または乙が本条各項の規定により本契約を解除した場合には、相手方に損害が生じても何らこれを賠償ないし補償することは要せず、また、かかる解除により自己に損害が生じたときは、相手方はその損害を賠償するものとする。

第21条（契約の有効期間）

1　本契約の期間は、特段の定めなき限り、本契約締結の日から○年間とする。

2　前項の規定にかかわらず、一方当事者が、他方当事者に対し、契約期間満了の○日前までに、本契約を更新しない旨を通知しない限り、本契約は契約期間満了日経過時に自動的に同一条件で更新され、以後も同様とする。

第22条（存続条項）

　本契約の第4条第4項、第7条第3項および第6項、第11条、第13条から第16条、第19条第4項、本条から第25条、第27条から第29条は、本契約の終了後も有効に存続する。

第23条（契約終了後の措置禁止）

1　本契約が終了した場合には、乙は、本契約終了後○日以内に、甲の指示にしたがい、自らの費用で本ソフトウェアおよびその複製物をただちに甲に返還し、またはこれら一切を破棄もしくは削除しなければならない。

2　前項において、乙が本ソフトウェアおよびその複製物を破棄または削除した場合には、破棄証明書を甲に提出しなければならない。

3　本契約期間中に製造した本ソフトウェアがインストールされた指定機器について、乙は、本契約終了後も販売することができる。ただし、本契約の終了時点において、乙は、本契約期間中に製造した指定機器の台数について甲に書面で報告し、甲の確認を得なければならない。

4　乙が本条第1項ないし第3項に違反した場合には、乙は、甲に対して、違約金としてライセンス料の○か月分に相当する金額を支払わなければならない。

第24条（完全合意）

　本契約は、甲と乙の間の本ソフトウェアの利用許諾または使用許諾に関する唯一かつ全部の合意をなすものであり、本契約に別段の定めがある場合を除き、従前に甲が乙に対して提出した書面、電子メールなどに記載された内容および口頭での合意が甲または乙の権利または義務にならないことを相互に確認する。

第25条（譲渡禁止）

　甲および乙は、相手方の書面による事前の同意がない限り、本契約上の権利および義務ならびに本契約上の地位を第三者に譲渡し、引き受けさせ、または担保に供してはならない。

第26条（契約の変更）

　本契約の変更は、甲、乙の権限ある正当な代表者または代理人が記名捺印した文書によってのみ行うことができる。

第27条（準拠法）

　本ソフトウェアが実際に利用または使用される国にかかわらず、本契約は日本法に準拠し、解釈される。

第28条（協議）

　本契約の各条項の解釈について疑義が生じたときまたはこの契約に定めがない事項については、甲および乙協議のうえ解決を図るものとする。

第29条（管轄の合意）

　本契約に起因しまたは関連する一切の紛争は、○地方裁判所を専属的合意管轄裁判所とする。

　本契約締結の証として、本書2通を作成し、甲および乙の双方が記名捺印の上各1通を保有する。また、本契約締結を電子的あるいは電磁的方法により行った場合、本契約の締結の証として、各当事者が電子署名を行った電子契約書ファイルを作成し、各当事者が当該ファイルを管理するものとする（この場合、電子データである電子契約書ファイルを原本とし、同ファイルを印刷した文書はその写しとする。）。

　○年○月○日

　　　　　　甲　〒○○○-○○○○　東京都中央区○○○○○
　　　　　　　　□□株式会社
　　　　　　　　□□□□　　　印
　　　　　　乙　〒○○○-○○○○　東京都小金井市○○○○○

○○株式会社
　○○○○　　印

5　サービス利用規約（第5章）

サービス利用規約

　本規約は、○○（以下「当社」といいます。）が、本サービス（第2条で定義します。）を提供するに際して、その利用者（以下「ユーザ」といいます。）との間の契約関係（以下「本契約」といいます。）を定めます。

　当社とユーザとの間において、本規約は、本契約の内容になります。

　本サービスの提供は、ユーザが、本規約の全文を確認し、かつ、本契約の締結手続（第3条に規定します。）を含むそのすべての適用に同意したことを前提条件とします。このような同意がない限り、ユーザは、本サービスを利用してはなりません。本サービスを利用したとき、ユーザは本規約の全文を確認し、かつ、そのすべての適用に同意したとみなします。

第1章　基本事項

第1条（目的および適用）

　本規約は、本サービスの利用に関する当社とユーザとの間の権利義務関係の設定を目的とし、当社とユーザとの間の本サービスの利用にかかわる一切の関係に適用されます。

第2条（定義）

　本規約では、次の各用語は、次の意味を有します。

用語	意味
当社関係者	当社の親会社、子会社および関連会社その他関係会社ならびに取引提携先
エンドユーザ	ユーザによって正当にアクセス情報を付与されたユーザの役員、従業員（派遣社員を含みます。）その他構成員
本契約	本規約の規定に基づき、当社とユーザとの間で成立する本サービスの利用に関する契約
本サービス	当社が、ユーザに対し、本契約締結の時点で○○の名称で提供する○○に関するサービス（連携サービスが追加される場合にはその連携サービスを含みます。）
申込書	本契約の締結に必要な当社所定の書類。当社所定のフォームに必要な情報を入力のうえ、ユーザが当社にオンラインにより送信したものを含みます。

アクセス情報	ユーザまたはエンドユーザが、本サービスを利用する際の認証に用いる ID、パスワードその他の情報
データ	電磁的記録（電子的方式、磁気的方式その他の方法で創出される記録であって、電子計算機による情報処理の用に供されるものをいいます。）に記録された情報
ユーザデータ	本サービスの利用に際し、または、関連して、ユーザから当社に対し、提供されるデータ
当社環境	当社が、ユーザに対し、本サービスを提供するためのコンピュータ、電気通信設備その他のハードウェアおよびソフトウェア（第三者から借り受け、または第三者から利用のための提供を受けているものを含みます。）
ユーザ環境	ユーザが、本サービスを利用するためのコンピュータ、電気通信回線、電気通信設備その他のハードウェアおよびソフトウェア（第三者から借り受け、または第三者から利用のための提供を受けているものを含みます。）。
知的財産	発明、考案、意匠および著作物その他の人間の創造的活動により生み出されるもの（発見または解明がされた自然の法則または現象であって、産業上の利用可能性があるものを含みます。）、商標ならびに営業秘密その他の事業活動に有用な技術上または営業上の情報
知的財産権	特許権、実用新案権、意匠権および著作権（著作権法第 27 条および第 28 条の権利を含みます。）ならびに商標その他の知的財産に関して法令により定められた権利（特許を受ける権利、実用新案登録を受ける権利、意匠登録を受ける権利および商標登録を受ける権利その他知的財産権の設定を受ける権利を含みます。）
免責事由	次の各号のいずれかに該当する事由 (1)　天災地変（地震、台風、暴風雨、津波、洪水、落雷および火災を含みます。） (2)　感染症・伝染病・疫病の流行（これらに伴う公的機関による命令・要請の遵守を含みます。） (3)　戦争、暴動、内乱、テロ行為 (4)　ストライキ、ロックアウト (5)　停電 (6)　本サービスが利用する第三者（ただし、各当事者の役員・従業員・再委託先は除きます。）のサービスの提供停

	止・終了
	(7) サイバー攻撃その他の第三者（ただし、各当事者の役員、従業員その他構成員および再委託先は除きます。）の故意または過失による行為およびその行為に起因または関連して生じた結果 (8) 法令の制定・改廃 (9) 公権力による命令処分その他政府による行為 (10) その他当社の責めに帰すことができない事由
反社会的勢力	暴力団、暴力団員、暴力団員でなくなった時から5年を経過しない者、暴力団準構成員、暴力団関係企業、総会屋、社会運動標ぼうゴロまたは特殊知能暴力集団、その他これらに準ずる者
法令	法律、政令、規則、基準およびガイドライン

第3条（本契約の締結）

1　本サービスの利用を希望する者（以下「申込者」といいます。）は、当社に対し、申込書を提出することで、本契約の締結を申し込みます。

2　申込者は、申込書に、当社の所定の事項を記載します。

3　申込者は、当社に対し、申込書の提出時点で、次の各号の事項の真実性を表明し保証します。

 (1) 申込者が、本契約を締結する正当な権限を有すること

 (2) 申込者が、本規約の全文を確認し、そのすべての適用に同意したこと

 (3) 申込者が、当社に対し、本サービスの利用の申込みの可否の検討に影響を与えうる重要な事実をすべて開示したこと

 (4) 申込書の記載内容その他申込者から当社に対し、開示された事項がいずれも真実であること

 (5) 申込者が、過去に、本サービスの利用に関し、当社との間の契約に違反した者でないこと

 (6) 申込者による本サービスの利用が他の利用者の共同の利益に反しないこと

 (7) 申込者が、反社会的勢力に該当する者または関与する者でないこと

4　当社が申込者に対し第1項の申込みへの承諾の意思表示を通知した時、本契約は成立するものとします。

5　次の各号のいずれかに該当する場合、当社は、第1項の申し込みを承諾しなかったものとします。

 (1) 当社が、申込者に対し、申し込みを承諾しない旨を通知したとき。この場合、当社は、申込者に対し、その理由を開示する義務を負いません。

 (2) 申込書の到達後、【7】日以内に、当社が、申込者に対し、その申込みの

　　承諾の有無を通知しないとき。
6　当社は、申込者について、次の各号のいずれかの原因により生じた権利または利益の侵害に起因し、または、関連する損害の一切について、責任を負いません。
　⑴　申込みに対する承諾の有無の通知の留保
　⑵　申込みへの不承諾

第4条（本規約の適用）
1　本規約およびその別紙（本規約で言及するリンク先の当社ウェブサイトを含みます。）は、本契約の内容を構成するものとします。本規約と別紙の規定との間に抵触または矛盾があるとき、別紙の内容が優先するものとします。本規約の他の条項で「本規約」または「本契約」というとき、別紙およびその内容を含むものとします。
2　本規約の内容と、申込書の規定との間に、抵触または矛盾があるとき、申込書の内容が優先して、適用されるものとします。

第5条（本規約の変更）
1　当社は、本契約の目的に反しない範囲で、その裁量により、本規約をいつでも変更できます。ただし、本規約が、民法第548条の2以下の規定の適用を受けるとき、その変更は、同法第548条の4の規定を根拠とします。
2　当社は、前項に基づき本規約を変更するとき、ユーザに対し、次の各号の事項すべてを周知または通知します。
　⑴　本規約を変更する旨
　⑵　変更後の本規約の内容
　⑶　変更の効力発生日
3　本規約の変更が、本サービス利用者の一般の利益に適合しないとき、当社は、前項第3号の効力発生日の到来前までに、ユーザに対し、前項の各号に掲げる通知事項を周知または通知します。
4　ユーザは、次の各号のいずれかに該当するとき、変更後の本規約の適用に同意したものとみなします。
　⑴　第2項第3号の効力発生日以後に、本サービスを利用したとき
　⑵　当社が、解除期間を定めて、ユーザによる解除を認めた場合に、その期間内に本契約を解除しなかったとき

第6条（本サービスの提供）
1　本サービスの詳細は、当社ウェブサイト（https://○○○）記載のとおりとします。
2　当社は、ユーザに対し、本規約および適用法令を遵守して、本サービスを提供します。
3　当社は、ユーザに対し、本サービスを日本国外において、提供する義務を

負わないものとし、ユーザは日本国外において、本サービスを使用または利用してはなりません。

4　当社は、当社関係者その他の第三者に対し、その裁量により、本サービスの提供およびそれに関連する業務の全部または一部を、委託できるものとします。

第7条（本サービスの保証）

1　当社は、本サービス、本サービスに付随するサービスまたはこれに関連する事項について、明示または黙示の別を問わず、他者の権利利益の非侵害を含む一切の保証をしません。

2　前項の規定にかかわらず、当社は、ユーザに対し、当社ウェブサイト（https://○○○）に記載の条件で本サービスが動作することを保証します。

第8条（利用料金および支払方法など）

1　本サービスの利用料金は、当社ウェブサイト（https://○○○）記載のとおりとします。

2　ユーザは、当社に対し、本サービスを利用できる地位を得る対価として、当社指定の方法により、利用料金および適用される税を支払います。ユーザは、振込手数料その他支払いに要する費用のすべてを負担します。

3　ユーザは、当社に対し、本サービスを現実に利用しなかった場合（その原因は問いません。）であっても、利用料金を支払います。

4　支払期日までに利用料金を支払わないとき、ユーザは、当社に対し、年14.6%の遅延損害金を支払います。

5　当社は、いかなる場合であっても、ユーザに対し、既払いの利用料金の返還義務を負いません。

第2章　本サービスの変更など

第9条（当社環境の更新）

当社は、その裁量により、ユーザに対する事前の通知なく、いつでも、セキュリティ強化、本サービスの機能追加、品質維持および品質向上その他本サービスの提供のために、当社環境を点検、保守、工事および更新できます。

第10条（本サービスの変更）

1　当社は、その裁量により、いつでも、本サービスの機能追加、品質維持および品質向上を目的として、本サービスの全部または一部を変更できます。

2　当社は、本サービスの変更により、変更前と同等の機能およびサービス内容が維持されることを保証しません。

第11条（本サービスの提供停止）

1　当社は、その裁量により、定期的または必要に応じて、保守その他その理

由を問わず、本サービスの全部もしくは一部の提供を停止できます。この場合、当社は、ユーザに対し、本サービスの提供を停止する旨を、提供停止の【30】日前までに、通知します。

2　前項の規定にかかわらず、次の各号のいずれかに該当するとき、当社は、ユーザに対する事前の通知なく、ただちに、本サービスの全部または一部の提供を停止できます。

(1)　当社環境または利用者環境に異常、滅失、毀損、不備などがあるとき

(2)　法令遵守のため必要なとき

(3)　ユーザまたは第三者の生命、身体または財産保護のために必要なとき

(4)　ユーザが本契約に違反した、または、そのおそれがあると当社が合理的に判断したとき

(5)　免責事由があるとき

(6)　その他、当社が、本サービスの全部または一部の提供の停止が必要と合理的に判断したとき

第12条（本サービスの提供の終了）

　当社は、その裁量により、いつでも、その理由を問わず、本サービスの全部または一部の提供を終了できます。本サービスの全部の提供を終了する場合、当社は、ユーザに対し、本サービスの提供を終了する旨を、終了日の【60】日前までに、通知します。

第3章　本サービスの利用

第13条（ユーザ環境）

1　当社は、ユーザが、ユーザ環境から当社環境に対し電気通信回線を介して接続可能であるとき、本サービスを提供します。

2　ユーザは、自己の費用と責任で、ユーザ環境を用意し、当社環境に接続します。

第14条（連携サービスの利用）

1　ユーザは、本サービスの利用に関連して、第三者が提供する下記のサービス（以下「連携サービス」といいます。）を利用する際に、本規約に加えて、そのサービス提供者の利用規約その他契約条項を遵守します。

サービス名	サービス提供者	提供サービス

2　連携サービスの提供者の利用規約その他契約条項と本規約の規定との間に

抵触または矛盾があるとき、当社とユーザとの間では、本規約の内容が優先します。

第15条（エンドユーザ管理）
1　ユーザは、エンドユーザに対し、本サービスの利用について、本規約の内容を周知徹底し、本規約におけるユーザの義務と少なくとも同水準の義務を遵守させます。
2　本サービスの利用に関するエンドユーザの行為およびその結果は、ユーザによるものとみなし、ユーザはそのすべての責任を負います。

第16条（アクセス管理）
1　ユーザは、エンドユーザ以外の第三者に、その正当な権限の範囲を超えて、本サービスを利用させてはなりません。
2　ユーザは、自らに付与されたアクセス情報について、次の各号の義務を負います。
　⑴　第三者に開示または漏えいしないこと
　⑵　パスワードの設定、暗号化またはアクセス制限など、その秘密性を保持するための合理的な措置を講じること
3　アクセス情報を第三者に開示または漏えいしたとき、または、そのおそれが生じたとき、ユーザは当社に対し、その旨をただちに通知します。
4　ユーザに付与されたアクセス情報を用いた本サービスへのアクセスがあったとき、当社は、そのアクセスを、ユーザによるアクセスとみなすことができるものとします。

第17条（アクセス禁止）
1　ユーザは、当社の管理領域のうち、本契約に基づき正当な権限を付与された領域以外にアクセスせず、または、そのおそれがある行為をしてはなりません。
2　ユーザは、本サービスの他の利用者のアクセス情報について、次の各号の行為のいずれもしてはなりません。
　⑴　取得
　⑵　使用または利用
　⑶　第三者への開示または漏えい
3　前項各号のいずれかに該当する、または、そのおそれがあるとき、ユーザは当社に対し、その旨をただちに通知します。

第18条（禁止事項）
　ユーザは、本サービスの利用にあたり、自らまたは第三者をして、次の各号のいずれかに該当する、または、そのおそれがある行為をしてはなりません。
　⑴　法令または公序良俗に違反すること

(2)　当社または第三者について、その権利利益を侵害し、または、損害、不利益もしくは不快感を与えること

(3)　本サービスまたは本サービスを構成しもしくはこれに付属する有形物および無形物（ユーザ設備を含みます。以下、本サービスならびにこれらの有形物および無形物を「本サービス構成物」といいます。）について、次の各行為をすること

① 本サービス構成物を自らの業務目的以外に使用または利用すること

② 本サービス構成物を他のサービスまたは製品と組みわせて、自ら使用若しくは利用し、または、第三者に対し提供すること

③ 本サービス構成物に関する情報、音声、動画および画像などを、当社の許可なく、他社ウェブサイトおよびSNSなどに掲載すること

④ 本サービス構成物が利用しまたはこれを構成するネットワークまたはシステムなどに過度な負荷をかけること

⑤ 不正アクセス、クラッキングその他本サービス構成物の提供または使用もしくは利用に支障を与えること

⑥ 本サービス構成物について、解析、リバースエンジニアリング、逆アセンブル、逆コンパイルその他ソースコードを取得すること

⑦ 本サービス構成物に不正なデータまたは命令を入力すること

⑧ 本サービス構成物に関連して不正にデータを取得すること

⑨ 本サービス構成物を用いた当社の事業活動を妨害すること

(4)　その他、前各号に準じ、当社が本サービスの提供に関し、不適切と合理的に判断する行為をすること

第19条（秘密保持）

1　「秘密情報」とは、次の各号のいずれかに該当する情報をいうものとします。ただし、ユーザデータを除きます。

(1)　本サービスの利用に際して、または、関連して、ユーザが知りえた当社の営業上、技術上その他一切の情報

(2)　本サービスに関する一切の情報

(3)　その他社会通念上合理的に秘密であるとユーザに認識されるべき情報

2　前項の規定にかかわらず、次の各号のいずれかに該当する情報は、秘密情報にあたらないものとします。

(1)　開示の時点ですでにユーザが保有していた情報

(2)　秘密情報によらずユーザが独自に生成した情報

(3)　開示の時点で公知の情報

(4)　開示後にユーザの責めに帰すべき事由によらずに公知となった情報

(5)　正当な権限を有する第三者から秘密保持義務を負わずに開示された情報

3　ユーザは、秘密情報の全部または一部について、秘密として管理し、当社の書面による承諾があるときを除いて、次の各号の義務を負います。

(1)　第三者に開示または漏えいしないこと

　(2)　本契約上の権利の行使または義務の履行以外の目的に使用または利用しないこと

4　ユーザは、秘密情報を、次の各号にしたがい、管理します。

　(1)　秘密情報を他の情報と区別して管理すること

　(2)　当社から提供を受けた秘密情報が記録された媒体（複製物を含みます。）について、施錠など、秘密性を保持するための物理的にアクセス困難な合理的な措置を講じること

　(3)　自らの管理下にある秘密情報について、パスワードの設定、暗号化、アクセス制限など、その秘密性を保持するための合理的な措置を講じること

　(4)　秘密情報の漏えいまたはそのおそれが生じたときには、当社に対し、その旨を、ただちに通知すること

5　本契約の終了時または当社が要求するとき、ユーザは、本規約に別段の定めがない限りまたは法令に違反しない限り、次の各号の義務を負います。当社が求めるとき、ユーザは、当社に対し、これら義務の履践を証明する文書を提出します。

　(1)　当社の指定にしたがい、秘密情報が記録された当社から提供を受けた媒体（複製物を含みます。）を返還または破棄すること

　(2)　自らの管理下にある秘密情報を削除すること

6　本条の義務は、本契約終了後【3】年間存続します。

第4章　データおよび情報の取扱い

第20条（ユーザデータの保証）

　ユーザは、当社に対し、次の各号の事実が正確かつ真実であることを表明し、保証します。

　(1)　ユーザおよびエンドユーザが、本サービスで、ユーザデータを利用し、かつ、当社に対し開示（送信・公衆送信その他発信を含みます。）する正当な権限を有すること

　(2)　ユーザおよびエンドユーザによるユーザデータの利用が、第三者の権利および利益を侵害しないこと

　(3)　ユーザおよびエンドユーザがユーザデータについて、第21条（ユーザデータの利用）第3項のライセンスを付与する正当な権限を有していること

第21条（ユーザデータの利用）

1　当社は、ユーザによる本規約への同意または本契約の締結により、ユーザが当社に対しユーザデータに関する知的財産権を譲渡するものではないことを確認します。

2　当社は、契約期間中およびその終了後もユーザデータを次の目的で利用できるものとします。

　(1)　本サービスの追加的機能の開発

(2)　本サービスの機能の品質維持および改良

(3)　○○○

3　ユーザは、当社に対し、前項の目的に必要な限りで、ユーザデータの使用および複製、改変、開示ならびにその他一切の態様による使用または利用が可能な、世界的、無期限、非独占、無償およびサブライセンス可能ならびに撤回不能のライセンスを付与し、また、当社のこれら使用または利用が禁止されないことを確認します。

4　ユーザが前項のライセンスを付与する正当な権限を有しないとき、ユーザはその権限を権利者より取得します。

5　ユーザは、ユーザデータについて、当社および当社から権利を承継しまたは許諾された者に対し、人格権（著作者人格権を含みます）を行使せず、また、その権利者に人格権を行使させてはなりません。

第22条（ユーザデータの管理）

1　当社は、ユーザデータを、善良な管理者として、適切に管理します。法令に基づき開示が認められるときまたは本規約で許諾されたときを除き、当社は、第三者に対し、ユーザデータを開示しません。

2　ユーザは、当社環境に保存したユーザデータを、自らの責任でバックアップします。

3　当社は、本サービスの提供停止もしくは終了、または本契約の終了の日から【14】日経過後に、ユーザデータを消去できるものとします。その期間の経過後、当社は、ユーザに対し、ユーザデータをアクセス可能または使用もしくは利用可能にする義務を負いません。

4　当社は、本契約または法令に反するその他当社が不適切であると判断したユーザデータを、ユーザへの事前の通知なく、ただちに消去できるものとします。

第23条（利用状況に関する情報）

　当社は、本サービス提供の過程で取得した、利用状況、利用頻度、当社環境への負荷その他ユーザおよびエンドユーザの本サービスの利用に関するデータ（ユーザデータを除きます。）について、自らのサービスの開発、品質もしくは機能の改善または統計情報の取得もしくはその公表を目的として使用または利用できるものとします。

第24条（プライバシー情報）

1　申込書またはユーザデータその他利用者から取得する情報に、生存する個人に関する情報（以下「プライバシー情報」といいます。）が含まれるとき、当社プライバシーポリシー（https://○○○）が本規約に優先して適用されます。

2　本サービスの利用にあたって、ユーザから提出された申込書およびユーザ

データにプライバシー情報が含まれるとき、ユーザは、当社に対し、その旨を明示し、かつ、次の各号の事実のすべてが、正確かつ真実であることを表明し、保証します。

(1)　ユーザがそのプライバシー情報の取得および当社への提供について、個人情報保護法その他適用法令のもと、正当な権限を有していること

(2)　ユーザが個人情報保護法その他適用法令を遵守していること（個人情報の保護に関する法律上必要な本人からの同意の取得を含みます。）

3　ユーザは、自らの費用と責任で、個人情報の保護に関する法律その他適用法令の遵守に必要な手続の一切をとります。

第25条（知的財産権）

1　本サービスを構成し、または、付属する有形および無形の構成物（ソフトウェア、データ、画像、テキスト、デモおよびユーザマニュアルなどのコンテンツを含みます。）の知的財産権は、すべて、当社および当社が使用または利用許諾を受けている第三者に帰属します。

2　本契約に基づく本サービスの使用または利用許諾は、本サービスの使用に必要な範囲を超えて、当社ウェブサイトまたは本サービスに関する、当社または当社にライセンスを許諾している者の知的財産権の利用許諾を意味しません。

第26条（当社成果の取扱い）

1　当社が、ユーザデータを用いて作出した成果およびデータ（以下「当社成果」といいます。）に関する知的財産権の一切は、当社に帰属します。

2　当社は、当社成果を何ら制限なく自由に利用できるものとします。

3　当社は、ユーザに対し、当社成果を開示する義務を負いません。

第5章　責任・損害賠償の制限など

第27条（補償）

1　ユーザは、次の各号のいずれかに該当するとき、自己の責任と負担で、当社および当社関係者を保護し、各号の事由により被った損害（合理的な弁護士費用を含みます。）のすべてを補償し、賠償します。

(1)　本サービスの利用に起因または関連して、ユーザが第三者の権利または利益を侵害するなどしたことを理由として、当社または当社関係者に対し、第三者からクレームまたは請求などがされたとき

(2)　ユーザがその重大性を問わず、本契約に違反したことにより当社に損害が発生したとき

2　ユーザは、前項各号に該当するとき、当社の求めに応じ、自らの費用と責任により、当社の防御または損害軽減のための対応に必要な情報を提供するとします。

第28条（免責および責任制限）

1　次の各号のいずれも、当社の債務を構成するものではなく、かつ、次の各号のいずれかに起因または関連して、ユーザ、エンドユーザまたは第三者が被った損害については、当社は、請求原因のいかんにかかわらず、その責任を負いません。

(1)　本契約の終了

(2)　本サービスの提供、提供停止、提供終了または変更

(3)　ユーザデータの消去

(4)　ユーザによる本契約の違反（重大性は問いません）

(5)　免責事由による本サービスの全部または一部の不提供その他当社による本契約上の義務の不履行

(6)　その他本サービスに関連して生じた当社の責めに帰すべからざる事由

2　前項の規定にかかわらず、当社が、ユーザもしくはエンドユーザまたは第三者に対し、何らかの損害賠償責任を負うとき、その範囲および額は、次の各号のとおりとします。

(1)　損害の範囲は、これらの者自身に現実に生じた直接かつ通常の損害に限られます。逸失利益を含む特別損害は、その予見または予見可能性の有無にかかわらず、損害の範囲に含まれません。

(2)　損害額は、損害発生の原因となる出来事からさかのぼって【6】か月間にユーザが、当社に対し、本サービスの利用に関し現実に支払った金額を上限とします。

3　前2項は、損害が当社の故意または重過失のみによって生じたときには適用されません。

第6章　本契約の存続・終了

第29条（契約期間）

1　本契約の期間は、申込書記載の開始日を始期とし、申込書記載の満了日を終期とします（以下「契約期間」といいます。）。

2　前項の規定にかかわらず、一方当事者が、他方当事者に対し、契約期間の終期の【30】日前（ただし、終期が当社の営業日でないときは、その直前の営業日）までに、本契約を延長しない旨を通知しない限り、本契約は契約期間の満了日経過時に、自動的に同一条件で○年間延長され、以後も同様とします。

第30条（ユーザによる解除）

　ユーザは、契約期間中、当社所定の手続をとることにより、本契約の全部または一部を解除できます。

第31条（当社による解除）

　当社は、ユーザが次の各号のいずれかの事由に該当するとき、事前の催告な

く、本契約の全部または一部を解除できます。

 (1)　第三者から差押え、仮差押え、競売、破産、特別清算、民事再生手続もしくは会社更生手続の開始などの申立てを受けたとき、または自ら破産手続、民事再生手続、特定調停、特別清算もしくは会社更生手続の開始などの申立てをしたとき

 (2)　自ら振り出しまたは引き受けた手形もしくは小切手が不渡りとなるなど支払停止状態に至ったとき

 (3)　租税公課を滞納し督促を受け、または租税債権の保全処分を受けたとき

 (4)　所轄官庁から営業停止処分または営業免許もしくは営業登録の取消しの処分などを受けたとき

 (5)　解散、事業の廃止、事業の全部もしくは重要な一部の譲渡または合併の決議をしたとき、または買収されたとき

 (6)　当社からの問合せその他の回答を求める連絡に対し、【30】日以上応答がないとき

 (7)　ユーザがその重大性を問わず、本契約に違反したとき

 (8)　その他、当社が本契約の継続を適当でないと合理的に判断したとき

第32条（反社会的勢力の排除）

　ユーザは、当社に対し、次の各号の事実がすべて真実かつ正確であることを表明し、保証します。

 (1)　自らが反社会的勢力に該当しないこと

 (2)　反社会的勢力が自らの経営を支配していないこと

 (3)　反社会的勢力が自らの経営に実質的に関与していないこと

 (4)　自己、自社もしくは第三者の不正の利益を図る目的または第三者に損害を加える目的をもってするなど、不当に反社会的勢力を利用していないこと

 (5)　反社会的勢力に対し資金などを提供し、または便宜を供与するなどの関与をしていないこと

 (6)　その他、自らの役員などまたは経営に実質的に関与している者が、反社会的勢力と社会的に非難されるべき関係を有していないこと

第33条（期限の利益の喪失）

　ユーザは、本契約の終了により、当社に負担する一切の債務について、期限の利益を当然に喪失し、当社に対し、その債務を、ただちに弁済します。

第34条（相殺の禁止）

　ユーザは、ユーザが当社に対し負う債務と、当社がユーザに対し本サービスに関連して負う債務とを相殺してはなりません。

第35条（本契約終了の効果）

1　第５条（本規約の変更）第４項、第29条（契約期間）、第31条（当社による解除）および第32条（反社会的勢力の排除）その他の規定に基づく本契約の終了の効果は将来にわたってのみ生じるものとします。

2　本契約の解除は、解除をした当事者から、解除をされた当事者に対する法的責任の追及を妨げません。

3　本契約終了後も、本条および次の各号の規定は当事者間で継続して効力を有します。ただし、個別の条項に期間の定めがある場合には、その期間に限り有効とします。

　(1)　第３条（本契約の締結）第３項

　(2)　第４条（本規約の適用）

　(3)　第８条（利用料金および支払方法など）第３項および第５項

　(4)　第14条（連携サービスの利用）

　(5)　第15条（エンドユーザ管理）第２項

　(6)　第19条（秘密保持）

　(7)　第20条（ユーザデータの保証）

　(8)　第21条（ユーザデータの利用）

　(9)　第22条（ユーザデータの管理）

　(10)　第23条（利用状況に関する情報）

　(11)　第24条（プライバシー情報）

　(12)　第25条（知的財産権）

　(13)　第26条（当社成果の取扱い）

　(14)　第27条（補償）

　(15)　第28条（免責および責任制限）

　(16)　第32条（反社会的勢力の排除）

　(17)　第33条（期限の利益の喪失）

　(18)　第37条（譲渡禁止）

　(19)　第38条（事業譲渡）

　(20)　第39条（言語）

　(21)　第40条（準拠法）

　(22)　第41条（合意管轄）

第７章　一般条項

第36条（通知）

1　本契約に基づく当社とユーザとの間の通知、要求または催告（以下「通知」といいます。）は、次の各号のすべてを満たさなければ、効力を有しません。

　(1)　通知を送付する当事者から代理権限を付与された者または本人もしくは代表者の記名押印がある書面によること

　(2)　前号の書面が次項各号の方法により、他方当事者の通知先に到達すること

2　前項の通知は、次の各号の時点に各当事者に到達したものとみなします。

(1)　直接持参：交付の当日
(2)　FAX：送付の当日
(3)　メール：発信の当日
(4)　当社ウェブサイトへの掲載：当社ウェブサイトの公開時点

第37条（譲渡禁止）

　ユーザは、当社の書面による事前承諾なく、本契約上の地位または同契約に基づく権利義務の全部または一部について、次の各号の事項を含む一切の処分をしてはなりません。
(1)　譲渡
(2)　承継（会社分割および合併その他包括承継を含みます。）
(3)　担保目的の提供

第38条（事業譲渡）

　当社は、本サービスに関する事業を、第三者に対し処分するとき、あわせて、本契約上の地位または同契約権利および義務の全部または一部をその第三者に対し処分できます。

第39条（言語）

　本規約は、日本語版を正文とします。本規約の外国語訳が創出されるときであっても、その外国語訳と正文との間で意味または意図に矛盾または相違がある場合は、正文が優先します。

第40条（準拠法）

　本サービスが実際に提供または使用される国または地域のいかんにかかわらず、本契約は日本法に準拠し、解釈されます。

第41条（合意管轄）

　本契約に起因しまたは関連する一切の紛争に関する訴訟その他の紛争解決手続は、○地方裁判所を専属的合意管轄裁判所とします。

6　プライバシーポリシー（第6章）

プライバシーポリシー

　本ポリシーは、個人情報取扱事業者である○○（以下「当社」といいます）が、提供する○○の名称で提供する○○に関するサービス（以下「本サービス」といいます）を利用するまたは同サービスに関連して当社が取得するお客様の個人に関する情報（以下「プライバシー情報」といいます）の取扱いを定めます。なお、特段の断りがない限り、本ポリシーにおける用語は、本サービスの利用規約および個人情報の保護に関する法律（以下「個人情報保護法」といいます）と同じ意味を有するものとします。

第1条（適用関係）
1　本ポリシーと、本サービスの利用規約その他の書面におけるプライバシー情報の取扱いに矛盾または抵触がある場合には、本ポリシーの定めが優先するものとします。
2　本ポリシーは、連携サービスには適用されません。連携サービスにおけるプライバシー情報の取扱いは、当該サービスの提供事業者が定めるプライバシーポリシーなどを参照ください。

第2条（法令遵守）
　当社は、個人情報保護法その他法律、条例、政令、規則、基準およびガイドラインなど（以下「法令」といいます）を遵守し、個人に関する情報を適法かつ適切に取り扱います。

第3条（利用目的）
　当社は、次のプライバシー情報を取得し、次の利用目的の達成に必要な限りにおいて、プライバシー情報を取り扱います。

取得する情報	利用目的

第4条（第三者提供）
1　当社は、個人情報保護法を含む法令に基づく場合を除き、第三者に対し、個人データを提供しません。
2　当社は、個人データに該当しないプライバシー情報およびプライバシー情

報を○○することにより得られた○○などの情報を、○○などその他の第三者に対し、提供することがあります。これら情報は○○などに利用される可能性があります。当社は、第三者に対し、これら情報を提供するとき、その第三者から、これら情報から個人を識別しないとの確約を得るものとします。

第5条（委託）

　当社は、利用目的の達成に必要な限りにおいて、プライバシー情報の全部または一部の取扱いを第三者に委託することがあります。当社は、委託先が、プライバシー情報を適切かつ安全に管理するように監督します。

第6条（共同利用）

　当社は、次のとおり、プライバシー情報を共同利用します。
　⑴　共同利用されるプライバシー情報の項目：○○
　⑵　共同して利用する者の範囲：当社グループ会社（https:// ○○○を参照ください。）
　⑶　共同利用する者の利用目的：○○
　⑷　プライバシー情報の管理について責任を有する者：当社

第7条（安全管理措置）

1　当社は、プライバシー情報の漏えい、滅失又はき損の防止その他プライバシー情報の安全管理に努め、かつ、そのために十分なセキュリティ対策を講じます。また、当社は、プライバシー情報が適正に取り扱われるように、関連規程を整備し、かつ、従業員を適切に教育及び指導し、その管理態勢を継続的に見直し、改善に努めます。
2　当社は、○○国に所在する事業者が管理するサーバにおいて、個人データを保存することがあります。この場合であっても、同事業者がお客様の個人データを閲覧することはありません。○○国における個人情報保護に関する法令の概要は個人情報保護委員会ウェブサイト（https:// ○○○）をご確認ください。

第8条（保有個人データおよび第三者提供の記録の開示等）

　当社が管理する保有個人データおよび第三者提供の記録について、ご本人またはその代理人から利用目的の通知の請求または開示、訂正・追加・削除、利用停止・消去もしくは第三者提供の停止（以下、あわせて「開示等」といいます）の請求をされる場合は、「開示等の請求手続のご案内」（https:// ○○○）記載の手続によりお申し出ください。ただし、個人情報保護法その他の法令により、当社が対応義務を負わない場合、開示等に応じかねますので、あらかじめご了承ください。

第9条（本ポリシーの変更）

1　当社は、プライバシー情報の取扱いに関する運用状況を適宜見直し、継続的な改善に努めるものとし、必要に応じて、本ポリシーを変更することがあります。

2　前項の定めにかかわらず、法令上、ご本人の同意が必要となるような内容の変更を行うときは、別途当社が定める方法により、ご本人の同意を取得します。

3　前2項の変更後の本ポリシーについては、本サービスまたは当社ウェブサイトにおける掲示その他分かりやすい方法により周知します。

第10条（お問合せ）

　当社によるプライバシー情報の取扱いに関する苦情、ご意見、ご質問、ご要望その他のお問合せは、お問合せフォーム（https://○○○）により申し出ください。なお、お問合せへの対応に際しては、ご本人またはその代理人であることを確認させていただくことがありますので、あらかじめご了承ください。

第11条（当社について）

　当社の住所および代表者その他当社に関する最新の情報は、当社ウェブサイト（https://○○○）をご確認ください。

2019年○月○日　制定
2022年○月○日　改訂

7　プラットフォーム利用規約（第7章）

プラットフォーム利用規約

第1章　定義など

第1条（目的）
　本規約は、○○（以下「PF事業者」という。）と本取組み（次条で定義する。）のすべての参加者（次条で定義する。）との間の契約関係を定める。

第2条（定義）
　本規約では、次の各用語は、次の各意味を有する。

用語	意味
本契約	本規約に基づき、PF事業者と、全参加者との間で成立する、本プラットフォームの使用および利用に関する契約
本取組み	【参加者による○のためのデータ共有の取組み】
本存続期間	第36条（本取組みの存続期間）に規定する本取組みの存続期間
本プラットフォーム	PF事業者が本取組みのために管理するサーバ上の領域
参加者	本取組みの参加者
主要参加者	別紙1（主要参加者）で特定される本取組みの参加者
アクセス情報	各参加者が本プラットフォームにアクセスする際の認証に用いるID、パスワードその他の情報
データ	電磁的記録（電子的方式、磁気的方式その他の方法で創出される記録であって、電子計算機による情報処理の用に供されるものをいう。）に記録された情報
PFデータ	各参加者が、本契約に基づき、他の参加者に提供するために、PF事業者に対し、開示したデータ。ただし、各参加者またはPF事業者について、開示を受けた時点で自らが管理していたデータと同一のデータを除く。
提供データ	PFデータのうち、ある参加者について、自らが、PF事業者に対し、開示したデータ。ただし、その開示時点で、すでに他の参加者により適法かつ正当な権限のもと、取得され、かつ、PF事業者に対し開示されているPFデータは含まない。

加工データ	PF データに対し技術的に復元困難な加工などが施されたデータ（PF データと同一性が認められないものとみなす。）
加工など	改変、追加、削除、組合せ、分析、編集および統合など
データ利用条件	別紙2（データ利用条件）で特定される、あるデータを本プラットフォームの内外で利用する際の条件
データ保証条件	別紙3（データ保証条件）で特定される、あるデータを本プラットフォームに開示する際の保証条件
PF 参加条件	別紙4（PF 参加条件）で特定される、全主要参加者【またはその委託を受けた PF 事業者】の書面による合意で定める本取組みに参加し、かつ、その参加を継続するための条件
知的財産	発明、考案、意匠、著作物その他の人間の創造的活動により生み出されるもの（発見または解明がされた自然の法則または現象であって、産業上の利用可能性があるものを含む。）および営業秘密その他の事業活動に有用な技術上または営業上の情報
知的財産権	特許権、実用新案権、意匠権、著作権（著作権法第27条および第28条の権利を含む。）その他の知的財産に関して法令により定められた権利（特許を受ける権利、実用新案登録を受ける権利、意匠登録を受ける権利その他知的財産権の設定を受ける権利を含む。）
免責事由	次の各号のいずれかに該当する事由 (1) 天災地変（地震、台風、津波を含む。） (2) 感染症・疫病の流行（これらに伴う公的機関による命令・要請の遵守を含む。） (3) 戦争 (4) 暴動、内乱、テロリズム (5) ストライキ、ロックアウト (6) 停電 (7) 法令の制定・改廃 (8) 公権力による命令処分その他政府による行為 (9) その他いずれの当事者の責めに帰すことができない事由
PF 事業者設備	本契約に基づき、PF 事業者が、本プラットフォームを提供するためのコンピュータ、電気通信設備その他のハードウェアおよびソフトウェア（第三者から借り受け、または第三者から利用のための提供を受けているものを含む。）

参加者設備	本契約に基づき、参加者が、本プラットフォームを利用するためのコンピュータ、電気通信設備その他のハードウェアおよびソフトウェア（第三者から借り受け、または第三者から利用のための提供を受けているものを含む。）
反社会的勢力	暴力団、暴力団員、暴力団員でなくなった時から5年を経過しない者、暴力団準構成員、暴力団関係企業、総会屋など、社会運動等標ぼうゴロまたは特殊知能暴力集団、その他これらに準ずる者
法令	法律、政令、規則、基準およびガイドライン

第3条（契約関係）
1　本規約およびその別紙は、本契約の内容を構成し、本規約の他の条項で「本規約」または「本契約」というとき、別紙およびその内容を含む。
2　本規約の規定と別紙の規定との間に抵触または矛盾があるときには、別紙の内容が優先する。

第2章　本取組みへの参加

第4条（参加の申込み）
1　PF事業者は、本存続期間中、本規約の規定にしたがう限り、全参加者を代理して、既存の参加者以外の第三者を本取組みに参加させることができる。
2　本取組みへの参加を希望する者は、本規約の内容に同意したうえで、PF事業者に対し、その別途指定する方法により、本取組みへの参加を申し込む。
3　次の各号のいずれかに該当するときまたは第1号から第5号のいずれかに該当するおそれがあるとき、PF事業者は、その申込者による第2項の申込みを承諾しないことができる。
　(1)　申込者から申告のあった事項の全部または一部が事実に反するとき
　(2)　申込者が、重要な事実について申告しないとき
　(3)　申込者が、過去に、本プラットフォームの利用に関して、契約に違反した者であるとき
　(4)　申込者が反社会的勢力に該当する者または関与する者であるとき
　(5)　申込者による本プラットフォームの利用が他の参加者の共同の利益に反するとき
　(6)　前各号に掲げる事由のほか、申込者による本プラットフォームの利用の承認が適当でないとPF事業者が判断するとき
4　第3項の規定にかかわらず、全主要参加者が、書面による合意により、第2項の申込みに関する基準または手続を定めているとき、PF事業者は、その基準または手続にしたがい、第2項の申込みを承諾するか否かを判断する。

5　PF 事業者は、第２項の申込みの受領日から〇営業日以内に、前２項に基づき、その申込みを承諾するか否かをその申込者に対し、通知する。

6　第５項の規定にかかわらず、同項の期間内に PF 事業者が、申込者に対し、その申込みの承諾の有無を通知しないとき、第２項の申込みは承諾されなかったものとみなす。

7　PF 事業者が、申込者に対し、第２項の申込みを承諾する旨の通知を発信した時をもって、その申込者は、本取組みの参加者となり、かつ、本契約の成立時からその当事者であったとみなす。ただし、その申込者の本契約上の権利および義務は、その参加の日から発生する。

第５条（申込み事項の変更）

　第４条（参加の申込み）第２項の申込み事項に変更があるとき、各参加者は、PF 事業者に対し、ただちにその変更内容を通知する。

第３章　提供データの開示

第６条（データ利用条件の設定）

1　本存続期間中に、データ利用条件が設定されていない新たなデータを本プラットフォームで取り扱うとき、別紙２（データ利用条件）で定める手続により、そのデータ利用条件を定める。

2　前項の手続によりデータ利用条件が設定されないとき、各参加者は、前項の PF データを制約なく使用または利用できるものとみなす。

3　データ利用条件は、別紙２（データ利用条件）で定める手続により、変更できる。ただし、すでに開示された PF データの取扱いは、それを利用する参加者全員の書面による同意があるときを除いて、変更前のデータ利用条件による。

第７条（データの開示）

1　各参加者は、本規約その他 PF 事業者が定める手続およびデータ形式ならびに PF 参加条件にしたがい、他の参加者および PF 事業者に対し、PF 参加条件で指定されたデータを開示する。

2　本契約に基づき、個人情報の保護に関する法律（以下「個人情報保護法」という。）における生存する個人に関する情報を含んだデータを、他の参加者に開示し、または開示を受けるとき、各参加者は、次の各義務を負う。

　⑴　PF 事業者に対し、事前にその旨および開示するこれら情報の項目を明示すること

　⑵　個人情報保護法を遵守し（個人情報保護法上必要な本人からの同意の取得を含む。）、これら情報の管理に必要な措置を講ずること

第８条（提供データの保証）

1　各参加者は、提供データについて、他の参加者および PF 事業者に対し、

本取組み参加時および本取組み参加中、次の各号のすべてが真実であること
を表明し、保証する。
- (1)　適法かつ正当な権限をもって取得され、かつ開示されること
- (2)　故意に変容していないこと
- (3)　法令に違反する内容を含まないこと
- (4)　公序良俗に反する内容を含まないこと
- (5)　第7条（データの開示）にしたがい開示されること
- (6)　第9条（提供データの知的財産権・権利不行使）第1項の使用および利
用を許諾する権限を有すること
- (7)　そのデータ保証条件を充足すること

2　各参加者は、その提供データについて、他の参加者および PF 事業者に対
し、前項に規定する事項を除いて一切保証しない。

第9条（提供データの知的財産権・権利不行使）

1　各参加者は、知的財産の対象である提供データについて、次の各号に掲げ
る者に対し、次の各号の範囲で、非独占的に、日本国内におけるそのデータ
の使用または利用を許諾する。
- (1)　他の参加者　そのデータ利用条件にしたがった使用または利用に必要な
限り
- (2)　PF 事業者　本プラットフォームの運営またはそのデータ利用条件にした
がった使用および利用に必要な限り

2　各参加者は、本取組みが継続する限り、自らが本取組みを脱退後も、PF 事
業者および他の参加者に対し、提供データの使用または利用について、人格
権（著作者人格権を含む。）を行使しない。

3　全参加者および PF 事業者は、前2項のときを除き、本取組みへの参加に
よって、各参加者が、他の参加者および PF 事業者に対し、その提供データ
に関する知的財産権を譲渡または移転せず、かつ、知的財産の利用を許諾し
ないことを確認する。

第10条（提供データの利用確保）

1　各参加者および PF 事業者は、PF データについて、第8条（提供データの
保証）第1項の保証の違反またはそのおそれを知ったとき、次の各号に掲げ
る者に対し、ただちに、該当する事項すべての具体的な内容を、通知する。
- (1)　自ら以外の参加者
- (2)　PF 事業者（PF 事業者が通知者であるときを除く）

2　各参加者は、提供データについて、データ利用条件にしたがった使用もし
くは利用が制限されるまたはそのおそれがあるとき、第8条（提供データの
保証）第1項の保証の範囲内で、第三者の許諾を取得し、または、利用が制
限されうる一部を除外するなどの措置をとり、他の参加者および PF 事業者
がそのデータを制限なく利用できるよう最大限努める。

第4章　PF データの利用

第 11 条（適用除外）
　第 12 条（PF データの利用条件）から第 14 条（PF データの削除）の規定は、各参加者について、その提供データの取扱いには適用されない。ただし、そのデータ利用条件に別段の定めがあるときはこの限りではない。

第 12 条（PF データの利用条件）
1　各参加者および PF 事業者は、PF データについて、次の各号のいずれかに該当する行為をしない。
　⑴　そのデータを、そのデータ利用条件の範囲外で、自ら使用および利用すること
　⑵　そのデータを、そのデータ利用条件の範囲外で、自ら以外の参加者に使用および利用させること
　⑶　そのデータを、そのデータ利用条件の範囲外で、第三者（自ら以外の参加者を除く。）に対し、開示もしくは漏えいし、または使用および利用させること
2　第 34 条（損害賠償の制限）の規定にかかわらず、PF 事業者は、前項の違反によって、各参加者が被ったすべての損害を賠償する。

第 13 条（PF データの管理）
1　各参加者および PF 事業者は、自ら以外の参加者から開示を受けた各 PF データを他のデータと明確に区別して、秘密として、管理および保管する。
2　PF 事業者の求めがあるとき、各参加者は、PF 事業者に対し、自らが管理する PF データの管理状況を通知する。
3　PF 事業者が、ある参加者に対し、PF データの漏えいのおそれを具体的に示したうえで、その管理方法の是正を求めたとき、その参加者はその指示にしたがい、その管理方法を改める。
4　前項の要求を受けた参加者が、その PF データの管理方法を適切に是正しなかったとき、管理方法が適切に是正されるまでの期間、PF 事業者は、第 24 条（本プラットフォームの提供停止）の手続にしたがい、その参加者による本プラットフォームの利用を停止できる。

第 14 条（PF データの削除）
1　PF データの開示または使用もしくは利用が、本契約、そのデータ利用条件もしくは法令に違反するまたはそのおそれがあると PF 事業者が合理的に判断したとき、PF 事業者は、次の各号のすべてを満たす場合、そのデータの本プラットフォームからの削除、各参加者の管理下にあるそのデータの削除要請、その他適切な措置を講じることができる。

　(1)　法令に違反しない範囲で、全参加者に対し、事前に通知すること
　(2)　法令に違反しない範囲で、そのデータを事後的に復元可能とするための措置をとること
2　ある参加者が本取組みから脱退したとき、他の参加者およびPF事業者は、その参加者が提供したPFデータの削除義務を負わない。
3　各参加者は、本取組みの脱退後、PFデータを使用または利用できず、ただちに自らの管理下にあるPFデータを削除し、これを記録した媒体を破棄する。ただし、そのデータ利用条件に別段の定めがあるときはこの限りではない。

第5章　加工データの取扱い

第15条（加工データの知的財産権・権利不行使）
1　加工データの知的財産権の帰属は、次の各号のとおり決する。
　(1)　ある参加者が、単独で創出した加工データの知的財産権は、その参加者に帰属する。
　(2)　PF事業者が、単独で創出した加工データの知的財産権の取扱いは全主要参加者【およびPF事業者】の協議により決する。
　(3)　ある参加者とPF事業者が、共同で創出した加工データの知的財産権の取扱いは、その参加者を除く全主要参加者、【PF事業者】およびその参加者の協議により決する。
2　各参加者は、その提供データを用いて、他の参加者またはPF事業者が生成した加工データその他知的財産の使用および利用について、知的財産権および人格権（著作者人格権を含む。）を行使しない。ただし、その提供データの使用および利用が本契約またはそのデータ利用条件に違反するときはこの限りではない。

第16条（加工データの利用）
1　本契約またはPFデータのデータ利用条件に違反して、創出された加工データは、次の各号のとおり取り扱う。
　(1)　その加工データを創出した参加者またはPF事業者は、その創出に用いたPFデータを開示した参加者に対し、すみやかに開示する。
　(2)　その加工データを創出した参加者またはPF事業者は、その加工データを、PFデータを開示した参加者以外の第三者に開示または漏えいせず、また、使用および利用しない。
　(3)　その加工データを創出した参加者またはPF事業者は、自らの管理下にあるその加工データを、第1号の開示後、ただちに削除する。
2　本契約およびPFデータのデータ利用条件に違反せず、創出された加工データは、次の各号のとおり取り扱う。
　(1)　その加工データを創出した参加者またはPF事業者は、自ら以外の者に対し開示する義務を負わない。

(2)　その加工データを創出した参加者またはPF事業者は、その加工データを、自由に開示または使用および利用できる。

3　本契約およびPFデータのデータ利用条件にしたがい、加工データを創出した参加者またはPF事業者は、その創出に用いたPFデータを開示した参加者が本取組みを脱退したときであっても、その加工データの削除義務を負わない。

第6章　参加者の義務

第17条（データ開示）

1　各参加者は、PF事業者に対し、PF参加条件にしたがい、PFデータの開示その他義務を履行する。

2　ある参加者が前項に違反したとき、その違反状態が是正されるまでの期間、PF事業者は、第24条（本プラットフォームの提供停止）の手続にしたがい、その参加者による本プラットフォームの利用を停止できる。

第18条（利用料）

1　各参加者は、PF事業者に対し、別紙5（利用料）に定める条件により、本プラットフォームの利用の対価（以下「利用料」という。）を支払う。

2　PF事業者は、全主要参加者の書面による同意がある場合、各参加者への事前通知により、利用料を改定できる。

3　各参加者は、利用料の支払いを遅延したとき、PF事業者に対し、年14.6%の遅延損害金を支払う。

4　PF事業者は、各参加者に対し、1度支払われた利用料を返金する義務を負わない。

第19条（参加者設備）

1　各参加者は、本プラットフォームの利用にあたり、自己の費用と責任により、自らの参加者設備について、次の各号の対応をとる。

(1)　PF事業者が定める条件で、設定および維持する。

(2)　電気通信事業者などが提供する電気通信サービスを利用して本プラットフォームに接続する。

2　ある参加者の参加者設備に不具合があるとき、PF事業者は、その参加者に対し、本プラットフォームの提供義務を負わない。

第7章　アクセス管理

第20条（PF事業者によるアクセス管理）

1　PF事業者は、ある参加者に付与したアクセス情報について、次の各号の義務を負う。

(1)　他の参加者または第三者に開示または漏えいしない。

(2)　パスワードの設定、暗号化またはアクセス制限など、その秘密性を保持

するための合理的な措置を講じる。
　⑶　漏えいまたはそのおそれが生じたときには、その参加者に対し、その旨
　　を、ただちに通知する。
　2　PF事業者は、各参加者に割り当てられた本プラットフォームの各領域に、
　本プラットフォームの運営に必要な範囲を超えて、自らアクセスせず、また、
　第三者をアクセスさせない。

第21条（参加者によるアクセス管理）
　1　各参加者は、自らのアクセス情報について、次の各号の義務を負う。
　⑴　他の参加者または第三者に開示または漏えいしない。
　⑵　パスワードの設定、暗号化またはアクセス制限など、その秘密性を保持
　　するための合理的な措置を講じる。
　⑶　漏えいまたはそのおそれが生じたときには、PF事業者に対し、その旨を、
　　ただちに通知する。
　2　各参加者は、他の参加者のアクセス情報について、次の各号の行為をしな
　い。
　⑴　取得
　⑵　使用および利用
　⑶　自ら以外の参加者および第三者への開示または漏えい
　3　各参加者は、本プラットフォームについて、PF事業者が正当な権限を付与
　した領域以外にアクセスしてはならない。

第22条（アクセス情報の利用責任）
　ある参加者に付与されたアクセス情報を認証に用いた本プラットフォームへ
のアクセスがあったとき、そのアクセスは、その参加者により行われたとみな
し、その参加者は、他の参加者およびPF事業者に対し、これにより生じた損
害のすべてを賠償する。ただし、次の各号のいずれかに該当するときはこの限
りではない。
　⑴　PF事業者が、第20条（PF事業者によるアクセス管理）の規定に違反
　　した結果、その参加者以外の者がそのアクセスをしたとき
　⑵　他の参加者が、第21条（参加者によるアクセス管理）の規定に違反し
　　た結果、その参加者以外の者がそのアクセスをしたとき

第8章　本プラットフォームの運営

第23条（本プラットフォームの管理・運営）
　PF事業者は、本存続期間中、法令を遵守し、善良な管理者の注意をもって本
プラットフォームを運営する。

第24条（本プラットフォームの提供停止）
　1　PF事業者は、ある参加者について、次の各号のいずれかに該当するとき、

その参加者に対する本プラットフォームの提供を必要な期間または本規約に
規定された期間、停止できる。
- (1)　第 13 条（PF データの管理）第 4 項に該当するとき
- (2)　第 17 条（データ開示）第 2 項に該当するとき
- (3)　第 38 条（参加者の除名）第 2 項に該当するとき

2　PF 事業者は、次の各号のいずれかに該当するとき、全参加者に対する本プ
ラットフォームの提供を必要な期間または本規約に規定された期間、停止で
きる。
- (1)　定期または必要に応じた保守作業
- (2)　【○○○】
- (3)　その他客観的合理的にやむをえないとき

3　前 2 項の規定にしたがい、PF 事業者が、本プラットフォームの提供を停止
するとき、PF 事業者は、全参加者に対し、法令に違反しない限り、次の各号
の義務を負う。
- (1)　その停止前に通知できるとき、全参加者に対し、その停止について、停
止前に可及的すみやかに通知する。
- (2)　その停止前に通知できないとき（法令により通知が禁止される場合を含
む。）、全参加者に対し、その停止について、停止後、ただちに通知する。

第 25 条（本プラットフォームの不具合など）
1　本プラットフォームの不具合（PF 事業者設備の不具合を含む。）を知った
とき、各参加者は、PF 事業者に対し、すみやかにその事実を通知する。
2　PF 事業者設備の不具合を知ったとき、PF 事業者は、次の各号の義務を負
う。
- (1)　各参加者に対し、その旨を、すみやかに通知する。
- (2)　PF 事業者設備を、可及的すみやかに修理または復旧する。

3　PF 事業者は、その借り受けた電気通信回線の障害があるとき、その電気通
信回線を提供する電気通信事業者などに対し、修理または復旧を指示する。

第 26 条（本プラットフォームの保証）
1　PF 事業者は、各参加者に対し、本プラットフォームが、同種同等のプラッ
トフォームで利用されるのと同種同等のセキュリティの具備を保証する。
2　PF 事業者は、各参加者に対し、別紙 6（SLA）に記載の事項を除いて、本
プラットフォームの運営に関して、明示または黙示の別を問わず、何ら保証
しない。

第 27 条（本プラットフォームの利用に関する知的財産権）
本プラットフォームの利用許諾は、その利用に必要な範囲を越えて、PF 事業
者または PF 事業者に利用許諾している者の知的財産の利用許諾を意味しない。

第 28 条（委託）
1　PF 事業者は、その裁量により、本取組みのための本プラットフォームの提供に必要な業務の全部または一部を、第三者（以下「再委託先」という。）に対し、委託できる。
2　前項の委託をするとき、PF 事業者は、次の各号の義務を負う。
　(1)　各参加者に対し、再委託先の情報を通知または公表する。
　(2)　再委託先に対し、その委託業務の遂行について本規約に定める PF 事業者の義務と同等の義務を負わせる。
　(3)　PF データに個人情報が含まれる場合、個人情報保護法上必要な手続を履践する。

第 9 章　その他義務

第 29 条（参加者の禁止行為）
　各参加者は、自らまたは第三者をして、次の各号のいずれかに該当し、またはそのおそれのある行為をしない。
　(1)　法令または公序良俗に違反すること
　(2)　PF 事業者、他の参加者または第三者の権利利益を侵害すること
　(3)　本プラットフォームを構成しもしくはこれに付属する有形物および無形物（以下、本プラットフォームならびにこれらの有形物および無形物を「本 PF 構成物」という。）について、次の各行為をすること
　　ア　本 PF 構成物を他のサービスまたは製品と組みあわせて、自ら使用もしくは利用し、または、第三者に対し提供すること
　　イ　本 PF 構成物が利用しまたはこれを構成するネットワークまたはシステムなどに過度な負荷をかけること
　　ウ　不正アクセス、クラッキングその他本 PF 構成物の提供または使用もしくは利用に支障を与えること
　　エ　本 PF 構成物について、解析、リバースエンジニアリング、逆アセンブル、逆コンパイルその他ソースコードを取得すること
　　オ　本 PF 構成物に不正なデータまたは命令を入力すること
　　カ　本 PF 構成物に関連して不正にデータを取得すること
　(4)　本プラットフォームの利用条件またはセキュリティ条件その他条件を遵守しないこと
　(5)　その他 PF 事業者による本プラットフォームの円滑な提供を妨げること
　(6)　前各号に準ずる行為

第 30 条（PF 事業者の禁止行為）
　PF 事業者は、自らまたは第三者をして、次の各号のいずれかに該当し、またはそのおそれのある行為をしない。
　(1)　法令または公序良俗に違反すること
　(2)　他の参加者または第三者の権利利益を侵害すること

(3)　その他前各号に準ずる行為

第31条（秘密保持義務）

1　「秘密情報」とは、本取組みに関連する技術情報または営業情報のうち、次の各号のいずれかに該当する情報（ただし、PFデータおよび加工データを除く。）をいう。以下、ある情報を開示する参加者またはPF事業者を「開示者」といい、その情報を受領する参加者またはPF事業者を「受領者」という。

(1)　開示者が、受領者に対し、書面または有形の手段により開示した情報のうち、秘密情報である旨を明示した情報

(2)　開示者が、受領者に対し、口頭その他無形の手段により開示した情報または前号の表示が困難な情報のうち、その開示後〇日以内に開示内容の概要を書面化して秘密情報である旨を通知した情報

2　前項の規定にかかわらず、次の各号のいずれかに該当する情報は、秘密情報にあたらない。

(1)　開示の時点ですでに受領者が保有していた情報

(2)　秘密情報によらず受領者が独自に生成した情報

(3)　開示の時点で公知の情報

(4)　開示後に受領者の責めに帰すべき事由によらずに公知となった情報

(5)　正当な権限を有する第三者から秘密保持義務を負わずに開示された情報

3　開示者から開示された情報が第1項第2号に該当するとき、受領者は、開示後〇日が経過する日または開示者が受領者に対し秘密情報として取り扱わない旨を通知した日のいずれか早い日までは、その情報を秘密情報と同様に取り扱う。ただし、その情報が、第2項各号のいずれかに該当するときはこの限りではない。

4　受領者は、秘密情報の全部または一部について、秘密として管理し、開示者の書面による同意があるときを除いて、次の各号の義務を負う。

(1)　第三者に開示または漏えいしない。

(2)　本契約上の権利の行使または義務の履行以外の目的に使用および利用しない。

5　前項の規定にかかわらず、各参加者またはPF事業者は、次の各号のいずれかに該当する者に対し、秘密情報を開示できる。このとき、各参加者またはPF事業者は、その第三者に対し、前項の秘密保持義務および目的外利用禁止義務を遵守させ、その義務違反について、自ら責任を負う。

(1)　各参加者またはPF事業者について、本目的のために秘密情報を知る必要がある受領者の役員および従業員

(2)　各参加者またはPF事業者について、本目的のために秘密情報を知る必要がある弁護士、会計士、税理士、その他法令上の守秘義務を負う外部専門家

(3)　PF事業者について、その受託業務遂行のために秘密情報を知る必要があ

る第 28 条（委託）の再委託先
6　第 4 項の規定にかかわらず、法令上の強制力を伴う開示要求が公的機関よりなされたとき、各参加者または PF 事業者は、その機関に対し、その要求への対応に必要な限りで、秘密情報を開示できる。このとき、受領者は、法令に違反しない限り、次の各号の義務を負う。
　(1)　公的機関に開示する旨を開示前に通知できるとき、開示者に対し、開示前に、可及的すみやかに、通知する。この場合、開示者が公的機関への異議などを申し立てる際には、開示者の費用負担のもと、最大限協力する。
　(2)　公的機関に開示する旨を開示前に通知できないとき、開示者に対し、開示後、ただちに通知する。
7　受領者は、秘密情報を、次の各号にしたがい、管理する。
　(1)　秘密情報を他の情報と区別して管理する。
　(2)　開示者から提供を受けた秘密情報が記録された媒体（複製物を含む。）について、施錠など、秘密性を保持するための物理的にアクセス困難な合理的な措置を講じる。
　(3)　自らの管理下にある秘密情報について、パスワードの設定、暗号化、アクセス制限など、その秘密性を保持するための合理的な措置を講じる。
　(4)　秘密情報の漏えいまたはそのおそれが生じたときには、開示者に対し、その旨を、ただちに通知する。
8　本取組みの脱退時または開示者が要求するとき、受領者は、本規約に別段の定めがない限りまたは法令に違反しない限り、次の各号の義務を負う。このとき、開示者は受領者に対し、次の各号の事項の履践を証明する文書の提出を求めることができる。
　(1)　開示者の指定にしたがい、開示者から提供を受けた秘密情報が記録された媒体（複製物を含む。）の返還または破棄
　(2)　自らの管理下にある秘密情報の削除（ただし、通常のデータバックアップの一環として保管している秘密情報の電磁的複製で削除が実務的に困難なときを除く。）
9　本条の義務は、各参加者が、本取組みを脱退する場合であっても、本取組みが終了するまでおよびその終了後〇年間存続する。

第 10 章　責任・損害賠償の制限など

第 32 条（第三者との間の紛争）
1　本条において「紛争」とは、本取組みに起因または関連する見解の対立もしくは相違、請求または訴訟その他法的手続のうち、第三者と、次の各号のいずれかまたは両方の者との間に生じたものを意味する。
　(1)　各参加者（単独および複数である場合を含む。）
　(2)　PF 事業者
2　紛争が生じたとき、その紛争の当事者である参加者および PF 事業者は、連帯して、次の各号の義務を負う。

(1)　全参加者および PF 事業者に対し、その紛争について、すみやかに通知する。

(2)　その紛争の解決に合理的な範囲で協力する。

3　ある参加者が、提供データについて、第 8 条（提供データの保証）第 1 項の保証をし、かつ、紛争がその保証に起因または関連するとき、その参加者は、自己の責任および費用負担により、その紛争を解決し、その他の参加者および PF 事業者に対し、迷惑をかけない。ただし、その紛争が、次の各号のいずれかの者の本契約の違反により生じたときはこの限りではなく、その対象者は、その参加者がその対応に要した費用（合理的な弁護士費用を含む。）を負担する。

(1)　他の参加者

(2)　PF 事業者（第 34 条（損害賠償の制限）は適用されない。）

4　PF 事業者は、本プラットフォームの使用および利用に起因または関連する紛争を、自己の責任および費用負担により、解決し、各参加者に迷惑をかけない。ただし、その紛争が、ある参加者による本契約の違反または故意もしくは過失により生じたときはこの限りではなく、その参加者は、PF 事業者がその対応に要した費用（合理的な弁護士費用を含む。）その他損害金などを負担する。

第 33 条（免責事由）

1　各参加者および PF 事業者は、免責事由による本契約上の義務の全部または一部の不履行について責任を負わない。

2　次の各号のいずれかに起因または関連する損害について、PF 事業者は、各参加者に対し、責任を負わない。

(1)　第 5 条（申込み事項の変更）の規定にしたがった通知の欠如

(2)　第 24 条（本プラットフォームの提供停止）の規定にしたがった本プラットフォームの提供停止

(3)　第 38 条（参加者の除名など）の規定にしたがった除名

(4)　第 39 条（本取組みの終了）の規定にしたがった本取組みの終了

第 34 条（損害賠償の制限）

1　本規約に別段の定めがない限り、PF 事業者が、本取組みに関して各参加者に対し負う責任の範囲は、債務不履行責任、不法行為責任、その他法律上の請求原因のいかんにかかわらず、PF 事業者の本契約の違反が直接の原因で各参加者に発生した通常損害に限定される。次の各号の損害について、PF 事業者は、各参加者に対し、責任を負わない。

(1)　PF 事業者の責めに帰すことができない事由のみから生じた損害

(2)　PF 事業者の予見の有無を問わず特別の事情から生じた損害

(3)　逸失利益

2　前項における「PF 事業者の責めに帰すことができない事由」は、次の各号

の事由を含むが、これらに限られない。

(1)　免責事由

(2)　参加者設備の障害

(3)　PF 事業者設備までの通信設備の事故

(4)　法令に基づくメンテナンス

(5)　クラウドサービスなどの外部サービスの提供停止

(6)　インターネット接続サービスの性能値に起因する損害

(7)　善良な管理者の注意をもってしても防御しえない PF 事業者設備への第三者による不正アクセスもしくはアタックまたは通信経路上での傍受

(8)　第21条（参加者によるアクセス管理）および第29条（参加者の禁止行為）の各参加者の遵守事項の違反

3　PF 事業者が、ある参加者に対し、本契約違反について責任を負うとき、その損害賠償の額は、その参加者がその損害などの発生した日からさかのぼって○月間に PF 事業者に対し支払った本プラットフォームの利用料の額を超えないものとする。

4　PF 事業者に、損害の発生について、故意または重大な過失があるとき、前3項の規定は適用しない。

第11章　本取組みの変更・存続・終了

第35条（本規約の変更）

1　PF 事業者は、変更希望日の○日前までに、全参加者へ通知することにより、同日をもって、本規約の全部または一部を変更できる。

2　前項の規定にかかわらず、別紙7（重要な変更）で定める本規約の全部または一部の重要な変更は、全主要参加者が書面により同意しなければ、効力を有しない。

第36条（本取組みの存続期間）

1　本契約は、○年○月○日から効力を有する。

2　本取組みの存続期間（以下「本存続期間」という。）は、本契約の効力発生日より○年間とする。ただし、全主要参加者が書面により合意するとき、本存続期間の満了日の翌日から○年間を限度として、その期間を延長でき、以後も同様とする。

第37条（参加者の脱退）

1　各参加者は、PF 事業者に対する脱退希望日の○日前までの通知により、同日をもって、本取組みを脱退できる。

2　各参加者は、次の各号のいずれかに該当するとき、本取組みを当然に脱退する。ただし、全主要参加者が、次の各号の事実が発生した日から、○日以内に、本項を適用しない旨を書面により合意した場合はこの限りではない。

(1)　第三者から差押え、仮差押え、競売、破産、特別清算、民事再生手続も

しくは会社更生手続の開始などの申立てを受けたとき、または自ら破産手
続、民事再生手続、特定調停、特別清算もしくは会社更生手続の開始など
の申立てをしたとき
(2) 自ら振り出しまたは引き受けた手形もしくは小切手が不渡りとなるなど
支払停止状態に至ったとき
(3) 租税公課を滞納し督促を受け、または租税債権の保全処分を受けたとき
(4) 所轄官庁から営業停止処分または営業免許もしくは営業登録の取消しの
処分などを受けたとき
(5) 解散、事業の廃止、事業の全部もしくは重要な一部の譲渡または合併の
決議をしたとき、または買収されたとき
(6) 自らまたは第三者を利用して法令に違反する行為をしたとき
(7) 第38条（参加者の除名）により除名されたとき
(8) 第39条（本取組みの終了）により本取組みが終了したとき
3 ある参加者が前2項の規定により、本取組みから脱退したときであっても、
他の参加者およびPF事業者は、その脱退以前に発生した原因に基づき、そ
の参加者に対し、それぞれ、損害賠償を請求できる。

第38条（参加者の除名）
1 ある参加者が、次の各号のいずれかに該当するとき、PF事業者は、その参
加者を本取組みから除名できる。ただし、主要参加者については、その主要
参加者以外の全主要参加者の書面による同意を得なければ除名できない。
(1) 本契約上の表明保証または重大な義務に違反したとき
(2) 正当な事由なく本取組みの運用の妨害その他重大な背信行為を働いたと
き
(3) その他前各号に準ずるような本契約を継続しがたい重大な事由が発生し
たとき
2 前項各号に該当するとき、その参加者の違反の程度その他一切の事情を考
慮して、相当と認める期間、PF事業者は、第24条（本プラットフォームの
提供停止）の手続にしたがい、その参加者による本プラットフォームの利用
を停止できる。ただし、本規定において別段の定めがある場合を除き、主要
参加者の利用を停止するときは、その主要参加者以外の全主要参加者の書面
による同意を得なければならない。
3 PF事業者は、前項にしたがい、ある参加者を本取組みから除名するとき、
その旨をその参加者に通知する。この場合、参加者は、前項の通知が到達し
た時点をもって、本取組みから脱退する。

第39条（本取組みの終了）
1 本取組みは、次の各号のいずれかに該当するとき、当然に終了する。
(1) 本存続期間の満了
(2) 全主要参加者が本取組みの終了を書面により合意したとき

⑶　主要参加者の数が○人以下となったとき

2　PF事業者は、本取組みの継続が困難となるやむをえない事情が生じ、その終了を希望するとき、その可否および時期などを、全主要参加者と協議する。協議の結果、本取組みを終了することに、全主要参加者およびPF事業者が書面により合意したとき、PF事業者は、全参加者に対し、本取組み終了希望日の○日前までにその旨を通知する。このとき、本取組みは、その終了希望日に終了する。

3　本取組み終了時のPF事業者設備の取扱いなど、その終了に必要な手続および役割分担については、全主要参加者とPF事業者が協議のうえ、別途定める。

第40条（反社会的勢力の排除）

1　各参加者は、PF事業者に対し、次の各号の事実がすべて真実かつ正確であることを表明し、保証する。

⑴　自らが反社会的勢力に該当しないこと

⑵　反社会的勢力が自らの経営を支配していないこと

⑶　反社会的勢力が自らの経営に実質的に関与していないこと

⑷　自己、自社もしくは第三者の不正の利益を図る目的または第三者に損害を加える目的をもってするなど、不当に反社会的勢力を利用していないこと

⑸　反社会的勢力に対し資金などを提供し、または便宜を供与するなどの関与をしていないこと

⑹　その他、自らの役員などまたは経営に実質的に関与している者が、反社会的勢力と社会的に非難されるべき関係を有していないこと

2　PF事業者は、全参加者に対し、前項各号の事実がすべて真実かつ正確であることを表明し、保証する。

第41条（期限の利益の喪失）

1　本取組みが終了したとき、PF事業者は、他の参加者に対し負担する一切の債務について、期限の利益を当然に喪失し、その参加者に対し、その債務を、ただちに弁済する。

2　ある参加者が本取組みを脱退したとき、その参加者は、他の参加者またはPF事業者に対し負担する一切の債務について、期限の利益を当然に喪失し、その他の参加者およびPF事業者に対し負担する一切の債務を、ただちに弁済する。

第42条（残存条項）

本規約に別段の定めがある条項のほか、本条および次の各号の規定は、各参加者が本取組みを脱退後も、各参加者とPF事業者の間で有効に存続する。ただし、個別の条項に、期間の定めがあるときはその期間のみ存続する。

⑴　第8条（提供データの保証）
⑵　第11条（適用除外）
⑶　第12条（PFデータの利用条件）第2項
⑷　第14条（PFデータの削除）
⑸　第15条（加工データの知的財産権・権利不行使）
⑹　第16条（加工データの利用）
⑺　第18条（利用料）第4項
⑻　第26条（本プラットフォームの保証）
⑼　第27条（本プラットフォームの利用に関する知的財産権）
⑽　第31条（秘密保持義務）
⑾　第32条（第三者との間の紛争）
⑿　第33条（免責事由）
⒀　第34条（損害賠償の制限）
⒁　第37条（参加者の脱退）第3項
⒂　第40条（反社会的勢力の排除）
⒃　第41条（期限の利益の喪失）
⒄　第44条（権利義務の移転）
⒅　第45条（譲渡禁止）
⒆　第46条（言語）
⒇　第47条（準拠法）
㉑　第48条（紛争解決）

第12章　一般条項

第43条（通知）

1　本契約に基づく参加者間または参加者とPF事業者間の通知、要求または催告は、次の各号のすべてを満たさなければ、効力を有しない。
　⑴　通知を送付する当事者から代理権限を付与された者または本人もしくは代表者の記名押印がある書面によること
　⑵　前号の書面が次項各号の方法により、他の参加者またはPF事業者の通知先に到達すること
2　前項の通知は、次の各号に定める時点に他の参加者またはPF事業者に到達したものとみなす。
　⑴　直接持参：交付の当日
　⑵　FAX：送付の当日
　⑶　メール：発信の当日
　⑷　PF事業者が指定したオンライン手続：○の時点
3　各参加者またはPF事業者は、前2項の手続の履践により通知先を変更できる。

第44条（権利義務の移転）

　各参加者および PF 事業者は、本規約に明示の定めがあるときを除き、各参加者または PF 事業者（自らが PF 事業者であるときを除く。）が、自らに対し、本契約に関する何らの権利も譲渡および移転せずならびに利用権を許諾しないことを確認する。

第 45 条（譲渡禁止）
1　各参加者および PF 事業者は、本契約上の地位（参加者としての地位を含む。）および本契約によって生じる権利義務の全部または一部を第三者に譲渡し、担保に供し、またはその他の処分をしない。
2　ある参加者が合併または会社分割を行うとき、その参加者の、参加者としての地位は、全主要参加者の書面による合意がある場合に限り、承継会社に包括承継される。

第 46 条（言語）
　本規約は、日本語版を正文とする。本規約の外国語訳が創出されるときであっても、その外国語訳と正文との間で意味または意図に矛盾または相違があるとき、正文が優先する。

第 47 条（準拠法）
　本契約は日本法に準拠し、解釈される。

第 48 条（紛争解決）
　本契約に起因または関連する一切の紛争は、○地方裁判所を専属的合意管轄裁判所とする。

8　運営委託契約書（補章）

運営委託契約書

　〇〇株式会社（以下「委託者」という。）と株式会社〇〇（以下「運営者」という。）とは、委託データを用いて運営者が本事業を実施するに当たり、次のとおり運営委託契約（以下「本契約」という。）を締結する。

第1条（定義）
　本契約において、次に掲げる用語の意義は、次に定めるところによる。

用語	定義
本事業	運営者の管理の下で参加者に委託データを利用させることにより、委託データを用いた技術又は事業に関する知見を創造することを目標として行われる事業をいい、第2条（本事業の実施）にその詳細を定めるもの
参加者	運営者の管理の下で本事業に参加する者
データ	電磁的記録（電子的方式、磁気的方式その他人の知覚によっては認識することができない方式で作られる記録であって、電子計算機による情報処理の用に供されるものをいう。）に記録される情報
委託データ	運営者が、本事業の用に供する目的で委託者からの開示を受け、本契約に従って参加者に利用させるデータをいい、別紙1にその詳細を定めるもの
加工データ	委託データを基に作成され、その復元を困難にする加工等（改変、追加、削除、分析、組合せ、編集、統合その他の加工行為をいう。以下同じ。）が行われたデータ
参加条件	運営者が委託データを開示するに当たり参加者と合意すべき内容をいい、別紙2にその詳細を定めるもの
知的財産	以下のいずれかの情報 1. 発明、考案、意匠、著作物その他人の創造的活動により創出される情報（発見又は解明された自然の法則又は現象であって、産業上の利用可能性があるものを含む。） 2. 営業秘密その他の事業活動に有用な技術又は営業上の情報

知的財産権	特許権、実用新案権、意匠権、著作権（著作権法第27条及び第28条の権利を含む。以下同じ。）その他知的財産に関して法令により定められた権利（特許を受ける権利、実用新案登録を受ける権利、意匠登録を受ける権利その他知的財産権の設定を受ける権利を含む。）

第2条（本事業の実施）

1　運営者は、委託者から委託を受け、本事業の実施に必要な活動（本契約に別途定めるものを除く。）を企画し、運営する。なお、本事業の詳細は次のとおりとする。

　(1)　企画目標：○○［例：委託データを利用した新規な事業課題の解決方法の創出］

　(2)　実施期間：○年○月○日 ～ ○年○月○日

　(3)　実施場所：○○［例：別途運営者が選定する外部会場］

　(4)　業務内容：以下に掲げる業務を含む。

　　・参加者の募集・監督、参加者との参加条件の合意の形成

　　・委託データを用いた課題の作成

　　・実施場所における会場の企画・運営

　　・○○

2　運営者は、本事業の実施上必要な範囲に限り、委託データを利用することができる。

3　委託者は、第8条第2項の定めにかかわらず、運営者に対し、本事業の実施上必要な範囲に限り、参加者に委託データを開示することを許諾する。

4　運営者は、前項の許諾に基づく委託データの開示に当たり、参加者との間で別紙2に定める参加条件に合意し、参加者にこれを遵守させなければならない。

第3条（委託データの開示等）

1　委託者は、運営者に対し、別途合意する方法により委託データを開示する。

2　運営者は、第8条第2項の定めに従い、善良な管理者の注意をもって、委託データを管理しなければならない。

3　運営者は、本事業の実施に必要な場合には、委託者に対し、その協力（以下の事項を含む。）を求めるための協議を申し入れることができる。

　(1)　委託データに関連する資料の提供

　(2)　本事業の下で行われる活動への補助的参加

　(3)　○○

4　運営者は、本事業が終了し又は本事業の実施上必要でなくなったときは、記録媒体に記録された委託データ（加工データに該当しない程度の加工等を施したものを含む。）を自ら消去・廃棄し、参加者に消去・廃棄させるものと

する。

第4条（成果に関する責任等）
1　運営者は、委託者に対し、本事業を通じて創出された一切の成果（知的財産及び加工データを含む。）の有効性、正確性、確実性、安全性、最新性、完全性その他一切の性質を保証せず、その利用・実施等により委託者及び第三者に損害が生じた場合であっても、何ら責任を負わないものとする。
2　委託者は、運営者に対し、委託データを適法に取得し、正当な権原により開示することを保証する。

第5条（対価及び費用の負担）
1　委託者は、運営者に対し、本事業の実施の対価を次のとおり支払う。
⑴　金額は〇円（消費税別途）とする。
⑵　委託者は、運営者に対し、〇年〇月〇日までに、前号の金額を運営者が別途指定する銀行口座に振り込む方法により支払う。振込手数料は、委託者が負担する。
2　前項に定めるものを除くほか、本契約に基づく義務の履行に要する費用は、各当事者の負担とする。ただし、委託者の費用において運営者が加工データを作成すること等について、当事者間に別段の合意がある場合は、その限りでない。

第6条（成果物の権利帰属）
1　運営者は、本事業を通じて参加者が創出した知的財産及びこれに関する知的財産権を、参加者から譲り受けるものとする。
2　運営者は、委託者に対し、前項の知的財産権を行使しないものとする。
3　運営者は、参加者に対し、本事業を通じて参加者が創作した著作物について、委託者、運営者及び運営者が指定する者に著作者人格権を行使しない旨の義務を課すものとする。
4　運営者は、参加者に対し、前項の著作物（委託者の秘密情報に該当する部分を除く。）の利用を許諾することができる。

第7条（委託の制限）
1　運営者は、委託者の書面による事前の承諾がない限り、本事業の全部又は一部の実施を、第三者に委託してはならない。
2　前項の定めにもかかわらず、運営者は、第3条第1項に定める活動（その活動を通じて委託者の秘密情報を認識することができるものは除く。）の一部を、第三者に再委託することができる。

第8条（秘密保持）
1　本契約において「秘密情報」とは、文書又は口頭の開示、電磁的記録の提

供その他の方法により、一方の当事者（以下「開示者」という。）が本契約に基づき相手方（以下「受領者」という。）に秘密情報であることを示して開示した一切の情報をいう。ただし、次の各号に掲げる情報は含まないものとする。

(1)　開示を受けた時に、既に公知であった情報

(2)　開示を受けた時に、受領者が既に保有していた情報

(3)　開示を受けて以後に、正当な権限を有する第三者から、秘密保持義務を負うことなく、かつ、適法に開示を受けた情報

(4)　開示を受けて以後に、受領者の責に帰すべき事由によらずに公知となった情報

(5)　秘密情報によることなく受領者が独自に作成した情報

2　前項本文の定めにかかわらず、委託データは委託者を開示者とする秘密情報とする。

3　受領者は、次の各号に従い、善良な管理者の注意をもって秘密情報を秘密として管理する。

(1)　秘密情報を他の情報と区別して管理する。

(2)　パスワードの設定、暗号化、アクセス制限等、秘密情報の秘密性を保持するための合理的な措置を講じる。

(3)　秘密情報の漏えい又はそのおそれが生じたときは、直ちに開示者に通知する。

4　受領者は、開示者の書面による事前の承諾を得ることなく、秘密情報を第三者に開示し又は漏えいしてはならない。ただし、開示者の承諾を得て秘密情報を開示する第三者、秘密情報を知る必要のある自らの役職員及び弁護士、税理士その他法令上の秘密保持義務を負う外部専門家には、本条に基づき受領者が負うのと同等以上の義務を課した上で、開示することができる。なお、受領者は、本項に基づき開示を受けた第三者の義務の履行について一切の責任を負う。

5　前項の定めにかかわらず、受領者は、公的機関又はこれに準ずる団体から、法令に基づく秘密情報の開示の命令又は要請を受けた場合には、その目的に照らして必要最小限の範囲で秘密情報を開示することができる。この場合、開示者に対し、事前に（緊急を要する場合には、開示後速やかに）その命令又は要請の内容及び開示する秘密情報の内容を通知するものとする。

6　受領者は、開示者の書面による事前の承諾を得ることなく、本事業の目的以外のために秘密情報を使用（複製、加工等を含む。）してはならない。

7　受領者は、本事業が終了し又は本事業の実施上必要でなくなったときは、秘密情報が記録された媒体で、開示者から提供されたもの（複製物を含む。）については、開示者の指示に従って返還し又は破棄するものとし、その他の方法により管理する秘密情報については、廃棄・消去するものとする。

8　秘密情報に関し、本契約に別段の定めがある場合には、その定めが本条の各規定に優先するものとする。

9　本条の義務は、本事業の終了後〇年間存続する。

第9条（加工データの扱い）

1　運営者は、参加者を通じて作成した加工データを、委託者の秘密情報に準じるものとして管理するものとする。

2　運営者は、委託者の求めがある場合には、委託者に対し、無償で、前項の加工データをその利用を制限することなく開示し、これに付随するプログラムの著作物及びその著作権を譲り渡した上、別段の合意がない限り、すみやかにこれらを廃棄・消去するものとする。

3　本条の義務は、本事業の終了後も有効に存続する。

第10条（成果物の公表）

運営者は、本事業を通じて参加者が創作した著作物（委託者の秘密情報に該当するものを除く。）を自ら公表し又は参加者にその名義で公表することを許諾することができる。

第11条（契約期間）

本契約は、本契約を締結した日から本事業の実施期間の末日まで有効とする。ただし、当事者間に別段の合意がある場合は、その限りでない。

第12（契約の解除）

1　各当事者は、相手方が次の各号のいずれかに該当するときは、直ちに本契約を解除することができる。

（1）　本契約に違反し、相手方から相当な期間を定めて書面でその是正を催告されたにもかかわらず、その期間内に違反を是正しないとき。

（2）　監督官庁より営業停止、営業登録の取消等の処分を受けたとき。

（3）　差押え、仮差押え、仮処分、競売、租税滞納処分その他公権力の処分を受けたとき。

（4）　破産、特別清算、民事再生手続又は会社更生手続開始の申立てを受け又は自ら申し立てたとき。

（5）　解散、減資、事業の全部又は重要な一部の譲渡等の決議を行ったとき。

（6）　他の当事者に対する詐術その他の背信的行為があったとき。

（7）　その他前各号の事由に準じる事由があったとき。

2　本契約が終了した場合であっても、その原因にかかわらず、第3条第4項、第6条、第8条ないし第10条、本項、第13条、第14条、第17条ないし第19条は、有効に存続する。

第13条（損害賠償）

1　各当事者は、本契約に関し、自らの責に帰すべき事由により相手方に損害を与えた場合は、その損害を賠償する。

2　前項に基づき賠償すべき損害の総額は、債務不履行、不法行為その他請求
　原因の内容にかかわらず、第5条第1項に定める対価の相当額を限度とする。

3　前項その他本契約の定めにかかわらず、委託者又は運営者が故意又は重大
　な過失により相手方に損害を生じさせた場合は、その一切の損害を賠償する。

第14条（第三者の権利等の非侵害の不保証）

1　運営者は、委託者に対し、本事業を通じて創出された成果（知的財産及び
　加工データを含む。）の利用・実施等が第三者の権利又は利益を侵害するもの
　ではないことを保証しない。

2　委託者は、前項の成果の自らの利用・実施等により、第三者から権利の主
　張、不服申立て、損害賠償請求等を受けたときは、自らの責任においてこれ
　を解決する。

第15条（免責事由）

　各当事者は、天災地変、戦争・暴動・テロ行為、停電、通信設備の事故、外
部サービスの提供の中断、疫病の流行、法令の制定・改廃その他いずれの当事
者の責にも帰すことができない事由による本契約上の義務の不履行について責
任を負わない。

第16条（反社会的勢力の排除）

1　本契約において「反社会的勢力」とは、暴力団（暴力団員による不当な行
　為の防止等に関する法律第2条第2号の定める暴力団をいう。）、暴力団員
　（暴力団員でなくなった日から5年を経過しない者を含む。）、暴力団準構成
　員、暴力団関係企業、総会屋等、社会運動等標ぼうゴロ、政治活動標ぼうゴ
　ロ、特殊知能暴力集団、及びその他これらに準じる者をいう。

2　各当事者は、相手方に対し、次の各号に掲げる事由がいずれも真実である
　ことを表明し、保証する。

　(1)　自らが反社会的勢力に該当しないこと

　(2)　反社会的勢力に自らの経営を支配され又は実質的な関与を受けていない
　　こと

　(3)　反社会的勢力を不当に利用していないこと

　(4)　反社会的勢力に資金等を提供し又は便宜を供与する等の関与をしていな
　　いこと

　(5)　その他、自らの役員又は経営に実質的に関与する者が、反社会的勢力と
　　社会的に非難されるべき関係を有していないこと

3　各当事者は、相手方に対し、直接的又は間接的に、次の各号に該当する行
　為を行わないことを確約する。

　(1)　法的な責任を超えた不当な要求行為

　(2)　取引に関して、脅迫的な言動をし、又は暴力を用いる行為

　(3)　風説を流布し、偽計を用い又は威力を用いて相手方の信用を毀損し、又

　は相手方の業務を妨害する行為
　(4)　その他前各号に準じる行為
4　各当事者は、相手方が前2項のいずれかに違反したときは、相手方に対し、何らの責任を負うことなく本契約を含む相手方との契約の全部を直ちに解除することができ、これにより生じた損害を相手方に請求することができる。

第17条（譲渡禁止）
　各当事者は、相手方の書面による事前の同意のない限り、本契約から生じた権利義務の全部又は一部を第三者に譲渡し、担保に供し、又は引き受けさせてはならない。

第18条（協議）
　本契約に定めのない事項又は本契約の条項の解釈に疑義が生じた事項については、当事者間で協議のうえ解決を図るものとする。

第19条（準拠法及び管轄の合意）
1　本契約は日本法に準拠し、日本法に従って解釈される。
2　本契約に起因又は関連する当事者間の一切の紛争は、〇〇地方裁判所を専属的合意管轄裁判所とする。

本契約の締結を証するため、①本書2通を作成し、両者記名捺印のうえ各1通を保有し又は②本書のデータに両者電子署名のうえ各自そのデータを原本として管理する。

　〇年〇月〇日

　　　　　　　　　委託者　〒〇〇〇‐〇〇〇〇　東京都新宿区〇〇〇〇〇
　　　　　　　　　〇〇株式会社
　　　　　　　　　代表取締役　△△△

　　　　　　　　　運営者　〒〇〇〇‐〇〇〇〇　東京都港区〇〇〇〇〇
　　　　　　　　　株式会社〇〇
　　　　　　　　　代表取締役　△△△

　別紙1

　（略）

別紙2

《イベント名》参加同意書

株式会社●● 御中

　私は、株式会社●●（以下「運営者」といいます。）が運営する次のイベント（以下「本イベント」といいます。）への参加にあたり、本イベントの参加者として、下記の事項について同意します。

イベント：○○《イベント名》
開催日時：○年○月○日○時 ～ ○年○月○日○時
開催場所：○○《イベント会場名》

記

1　本イベントは、参加者が他の参加者と協働し、本イベントのために運営者が提供するデータ（以下「課題データ」といいます。）を利用して、○○すること《ハッカソンの目標》を目的としています。

2　参加者は、本イベントを通じ、運営者が提供する課題について、他の参加者と議論してその解決の方法を考え、課題データを利用した技術の検討や試作、実装を行い、また、その成果を発表するものとします。ただし、参加者は、他の参加者が発表した成果の内容を、公表される前に第三者に開示したり、本イベント以外のために利用したりしてはなりません。

3　本イベントのために参加者が創出した成果に関する著作権（著作権法第27条および第28条の権利その他の権利を含みます。）、特許権、実用新案権、意匠権等の知的財産権（それらの権利を取得しまたは権利の登録等を出願する権利も含みます。以下、合わせて「知的財産権」といいます。）その他一切の権利は、運営者に帰属するものとします。成果には、次のようなものを含みます。

　例：ソースコード、学習済みモデル、発表用資料（文章、図、写真などを含みます。）

4　参加者は、本イベントのために課題データを利用することができますが、本イベントでの利用以外の目的で利用することはできませんし、課題データの取扱いについて運営者から指示がある場合は、それに従わなければなりません。また、本イベント終了後速やかに、記録媒体に記録した課題データを消去または廃棄するものとします。

5　参加者は、ネットワークへの接続が可能なPCを参加者自身で用意して、本イベントに参加してください。また、参加者は、参加者自身の判断と責任の下で、第三者が提供するソフトウェアやデータを、本イベントのために利用できます。ただし、利用したソフトウェアやデータ、その利用の方法を記録し、本イベントのための発表用資料に記載してください。なお、第三者のソフトウェアやデータを利用する際、第三者の知的財産権やその他の権利を侵害してはならないことは当然ですが、万が一第三者との間で問題が生じた場合は、参加者自身で解決するものとします。

6　参加者は、①課題データとそれから生成した学習済みモデル（学習済みモデルのパラメータを含みます。）および②運営者が秘密であることを明示して提供した情報を、秘密を保持するための合理的な措置をとった上で、参加者自身が保有する他の情報とは明確に区分し、秘密情報として管理しなければなりません。参加者は、他の参加者以外との間で、秘密情報を共有したり、閲覧させたりしてはならず、万が一秘密情報に漏えいのおそれが生じたときは、直ちに運営者に通知するものとします。

7　参加者は、本イベントの終了後に限り、本イベントのために参加者自身が創作したソースコードや発表用資料を公表できます。ただし、学習済みモデルのパラメータは公表したり、他の参加者以外に開示してはなりません。また、公表したい内容の中に、運営者が提供する課題を解決するためのアルゴリズムやその他の方法に新規な工夫がある場合は、公表の時期や方法について運営者の事前の確認をとるものとします。

8　参加者は、運営者が、本イベントや成果の概要、その過程（参加者の氏名・所属に関する情報および本イベントにおける参加者個人が特定できる画像を含みます。）を、広告宣伝、事業報告または研究目的のために、ウェブサイトやSNS、チラシ、パンフレット等の各種媒体により公表することに同意します。

9　参加者は、本イベントのために創出した成果の取扱いを十分に理解し、秘匿しておきたい情報やアイデアを、本イベントのために利用しないことを確認します。

10　参加者は、本イベントへの参加にあたり、法令や公序良俗に違反せず、また、第三者の知的財産権その他一切の権利を侵害してはならないものとします。

11　参加者は、本イベントへの参加により被った損害を参加者自身で解決す

るものとし、運営者にその賠償や補償を求めないものとします。ただし、その損害の発生について運営者に故意か重大な過失がある場合は、運営者に賠償等を求めることができます。

12　参加者は、本イベント会場内の設備、機械、装置等を利用するに際し、運営者および本イベント会場の管理者の規則・指示等に従わなければなりません。万が一、これらの設備等を紛失し、または損傷させた場合には、参加者自身に過失がないことを証明できる場合を除いて、その修理・取替費用等を負担しなければなりません。

13　参加者は、本同意書のいずれかの規定に違反し、運営者に損害を与えた場合は、その損害を賠償しなければなりません。また、運営者以外の第三者に損害を与えた場合も同様とし、参加者は、運営者に何ら迷惑や負担をかけず、自らの責任と負担により第三者とのトラブルを解決するものとします。

以上

〇年〇月〇日　【参加者氏名】

※　参加者から提出を受けた個人情報は、個人情報の保護に関する法律および運営者のプライバシーポリシーに従って取り扱います。

著者紹介

齊藤友紀（さいとう・ともかず）
法律事務所 LAB-01　弁護士
　2017 年 12 月から経済産業省「AI・データ契約ガイドライン検討会」委員・同作業部会構成員、2019 年 5 月から同省・IPA「データ利活用検討会」委員、2021 年 5 月から同省「AI 原則の実践の在り方に関する検討会」委員等。ほかに、東京大学未来ビジョン研究センター客員研究員、スタートアップ社外役員等。法律事務所経営、UC バークレー大学院（MPP）、パデュー大学大学院（MSc in Economics）、株式会社 Preferred Networks、株式会社メルカリ等を経て、現職。
Twitter：@tmczs

内田　誠（うちだ・まこと）
iCraft 法律事務所　弁護士・弁理士
　2017 年 12 月から経済産業省「AI・データ契約ガイドライン検討会」作業部会構成員、2018 年 7 月から農林水産省「農業分野におけるデータ契約ガイドライン検討会」専門委員、2018 年 10 月から特許庁「知財アクセラレーションプログラム（IPAS）」知財メンター（チームリーダー）、2019 年 11 月から国立研究開発法人日本医療研究開発機構（AMED）「研究成果に係るデータの取扱いの検討会」委員、2020 年 8 月から経済産業省「AI 人材育成のための企業間データ提供促進委員会」委員。日本弁護士連合会知的財産センター委員。岡田春夫綜合法律事務所を経て、現職。
Twitter：@iCraftLaw

尾城亮輔（おじろ・りょうすけ）
尾城法律事務所　弁護士
　2017 年 12 月から経済産業省「AI・データ契約ガイドライン検討会」作業部会構成員、2018 年 7 月から農林水産省「農業分野におけるデータ契約ガイドライン検討会」専門委員。桃尾・松尾・難波法律事務所、南カリフォルニア大学ロースクール（LL.M.）、Colin Ng & Partners LLP、GVA 法律事務所等を経て、現職。

松下　外（まつした・がい）
渥美坂井法律事務所・外国法共同事業　弁護士・ニューヨーク州弁護士
　2017 年 12 月から経済産業省「AI・データ契約ガイドライン検討会」作業部会構成員、2020 年 8 月から同省「AI 人材育成のための企業間データ提供促進検討会」委員。ほかに、国立研究開発法人理化学研究所 AIP センター客員研究員、日本弁護士連合会知的財産センター委員。弁護士法人北浜法律事務所、Allen & Gledhill LLP、ニューヨーク大学ロースクール（LL.M. in IBRLA）、Hughes Hubbard & Reed LLP 等を経て、現職。

ガイドブック
AI・データビジネスの契約実務〔第2版〕

2020年 3 月30日　初　版第 1 刷発行
2022年12月18日　第 2 版第 1 刷発行

著　　者　　齊　藤　友　紀　　内　田　　　誠
　　　　　　尾　城　亮　輔　　松　下　　　外

発 行 者　　石　川　雅　規

発 行 所　　鱻 商 事 法 務

　　　　　　〒103-0027 東京都中央区日本橋3-6-2
　　　　　　TEL 03-6262-6756・FAX 03-6262-6804〔営業〕
　　　　　　TEL 03-6262-6769〔編集〕
　　　　　　https://www.shojihomu.co.jp/